ユーキャンの

QC

30日で完成！

品質管理検定

2級検定

合格テキスト&問題集

も　く　じ

本書の使い方

毎日の学習は
ここを意識して進めると
効果的です。

STEP 1

30日間で知識を身につけよう！

まず、ざっと読んで全体の流れをつかみ、そのあと細かく覚えていくのが学習のコツです。その日の学習が終わったら、「理解度check」を解いて知識を定着させましょう。

赤字や太字を中心にポイントを理解

三段階で重要度を確認
★3つが最重要

1日目 / 30

QC的
ものの見方・
考え方

品質管理の基本となる考え方を学びます。
問題発生時の対応だけでなく、未然防止を行い、問題の発生を防ぐための活動が大切です。

Q U A L I T Y   C O N T R O L

重要度 ★★★

1日目 / 30
QC的ものの
見方・考え方

応急対策・再発防止

応急対策

● 応急対策とは、原因が不明、あるいは原因は明らかですが何らかの制約で直接対策がとれない不適合、工程異常、又はその他の望ましくない事象に対して、これらに伴う**損失をこれ以上大きくしないためにとる対策**のことです。

私たちの職場では、仕事を手順通り行っていても何らかの要因で品質やコストなどに関する問題が発生します。このような問題が発生した場合には、まずその問題をなくすことが先決です。すなわち、工程で不具合が発生した場合には、基準に合うように修正します。

基準に合うように修正する

問題発生 → 応急対策 → 正しい状態に修正
銘板を斜めに貼付した　　　　銘板を正しい位置に貼付し直す

ここでいう「問題」とは、設定してある目標と現実との、対策して克服する必要のある「ギャップ」のことであり、次式のようになります。

[要求事項のレベル] － [現実のレベル] ＝ ギャップ（問題）

再発防止

再発防止とは、検出された不適合、工程異常、又はその他の望ましくない事象についてその原因を除去し、同じ製品・サービス、プロセス、システムなどにおいて、**同じ原因で再び問題を発生させないように対策をとる活動**のことです。

再発防止は、問題が発生したプロセスに着目することで、次に示す手順で効果的で効率的に行えます。

22

ゴールが明確！

その日学ぶことのポイントを確認

図でイメージをつかむ

赤シートで
重要語句を隠して
チェック！

STEP 2

STEP 3

「模擬試験」で本試験を シミュレーション！

学習が終わったら「模擬試験」にチャレンジ。本番と同じように時間配分も確認しながら取り組みましょう。解答は別冊の「解答解説」で確認してください。

「試験直前！ 確認ドリル 100」で最終確認！

別冊には模擬試験の解答解説のほかに、「試験直前！ 確認ドリル100」がついています。試験会場に持ち込んで、最終確認をしましょう。

手順❶：検出された現象を正しく理解する

不適合報告書などを基に問題の確認を行います。その内容が理解できない場合には、他部署の人や供給者などに確認を行います。確認を行わないで再発防止を行うと間違った対策実施することになり、製品・サービス、プロセス及びシステムに問題を発生させることがあり得ます。

このため、問題の現象やその背景などを、次のような視点で確認します。

手順❷：応急対策を行う

検出された現象は、迅速にもとの正しい状態に戻します。迅速に対応しなければ、他に影響を及ぼしたり問題を大きくしてしまうことがあるので注意が必要です。また、検出された現象が他の事例にも発生する可能性があるかどうかを検討し、調査を行い、問題がある場合には処置を行います。この段階では、指摘された問題が正しい状態（適合した状態）になるような処置をとり、他の製品・サービス又はプロセスも同様の問題が発生していないかを調査します。問題がある場合には処置をとります。

このように、処置の対象は問題の発生したものだけでなく、その対象にかかわる母集団を考えることが大切です。

手順❸：検出された問題に対して、標準の作業手順を明確にする

再発防止の手順を見える化する為、表に示す様式を使ってプロセスの分析を行い、問題となった作業の作業手順をはっきりさせます。

再発防止の見える化の様式

標準の作業手順	作業手順を時系列に記述
実施手順	実施手順を時系列に記述
差異分析	標準の作業手順と実施手順のギャップを記述
原因及び該当プロセス	差異に関する原因と該当するプロセスを記述
対策案	原因に関する対策案を記述
評価結果	対策案の評価結果を記述

23

QC的ものの見方・考え方　　理解度check ☑

問1 QC的ものの見方・考え方に関する次の文章で、正しいものには○を、正しくないものには×を示せ。

① 応急対策とは、工程異常が発生した場合に、これに伴う損失を大きくしないようにするための対策のことである。 (1)

② 組立工程で作業手順通りに作業を行ったが、作業ミスが発生した場合の原因は人にあるので、再発防止として作業者への注意をすれば十分である。 (2)

③ 未然防止とは、活動・作業の実施にともなって発生すると予想される問題を、あらかじめ計画段階で洗い出し、その対策を講じておく活動のことである。 (3)

④ 見える化とは、視覚に訴えるものだけを対象にすることである。 (4)

⑤ 潜在トラブルとは、表面化していないもめごと・故障のことである。 (5)

問2 QC的ものの見方・考え方に関する次の文章において、____内に入る最も適切なものを選択肢からひとつ選べ。

① 設定してある目標と現実との、対策して克服する必要のある「ギャップ」のことを (1) という。

② 原因の追究方法として (2) を行うことが効果的である。

③ 未然防止を効果的に行うためには、問題の (3) に着目することが大切である。

④ 見える化する対象は、現場で共有している (4) である。

⑤ (5) への対応をするためには、お客様からの情報を待つのではなく、情報を取りに行く活動が大切である。

【選択肢】
ア．共通性　イ．潜在トラブル　ウ．予041　エ．問題　オ．苦情・クレーム
カ．なぜなぜ分析　キ．独立性　ク．情報　ケ．見える化

29

表や箇条書きで
要点を整理

「理解度check」
で知識を定着！

間違えたら
本文に戻ろう。

※ここに掲載しているページは、「本書の使い方」を説明するための見本です。

5

QC検定2級　資格・試験について

■QC検定とは

　（一財）日本規格協会・（一財）日本科学技術連盟が主催するQC検定（品質管理検定）は、品質管理に関する知識をどの程度もっているかを客観的に評価するための試験で、年2回（9月と3月に）実施されます。

　従事している仕事の内容や仕事における品質管理、改善の実施レベルとその実施に必要な知識によって4つの級に分かれています。

■QC検定2級の対象者

　2級は、自部門の品質問題解決をリードできるスタッフ、品質にかかわる部署（品質管理、品質保証、研究・開発、生産、技術）の管理職やスタッフを対象とした試験です。受検資格は定められておらず、誰でも受検できます。

■QC検定2級の出題範囲

　QC検定の出題範囲は、「品質管理検定レベル表」として定められ、WEBサイトで公開されています。2022年2月現在実施されている試験は、「品質管理検定レベル表（Ver.20150130.2）」に基づいて出題されています。

　出題分野は「品質管理の実践」と「品質管理の手法」に大別されます。

品質管理の実践	品質管理の手法
■QC的ものの見方・考え方	■データの取り方とまとめ方
■品質の概念	■新QC七つ道具
■管理の方法	■統計的方法の基礎
■品質保証：新製品開発	■計量値データに基づく検定と推定
■品質保証：プロセス保証	■計数値データに基づく検定と推定
■品質経営の要素：方針管理	■管理図
■品質経営の要素：機能別管理	■抜取検査
■品質経営の要素：日常管理	■実験計画法
■品質経営の要素：標準化	■相関分析
■品質経営の要素：小集団活動	■単回帰分析
■品質経営の要素：人材育成	■信頼性工学
■品質経営の要素：診断・監査	
■品質経営の要素：品質マネジメントシステム	
■倫理・社会的責任	
■品質管理周辺の実践活動	

■合格基準

・出題を手法分野・実践分野に分類し、各分野概ね50%以上
・総合得点概ね70%以上

■QC検定2級受検情報（2022年2月現在）

申込み方法（個人）	インターネット申込み
試験日	9月／3月
試験時間	10:30 〜 12:00 （90分）
出題形式	マークシート
持ち物	受検票、筆記用具（黒の鉛筆・シャープペンシル（HB又はB）・消しゴム）、時計、√（ルート）付きの一般電卓

■受検の流れ

WEBで申込み → 受検票発送 → 試験 → 基準解答掲載 → WEB合格発表 → 試験結果通知書発送 → 認定カード申込み（オプション）

■QC検定に関する問い合わせ先

（一財）日本規格協会 QC検定センター
URL ：https://www.jsa.or.jp/qc/
TEL ：03-4231-8595　　　　FAX：03-4231-8690
E-mail：kentei@jsa.or.jp（お問合せ一般）
　　　　qc-dantai@jsa.or.jp（団体申込専用）

※記載されている検定概要は変更になる場合がありますので、受検される際には公式サイトをご覧ください。

QC検定2級　出題傾向

■品質管理の実践編

　品質管理に関する実践的な知識が問われます。出題形式には記述内容の正誤を判断する○×式や、適切な用語を選ぶ選択式があります。

学習項目	学習日	出題傾向
QC的ものの見方・考え方	1日目	出題頻度は比較的少ないですが、基本の内容になります。品質管理の基本である応急対策、再発防止、未然防止について押さえておきましょう。
品質の概念	2日目 3日目	よく出題されます。要求品質、品質特性、代用特性など品質に関する用語と概念を覚えておきましょう。
管理の方法	4日目	ときどき出題されます。維持と管理、問題と課題、課題達成型QCストーリーを押さえておきましょう。
新製品開発	5日目 6日目	よく出題されます。保証の網、製造物責任、初期流動管理などの用語と概念を覚えておきましょう。
プロセス保証	7日目 8日目	よく出題されます。工程異常、変更管理、検査の考え方、検査の種類について押さえておきましょう。
方針管理・機能別管理	9日目	方針管理はよく出題されます。方針管理の仕組みを理解し、用語と概念を覚えておきましょう。
日常管理	10日目	よく出題されます。業務分掌、管理項目、異常とその処置についての用語と概念を覚えておきましょう。
標準化、小集団活動、人材育成	11日目	ときどき出題されます。社内標準化の進め方、小集団活動とその進め方について押さえておきましょう。
診断・監査、品質マネジメントシステム	12日目	品質マネジメントシステムはよく出題されます。ISO9001、第三者認証制度もしっかり押さえておきましょう。
倫理、社会的責任、品質管理周辺の実践活動	13日目	出題は少ないです。社会的責任、顧客価値創造技術、IE、VEの用語と概念を覚えておきましょう。

■品質管理の手法編

データの取り方から分析方法まで、品質管理の手法に関する分野です。出題形式は適切な用語を選ぶ選択式ですが、正しい手法で計算できるかが問われます。

学習項目	学習日	出題傾向
データの取り方・まとめ方	14日目	よく出題されます。サンプリングの種類とそのデータの取り方を押さえておきましょう。
新QC七つ道具	15日目	ときどき出題されます。各図法の特徴とキーワードを押さえておきましょう。
統計的方法の基礎	16日目 17日目	よく出題されます。確率計算の仕方と、式の性質、用語を覚えておきましょう。
計量値データに基づく検定・推定	18日目 19日目	よく出題されます。検定・推定の用語を理解し、検定・推定ができるようにしておきましょう。
計数値データに基づく検定・推定	20日目 21日目	母不適合品率と母不適合品数、分割表に関する検定・推定ができるようにしておきましょう。
管理図	22日目 23日目	よく出題されます。計量値、計数値など、どういうときに用いるかを押さえておきましょう。
抜取検査	24日目	ときどき出題されます。抜取検査の役割、種類と特徴を押さえておきましょう。
実験計画法	25日目 26日目	よく出題されます。一元配置法、二元配置法を理解し、分散分析表の計算式を覚えましょう。
相関分析	27日目	よく出題されます。符号検定、大波の相関の検定、小波の相関の検定を押さえておきましょう。
単回帰分析	28日目 29日目	よく出題されます。単回帰分析の概念を理解し、分散分析表の計算式を覚えましょう。
信頼性工学	30日目	ときどき出題されます。信頼性特性値の用語と概念、信頼性モデルを押さえておきましょう。

学習のページでは、項目ごとに重要度が3段階でついています。
★の数が多いほど出題頻度が高い重要な項目です。

QC検定2級

検定をもっていると
どんなメリットがあるの？

多くの企業では、品質管理が行われています。品質管理の知識は、品質管理部や品質保証部などだけではなく、市場調査、製品企画、設計、購買、製造、検査などあらゆる部署で役立つものです。そのため、QCを学ぶことは、仕事の質の向上やキャリアアップにつながります。また、QC検定の合格者は採用や昇進で有利になることもあります。

いきなり2級からでも受けられるの？

QC検定には、1級・準1級（1級の合格基準の一部を満たしている場合）・2級・3級・4級が設定されています。それぞれの級で必要な知識は異なりますが、各級とも受検資格に制限はなく、3級検定をもっていなくても2級の受検はできます。

認定カードって何？

QC検定の合格者のうち希望者は、別途有償にて、写真付きの認定カードを発行してもらうことができます。認定カードの写真は受検票の写真で作成されます。申し込み期間はWEB合格発表日から約1か月間です。

QC検定2級合格カレンダー

本書は30日間でQC検定2級の受検に必要な知識を
学べるように構成されています。
学習した日をカレンダーに記入していきましょう。

1日目	2日目	3日目	4日目	5日目
6日目	**7日目**	**8日目**	**9日目**	**10日目**
11日目	**12日目**	**13日目**	**14日目**	**15日目**
16日目	**17日目**	**18日目**	**19日目**	**20日目**
21日目	**22日目**	**23日目**	**24日目**	**25日目**
26日目	**27日目**	**28日目**	**29日目**	**30日目**

模擬試験	年	月	日

受検日	年	月	日

合格発表日	年	月	日

合格めざして
ガンバロー！

イントロダクション

QC 検定 2 級の学習を始める前に、
まずは、QC 検定 3 級の総復習をし、
品質管理の基礎となる考え方を押さえましょう。

QC的ものの見方・考え方

QC的ものの見方・考え方について、用語を確認しながら復習しましょう。

マーケットイン	顧客・社会のニーズを把握し、これらを満たす製品・サービスを提供していくことを優先するという考え方
プロダクトアウト	マーケットインとは逆の考え方で、顧客のニーズ・期待を重視せずに、提供側の保有技術や都合を優先して、製品・サービスを提供するという考え方
顧客	製品・サービスを受け取る組織又は人のこと。実際に製品・サービスを購入している人という狭い意味ではなく、潜在的な購入者、ターゲットとしている購入者を含む。また、購入者だけでなく、使用者、利用者及び消費者、外部の組織・人、組織内部の部門・人（後工程）も含む
Win-Win	顧客のニーズ・期待を満たした製品・サービスを提供することで、顧客に**価値**を提供し、その結果として企業が利益を得られて双方にメリットがあるという考え方
品質第一	企業活動においては品質が一番重要であり、これを優先するということを示した考え方
後工程はお客様	自分の仕事の結果を受け取る相手はお客様であるという考え方であり、自工程保証をすること
プロセス重視	プロセスのアウトプットの良し悪しは、プロセスの良し悪しで決まるという考え方
特性と要因	そのものを識別するための性質のことで、要因とは、結果に影響を及ぼすと思われるもの
因果関係	要因と結果の関係を示したものであり、この代表的なものに特性要因図がある
応急対策	原因が不明、あるいは、原因は明らかだが何らかの制約で直接対策がとれない不適合、工程異常、又はその他の望ましくない事象に対して、これらに伴う損失をそれ以上大きくしないためにとる処置のこと
再発防止	問題が同じ原因で発生しないような処置を行う活動のこと

未然防止	まだ問題が顕在化していないものに対する処置を行う活動。活動・作業の実施にともなって発生すると予想される問題を、あらかじめ計画段階で洗い出し、それに対する対策を講じておく
源流管理	製品・サービスを生み出す一連のプロセスにおいて、可能な限り上流のプロセスを維持向上、改善及び革新することで効果的かつ効率的に品質保証を達成する体系的な活動のこと
目的志向	仕事を行う際には、目的、すなわち、"何のために仕事をするのか"、"なぜこの仕事をしなければならないのか"を考えることが大切という考え方
経営要素	Q（Quality：品質）、C（Cost：コスト）、D（Delivery：量・納期）に加えて、P（Productivity：生産性）、S（Safety：安全）、M（Morale：モラール）、E（Environment：環境）のこと
重点指向	目的・目標の達成のために、**要因**が**結果**に及ぼす影響を予測・評価し、**優先順位の高い**ものに絞って取り組むという考え方
事実に基づく活動	何か問題が発生したときやそれに対する処置を行う場合に、私たちが持っている**勘**や**経験**に頼るのではなく、**データ**や**観察結果**に基づいた活動を行うという考え方
三現主義	**現場**で、**現物**を見ながら、**現実的**に検討を進めることを重視する考え方
見える化	プロセスの状況を誰もが理解できるように**可視化する**という考え方。問題、課題及びその他様々なことを、いろいろな手段を使って明確にし、関係者全員が認識できる状態にする
潜在トラブル顕在化	表面化していないもめごとや故障を明らかにしていくという考え方
ばらつきに注目する考え方	仕事のパフォーマンスにはばらつきがあり、これを評価し、問題への対応を行うという考え方
全部門・全員参加	組織の全構成員が、組織における自らの役割を認識し、組織目標の達成のための活動に積極的に参画し、寄与するという考え方
人間性尊重	人間らしさを尊び、重んじ、一人ひとりが人間として特性を十分に発揮できるようにするという考え方

管理の考え方

管理の考え方について、用語を確認しながら復習しておきましょう。

維持	狭い意味での**管理**であり、目標を現状又はその延長線上に設定し、そこから外れないように、外れた場合にはすぐに元に戻せるようにする活動のこと。更に現状よりも良い結果を得ることができるようにすることも含まれており、**維持向上**ともいう
管理	経営の目標に沿って、人、物、金、情報など様々な資源を最適に計画し、運用し、継続的にかつ効率よく目的を達成するための活動。**維持向上**、**改善**及び**革新**を含む
PDCA	**計画**（plan）、**実施**（do）、**点検**（check）、**処置**（act）のサイクルを確実かつ継続的に回すことによって、プロセス又はシステムのレベルアップを図るという考え方
SDCA	**標準化**（standardize）、**実施**（do）、**点検**（check）、**処置**（act）のサイクルを確実かつ継続的に回すことによって、プロセス又はシステムの**維持向上**を図るという考え方
PDCAS	仕事を改善した後はその標準化を行うという考え方。PDCAで改善が行われ、改善が後戻りしないように歯止めを行うために標準化を行うという活動が必要になるので、**PDCAS**という形態になる
継続的改善	製品及びサービス、プロセス、システムなどについて、目標を現状より高い水準に設定して、**問題又は課題**を特定し、問題解決又は課題達成を繰り返し行う活動のこと
問題解決型QCストーリー	問題に対して、原因を特定して対策し、確認する一連の活動を行う型に関して、改善活動をデータに基づいて論理的・科学的に進め、効果的かつ効率的に行うための**基本的な手順**のこと。次の手順で問題解決を行う。 ①テーマの選定、②現状の把握と目標の設定、③要因の解析、④対策の立案、⑤対策の実施、⑥効果の確認、⑦標準化と管理の定着、⑧反省と今後の対応

プロセス保証

プロセス保証とは、プロセスのアウトプットが要求される基準を満たすことを確実にする一連の活動のことで、**品質をプロセスで作り込むこと**です。これを具現化するには、決められた手順や方法に従って業務を行い、プロセスのアウトプットがその目的を達成するとともに、基準通りにするための一連の活動が必要です。

製造・サービス提供での**プロセス保証**を行うためには、次の事項を考慮することが大切です。

プロセス保証のための考慮事項

- 標準化
- 工程能力調査及び改善
- トラブル予測及び未然防止
- 検査・確認
- 工程異常への対応

作業を効果的・効率的に行うためには、**作業標準書**が必要です。これには、作業者が製造・サービス提供時において、作業を実施する際に、品質面、コスト面及び安全面などに関するばらつきを抑えるために、個々の作業手順や作業方法などを記載することが大切です。

製造プロセスを標準化したものに **QC 工程図**があります。これは、製品・サービスの生産・提供に関する一連のプロセスを図表に表し、このプロセスの流れにそってプロセスの各段階で、誰が、いつ、どこで、何を、どのように管理したらよいかを一覧にまとめたものです。

プロセス保証では、**工程異常**を検出しこれを改善することが大切です。工程異常は、プロセスが**管理状態**にないことであり、管理状態とは、技術的・経済的に好ましい水準における**安定状態**のことです。

プロセス保証に欠かせないのが、該当するプロセスのアウトプットが、どの程度ばらつきが少なく要求事項を満足できるかに関するプロセスの評価です。プロセスの能力を確認するために**工程能力調査**を行い、問題がある場合には、**工程解析**を行います。これは、プロセスの維持向上・改善・革新に繋げる目的で、プロセスにおける特性と要因との関係を**解析する**ことです。

データの取り方・まとめ方

　品質管理活動において、データを取る目的は、次の通りです。

①何もわかっていないので、ともかく**データ**を集めて様子を探ってみたいなど、真理についての**仮説**を求める解析をするため。

②真理が、果たして自分の予想に合っているかを確かめるために**データ**を取ってみたいなど、設定された仮説の**真偽**を確かめる解析をするため。

　データとは、何かの情報を数値、文字や符号などのまとまりとして表現したものです。計量値、計数値及び順位値などの数値データと、暑い、作業性が悪い、疲れるなど言語で表せるものなどの言語データに分類できます。

　製品・サービスの特性やプロセスの状況に関するすべての情報についてデータを取ることは困難です。このため、品質管理では、対象となる**母集団**から**サンプル**を取り、それを計測したデータからある判断を行い、問題がある場合には**母集団**に対して処置を取る行為を行います。

　サンプルを取る際には**サンプリング**を行います。サンプリングは、信頼でき、かたよりなく行うことが大切であり、人の意思が入らないようにすることが必要です。

　データをまとめる方法としては、次に示すものがあります。

平均値（$\bar{X}$）	データの総和をデータ数で割った値で、データの中心的な位置を表わすもの
中央値（$\tilde{X}$）	n 個のデータ（x_1、x_2、x_3……x_n）について、これらのデータを小さい順に並び替えた場合に、中央に位置する値のこと
範囲（R）	集めたデータの最大値から最小値を引いた値であり、データの中心的傾向とばらつきをみることができる
偏差平方和（S）	個々のデータ（x_1、x_2、x_3……x_n）からデータの平均値（$\bar{X}$）を引いたものを 2 乗したもの
分散（V）	偏差平方和を（$n-1$）で割ったもの
標準偏差（s）	分散の平方根をとったもの
変動係数（CV）	標準偏差を平均値で割ったもの

QC 七つ道具・新 QC 七つ道具

QC 七つ道具には次のものがあります。

層別	データを要素ごとに分けることで、どのような要素からできているのかがわかりデータから得られた情報を正しく分析できる。層別は、パレート図、特性要因図、チェックシート、グラフ／管理図、ヒストグラム、散布図で適用できる
パレート図	項目別に層別し、出現頻度の大きさの順に並べて**累積和**を示した図のこと。どのような現象を重点的に攻めたらよいかを導くために、様々な要因をある目的のために分類し、項目ごとの割合を可視化するツール
特性要因図	結果の特性とそれに影響を及ぼしていると思われる**要因**との関係を整理して、魚の骨のような図に体系的にまとめたもの。石川ダイアグラムともいう。特性と要因の関係の整理に役立ち、原因の仮説を議論するときに用いる
チェックシート	データが簡単に取れ、そのデータを整理しやすいようにしたシートのこと。実際の現場でデータ収集をしやすくするために点検・確認項目が漏れなくチェックできるように、あらかじめ設計する必要がある
グラフ／管理図	**棒グラフ、円グラフ、折れ線グラフ、レーダーチャート、帯グラフ**などがある。文章や数値を読むわずらわしさがなく、データの傾向や関係、対比等が容易に理解できる利点がある。どのようなグラフを選んだらよいかは、データや統計資料で何を知らせ、何を表現したいかによる。 仕事の進め方や工程が安定した状態にあるのかないのかを判断するために用いる手法。※ 管理図の種類は次のページの表の通り
ヒストグラム	測定値の存在する範囲を幾つかの区間に分けた場合各区間を底辺とし、その区間に属する測定値の度数に比例する面積をもつ長方形を並べた図のこと。計量特性の**度数**分布のグラフ表示の一つ
散布図	観察対象（製品、個体など）に対する2つの特性 X と Y からなる**2次元特性**（X、Y）の関係を解析するための手法

■管理図の種類

データの種類と例		使用する管理図
計量値	寸法、重量、硬度、温度、時間など	X 管理図（個々の観測値の管理図） $\bar{X} - R$ 管理図（平均値と範囲の管理図） $X - Rs$ 管理図（観測値と移動平均の管理図）
計数値	不良個数など	np 管理図　不良個数の管理図（群の大きさが一定）
	不良率など	p 管理　不良率の管理図（群の大きさが異なる）
	鉄板の大きさが一定のキズの数など	c 管理図　欠点数の管理図（サンプルの大きさが一定の場合）
	鉄板の大きさが異なる場合の 1m² 当たりのキズの数	u 管理図　単位あたりの欠点数の管理図（サンプルの大きさが一定でない場合）

新 QC 七つ道具には次のものがあります。

親和図法	混沌とした問題について、事実、意見、発想を言語データで捉え、それらの相互の親和性によって統合して解決すべき問題を明確に図で表す手法
連関図法	「原因−結果」や「目的−手段」などが複雑に絡み合っている場合に、図を用いてこれらの相互の関係を明らかにすることで原因を探索し、目的を達成するための手段を展開する手法
系統図法	設定した目的に到達する手段を、系統立てて展開し、図に整理する手法。問題に影響している要因間の関係を整理し、目的を果たす最適手段を系統的に追求する
マトリックス図法	行に属する要素と列に属する要素によって二元的配置した図を用いた手法
アローダイアグラム法	日程計画を表すために矢線を用いた図を用いた手法。図示記号を使用する
PDPC 法	プロセス決定計画図であり、想定されるリスクを回避して目標達成に至るまでのプロセスをフロー化した図に示す手法。図示記号を使用する
マトリックス・データ解析法	行・列に配置した数値データを解析する多変量解析の一手法。主成分分析とも呼ばれる

QC的
ものの見方・
考え方

品質管理の基本となる考え方を学びます。
問題発生時の対応だけでなく、未然防止を行い、問題の
発生を防ぐための活動が大切です。

重要度 ★★★

応急対策・再発防止

応急対策

　応急対策とは、原因が不明、あるいは原因は明らかでも何らかの制約で直接対策がとれない不適合、工程異常、又はその他の望ましくない事象に対して、これらに伴う**損失をこれ以上大きくしないためにとる対策**のことです。

　私たちの職場では、仕事を手順通り行っていても何らかの要因で品質やコストなどに関する問題が発生します。このような問題が発生した場合には、まずその問題をなくすことが先決です。すなわち、工程で不具合が発生した場合には、基準に合うように修正します。

基準に合うように修正する

問題発生 / 正しい状態に修正

応急対策

銘板を斜めに貼付した / 銘板を正しい位置に貼付し直す

　ここでいう「問題」とは、設定してある目標と現実との、対策して克服する必要のある「ギャップ」のことであり、次式のようになります。

$$[要求事項のレベル] - [現実のレベル] = ギャップ（問題）$$

再発防止

　再発防止とは、検出された不適合、工程異常、又はその他の望ましくない事象についてその原因を除去し、同じ製品・サービス、プロセス、システムなどにおいて、**同じ原因で再び問題を発生させないように対策をとる活動**のことです。

　再発防止は、問題が発生したプロセスに着目することで、次に示す手順で行うと効果的で効率的に行えます。

手順❶：検出された現象を正しく理解する

　不適合報告書などを基に問題の確認を行います。その内容が理解できない場合には、他部署の人や供給者などに確認を行います。確認を行わないで再発防止を行うと間違った対策を実施することになり、製品・サービス、プロセス及びシステムに問題を発生させることがあり得ます。

　このため、問題の現象やその背景などを、次のような**視点で確認**します。

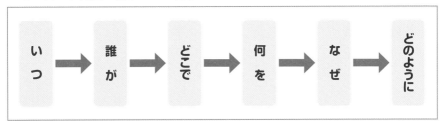

手順❷：応急対策を行う

　検出された現象は、**迅速にもとの正しい状態に戻します**。迅速に対応しなければ、他に影響を及ぼしたり問題を大きくしてしまうことがあるので注意が必要です。また、検出された現象が他の事例にも発生する可能性があるかどうかを検討し、調査を行い、問題がある場合には処置を行います。この段階では、指摘された問題が正しい状態（適合した状態）になるような処置をとり、他の製品・サービス又はプロセスにも同様の問題が発生していないかを調査します。問題がある場合には処置をとります。

　このように、処置の対象は問題が発生したものだけでなく、その対象にかかわる母集団を考えることが大切です。

手順❸：検出された問題に対して、標準の作業手順を明確にする

　再発防止の手順を見える化するため、表に示す様式を使ってプロセスの分析を行い、問題となった作業の**作業手順をはっきりさせます**。

再発防止の見える化の様式

標準の作業手順	作業手順を時系列に記述
実施手順	実施手順を時系列に記述
差異分析	標準の作業手順と実施手順のギャップを記述
原因及び該当プロセス	差異に関する原因と該当するプロセスを記述
対策案	原因に関する対策案を記述
評価結果	対策案の評価結果を記述

以下、手順❹～手順❽についてもこの様式を使用します。

手順❹：問題発生時の作業手順を明確にする

問題の現象は過去に発生しているため、ほとんどの場合、その時点の作業についての記憶があいまいで、実際どのように行ったかをトレースすることは困難なことが多いです。したがって、**実施手順は推定して記述する**ことになります。なお、確認の方法としては、手順❶の視点で分析を行うと効果的です。

手順❺：手順❸と手順❹の作業手順のギャップを明確にする

手順❸と手順❹を比較して**相違点を見つけます**。相違点には、①決められた手順通り行っていない、②決められた手順がないので個々人の方法で作業をしている、③決められた手順はあるがやりにくいのでその通り実施していない、などがあります。

手順❻：手順❺で明確になった差異に関する原因を追究し、そのプロセスを特定する

原因の追究方法は、「なぜ」を繰り返すことで原因を特定することができます。これを"**なぜなぜ分析**"といいます。なお、なぜなぜ分析を行うには、分析する要員が次の事項に関する知識と技術を保有していることが大切です。

> ①専門知識と管理技術
> ②プロセス思考力（結果が悪いのはプロセスに問題があるとする思考）
> ③情報分析力（プロセスのアウトプットがどのような仕組みから生成されたのかを評価できる力量）
> ④過去の情報の推定力（過去に発生した事象を想定する力量）

以上のことから、勘、経験、度胸だけでは原因の追究は困難だとわかります。

手順❼：真の原因に対する対策案を策定し、評価する

対策を行う際には、**エラープルーフなどを考慮する**ことが大切です。エラープルーフとは、ミスによる故障や不具合が発生しないように、あるいは発生しても安全に可動するようなシステムのことです。

手順❽：対策を計画し、実施する

対策の責任者及び時期を明確にします。また、対策の実施状況を把握し、問題がある場合には迅速に対応を行うことが成功のカギです。

手順❾：対策の効果の確認を行う

再発防止が有効であることを評価するためには、手順ごとにその内容の目的が達成されているか否かについて確認を行います。対策の効果が確認できなかった場合には、手順❻に戻って再検討を行います。

未然防止・予測予防

未然防止

　未然防止とは、活動・作業の実施にともなって発生すると予想される問題を、**あらかじめ計画段階で洗い出し**、それに対する対策を講じておく活動のことです。このためには、過去に発生した問題を収集・整理し、その背後にある共通性を明らかにすること、これらの共通性を活用し類似の問題の発生を予測することが有効です。つまり、プロセスのリスク対応です。以下に、未然防止の手順（プロセス）を示します。

（1）計画

　製品・サービス又はプロセスを開発・設計する段階で、あらかじめ内在する問題に対して FMEA（Failure Mode and Effects Analysis：故障モード影響分析）などを活用して洗い出し、将来発生する可能性を予測します。それに対して事前に対処します。

（2）情報分析

　プロセス（自部門・自部署）のアウトプットに関連する情報を時系列的に収集・分析し、将来起こり得ると予測される問題に対して事前に処置をします。

（3）事業環境の変化

　市場における品質情報や動向（顧客要求、法規制、競合他社動向など）を監視し、調査分析することにより、将来起こり得る問題に対して事前に対処します。

　未然防止は、次に示す手順で行います。

手順❶：未然防止の対象となるプロセスの作業手順を時系列に記述する

手順❷：作業手順ごとに起こり得る作業ミスを抽出し、記述する

　作業ミスは考えられるものすべて（例：記録をしない、連絡をしない）を記入します。このようなことは起こらないだろうというものも含めます。

手順❸：作業ミスのリスク評価を行う

　抽出した作業ミスについてリスク評価項目を決定し、個々にリスク評価を行い、リスクの総合評価を行います。リスク評価は次に示すステップで行います。

　①リスク評価項目の設定

②リスク基準の設定

③不具合モード（望ましくない事象）ごとに、リスク評価項目及びリスク基準にしたがったリスク評価と総合リスクの算出

作業ミスのリスク評価

● **リスク評価項目の例**
- ・発生頻度：リスクが発生する程度
- ・発見の難易度：次工程以降で問題を発見できる程度
- ・クレームにつながる影響度：問題が発見されなかった場合に、クレームにつながる影響の程度

● **リスク基準の例**
- ・発生頻度：3 時々発生する　2 まれに発生する　1 ほとんど発生しない
- ・発見の難易度：3 発見できない　2 時々発見できる　1 ほとんど発見できる
- ・クレームにつながる影響度：3 クレームになる　2 クレームになる場合がある　1 クレームにならない

● **総合リスクの算出例**
総合リスク＝発生頻度×発見の難易度×クレームにつながる影響度

＊必ずしも掛け算にする必要はありません。例えば、重要度が高いものについては処置の対象とすることもあり得ます。

手順❹：総合リスクの高い作業ミスを特定する

リスクへの対応はすべてのリスクに対応するのではなく、**総合リスクの高いもの**についてのみを対象とします。

手順❺：総合リスクの高い作業ミスの真の原因を追究する

手順❻：対策案を策定する

手順❼：対策案の評価を行う

対策案は、特定した原因ごとに数多く検討することが理想的です。

手順❽：対策を計画し、実施する

対策の責任者及び時期を明確にします。また、対策の実施状況を把握し、問題がある場合には迅速に対応します。

手順❾：対策の結果の評価を行う

未然防止が有効であることを評価するには、**手順ごとにその内容の目的が達成されているか否かについて確認**します。対策の効果が出ない場合には、手順❻に戻って再検討します。

重要度 ★★

見える化、潜在トラブルの顕在化

見える化

　見える化とは、問題、課題などを、いろいろな手段を使って明確にし、関係者全員が認識できる状態にすることです。問題を見える化する目的には、"**事前に問題を起こさせないようにするため**"と"**問題が起きたときの解決のため**"の二つがあります。明確にするための手段には、視覚に訴えるものだけでなく、音声で伝える方法などもあります。

　現場で共有している情報を見える化することで、その活動状況や結果が一目で判断できるようになり、品質管理活動の実施状況を迅速に把握できます。この見える化のことを**目で見る管理**ともいいます。このように現場のパフォーマンスを見える化することで関係者が即座に仕事の活動状況の善し悪しを判断できます。

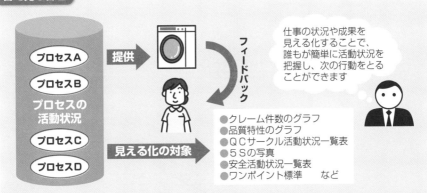

目で見る管理

プロセスA
プロセスB
プロセスの活動状況
プロセスC
プロセスD

提供

フィードバック

見える化の対象

仕事の状況や成果を見える化することで、誰もが簡単に活動状況を把握し、次の行動をとることができます

●クレーム件数のグラフ
●品質特性のグラフ
●QCサークル活動状況一覧表
●5Sの写真
●安全活動状況一覧表
●ワンポイント標準　　など

　品質管理を推進する際には、プロセスのパフォーマンスを把握し、問題がある場合には製品・サービス、またはプロセスに迅速に対応します。このためには、仕事の実施状況やその結果について、誰もが簡単にどのような状況なのかが評価できるような工夫を行うことが大切です。

　仕事の進め方や仕事の結果を見えるようにすることで、いつでも良好な状態の維持及び問題点の見える化ができます。誰もがわかりやすくなり、何をすればよ

いのかがわかるようになります。「百聞は一見に如かず」ということわざがあるように、**目で見てわかること**が見える化という考え方です。

　しかし、見える化においては、ただ単に"見せてやるか"にならないように、その目的を明確にする必要があります。目的を明確にしないと、掲示してあるデータが古い情報になっている、掲示してある情報の文字が小さい、掲示してある情報が活用されていないなどといった状態になり、形式的なものになってしまいます。

　潜在トラブルとは、**表面化していないもめごと・故障**のことです。潜在トラブルを放置しておくと、いつの間にか売上高が減少し、他社にお客さんが移ってしまうことにつながります。このような状態にならないようにするためには、提供している製品・サービスに対してまだ苦情・クレームという形で表に出ていない事象（例えばこの製品は少し使いづらい、保証期間を過ぎたら故障する、受付窓口の人の応対が気になるなど）について、お客様がどのように感じているのか情報を収集することが必要です。これらを顕在化し、製品・サービス、プロセス、システムへ反映させて、今後開発する製品・サービスへのインプットにすることが大切です。

　このように、表に出てこない顧客の声を収集する仕組みの構築を行うことで、よい製品・サービスを持続的に提供することができます。

QC的ものの見方・考え方

問1 QC的ものの見方・考え方に関する次の文章で、正しいものには○を、正しくないものには×を示せ。

① 応急対策とは、工程異常が発生した場合に、これに伴う損失を大きくしないようにするための対策のことである。 (1)

② 組立工程で作業手順通りに作業を行ったが、作業ミスが発生した場合の原因は人にあるので、再発防止として作業者への注意をすれば十分である。 (2)

③ 未然防止とは、活動・作業の実施にともなって発生すると予想される問題を、あらかじめ計画段階で洗い出し、その対策を講じておく活動のことである。 (3)

④ 見える化とは、視覚に訴えるものだけを対象にすることである。 (4)

⑤ 潜在トラブルとは、表面化していないもめごと・故障のことである。 (5)

問2 QC的ものの見方・考え方に関する次の文章において、 内に入る最も適切なものを選択肢からひとつ選べ。

① 設定してある目標と現実との、対策して克服する必要のある「ギャップ」のことを (1) という。

② 原因の追究方法として (2) を行うことが効果的である。

③ 未然防止を効果的に行うためには、問題の (3) に着目することが大切である。

④ 見える化する対象は、現場で共有している (4) である。

⑤ (5) への対応をするためには、お客様からの情報を待つのではなく、情報を取りに行く活動が大切である。

【選択肢】
ア．共通性　イ．潜在トラブル　ウ．予測　エ．問題　オ．苦情・クレーム
カ．なぜなぜ分析　キ．独立性　ク．情報　ケ．見える化

QC的ものの見方・考え方

問1 (1) ○ (2) × (3) ○ (4) × (5) ○

(1) 応急対策では、発生した問題に迅速に取り組んで問題が大きくならないようすることが大切である。

(2) 原因はプロセスにあるので、プロセス分析を行って原因を追究し、再発防止を行うことが大切である。

(3) 未然防止では、問題が発生しないようにするため、事前に問題発生を予測することが大切である。

(4) 視覚に訴えるものだけでなく、音声で伝える方法などもある。

(5) 潜在トラブルとは、苦情・クレームという形で表に出ていない事象のことである。

問2 (1) エ (2) カ (3) ア (4) ク (5) イ

(1) ［要求事項のレベル］ － ［現実のレベル］ ＝ ギャップ（問題）

(2) 原因を追究するには、なぜそのような事象になったのか、また、その原因は何かということを繰り返し追究することで、真の原因が追究できる。

(3) 過去に発生した問題を収集・整理し、その背後にある共通性を明らかにすることで、問題発生を予測することができる。

(4) 現場にはプロセスに関する多くの情報があるので、これらの中から重要なものについて可視化することで効果的な品質管理活動を推進することができる。

(5) 顕在トラブルは、お客様からの苦情・クレームという形で明確になるが、潜在トラブルは表に出てくることがないので、直接お客様に対して情報収集することが大切である。

正解

10

品質の概念①

製品・サービスの品質は、これを提供する側と受け取る
側の両面から考える必要があります。主に品質を提供す
る側の「品質」に関する様々な定義を学びます。

品質とは

品 質

　品質とは、製品・サービスやプロセス、システム、経営、組織風土など、関心の対象となるものが明示された、暗黙の又は潜在している**顧客と社会のニーズを満たす程度**のことです。

　製品・サービスの品質は、これを**提供する側**（組織）とこれを**受け取る側**（顧客）の両面から考える必要があります。提供する側にとっては、製品・サービスの品質は**要求事項に合致するものを提供**することですが、受け取る側は、**製品・サービスの品質が高いこと**を望んでいます。このため、提供する側は、このことを重視した品質管理に関する諸活動を実践することが大切です。

　製品・サービスを提供する組織は、顧客要求事項を満たした製品・サービスそのものの品質だけでなく、製品・サービスを生み出すための**組織内の特性の質**も考えます。品質管理を行うための手段やツールなどを活用して、顧客の価値を高める製品・サービスを提供することが大切です。このような活動により売上が増加し、顧客の企業に対する信頼が高まり、企業価値が向上していきます。

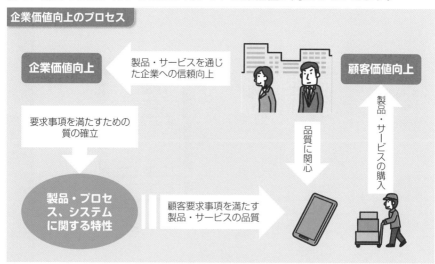

企業価値向上のプロセス

企業価値向上 ← 製品・サービスを通じた企業への信頼向上

顧客価値向上

要求事項を満たすための質の確立

製品・サービスの購入

品質に関心

製品・プロセス、システムに関する特性 → 顧客要求事項を満たす製品・サービスの品質

要求品質と品質要素

要求品質と品質要素

要求品質とは、製品に対する要求事項の中の品質に関するもので、**製品・サービスに対するニーズ**、**期待に関する言語情報で表現**し、展開表や系統図の形で示すことができます。例えば、ゲーム機の要求品質には、「使いたくなる」、「ソフトがいい」、「長く楽しめる」、「頑丈である」、「使いやすい」などがあります。

一方、**品質要素**とは、品質を構成している様々な性質を、その**内容によって分解し項目化したもの**で、機能、性能、意匠、感性品質、使用性などがあります。これらを客観的に評価できるように尺度化することを品質特性といい、製品・サービスの仕様になります。

要求品質と品質要素との関係を示すものとして、要求品質展開表（品質特性を階層構造で表した展開表）があります。これを使って顧客の声を品質要素に展開し、関係性を明確にすると、どの要素にウエートをかけて設計開発すれば効果的かがわかります。

家庭用ポリバケツ（園芸・水まき用）に関する要求品質展開表

品質要素 → ↓要求品質	重量			形状寸法							耐久性	デザイン性	要求品質重要度
	取っ手重量	本体重量	ネジ重量	取っ手寸法	上側直径	底直径	高さ寸法	注ぎ口寸法	容量	形状	材料	配色	
軽い	○	◎	○										3
運びやすい				◎	○	○	○	○	◎	◎		○	5
壊れにくい				△				△			◎		4
注ぎやすい								○					5
可愛い				△				△		◎		◎	3
品質要素重要度	9	15	9	32	15	15	15	37	25	40	20	30	

◎：5、○：3、△：1

重要度 ★★

ねらいの品質と
できばえの品質

ねらいの品質

　ねらいの品質とは、顧客や社会のニーズを満たすことを目指して計画した製品・サービスの、品質要素や品質特性、品質水準との合致の程度のことです。**設計品質**ともいいます。製品・サービスを開発するためには、顧客の要求事項を明確にし、品質機能展開を活用して、これを品質特性に落とし込み、設計開発を行うことが、効果的で効率的であり、設計品質を確保できます。このように、ねらいの品質とは、「顧客のニーズ及び期待を満たす品質を目指して設計した製品・サービスの設計の品質」という考え方です。

できばえの品質

　できばえの品質とは、計画した製品・サービスの**品質要素、品質特性及び品質水準**と、それを満たすことを目指して完成した**製品・サービスとの合致の程度**のことです。製造品質、サービス提供品質ともいいます。設計品質が十分でも、製造製品や提供サービスの品質がねらいの品質と合致していなければ、顧客に受け入れられないため、製造・サービス提供の品質が安定するような活動を行うことが大切です。このように、できばえの品質とは「設計品質をねらって製造した製品・サービスの実際の品質」という考え方です。

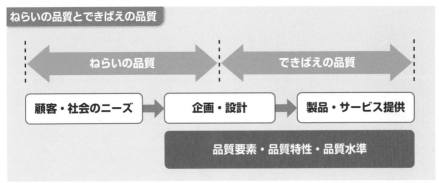

品質特性・代用特性

品質特性

品質特性とは、品質要素を客観的に評価するための性質であり、次のような種類があります。

特性の主な種類

特性	副特性
物質的	機械的、電気的、化学的、生物学的
感覚的	嗅覚、触覚、味覚、視覚、聴覚
行動的	礼儀正しさ、正直、誠実
時間的	時間の正確さ、信頼性、アベイラビリティ（可用性）
人間工学的	生理学上の特性、人の安全に関するもの
機能的	飛行機の最高速度

製品・サービスには固有の品質特性があるので、その特徴を十分理解した上で、これを満たす製品・サービスを開発することが大切です。

品質特性は、例えば電気製品の「安全である」という**抽象的表現の品質要素**を、耐電圧（絶縁性）、漏洩電流、難燃性など、**具体的に測定できる表現に変換**して、製品・サービスに関する個々の**ニーズが満たされているかを測るための尺度**になります。

なお、品質特性には、連続量で評価するものと、非連続量で評価するものがあり、例えばスマートフォンの寸法は連続量で表され、表面の傷の数は非連続量で表されます。

また、**物理量**で**定量的に評価するもの**と、人間の感覚などによって**定性的に評価するもの**があります。車の車速は物理量で評価できますが、乗り心地は機械等を用いて定量的に評価するのは困難です。このような場合、複数の人に5段階（非常に良い、やや良い、普通、やや悪い、非常に悪い）で乗り心地を評価してもらうこと等で定量的に評価できます。これは主観的な評価となりますが、評価方法としては客観的であり、品質特性として利用できます。

同様に、ホテルの宿泊者にアンケート調査をする場合に、部屋の清掃の程度について4段階（非常に満足、やや満足、やや不満、非常に不満）で評価すること等も、品質特性として利用できます。

さらに、品質特性は、個人のノウハウを組織知として共有するために役立ちます。また、客観的に計測できる品質特性を用いることで、プロセスに関する因果関係の解析を効果的・効率的に行うことができます。

顧客のニーズと品質特性とを関連付けるための方法として、品質機能展開が使われますが、例えばゲーム機の品質特性には次のようなものがあります。

品質特性の例（ゲーム機の場合）

操作性	接続時間、メモリ容量、CPU速度、携帯性
ソフト充実度	ソフト互換性、ソフト拡張性、キャラクタ充実度、ソフト多様性
形状寸法	本体厚さ、外形寸法、操作部寸法、開口部寸法
質量	本体質量、操作部質量、付属品質量
話題性	意匠性、安全性、注目度、リアル度

代用特性

品質特性の中には、測定・評価に時間やコストがかかるものも少なくありません。また、引張試験のように測定・評価のためには対象となる物を破壊することもあります。これらについては、当該の品質特性と関係の強い他の品質特性を測定し、代用として用います。

例えば、溶接強度を直接引っ張って調べるかわりに、超音波探傷試験で評価することがあります。また、バケツの持ちやすさを考えた場合に、それ自体を数値化するのが難しいので、バケツの重量、グリップの外形、バケツの形状など、測定可能なものに置き換えます。

このように、人の感性評価の結果を、物理・化学的な測定値で代用する場合を、**代用特性**といいます。品質特性を測ることが困難な場合にそれに代わる特性値を示すものです。

スマートフォンの代用特性の例

品質特性	代用特性（例）
使いやすい	重量
	寸法
	押しボタンの場所

品質の概念①

問1 **品質の概念に関する次の文章で、正しいものには○を、正しくないものには×を示せ。**

① 製品・サービスの品質は、顧客のニーズ・期待を考える必要はなく、組織の考え方で品質を定義すれば十分である。 ☐(1)

② 要求品質は、製品・サービスに対するニーズ・期待に関する言語情報で表現し、展開表や系統図の形で示すことができる。 ☐(2)

③ 品質要素には、機能、性能に関するものだけでなく、意匠、感性品質、使用性、互換性などの要素がある。 ☐(3)

④ ねらいの品質とは、設計品質をねらって製造した製品・サービスの実際の品質のことである。 ☐(4)

⑤ 品質特性には、物理的、感覚的、行動的、時間的なものがある。 ☐(5)

問2 **品質の概念に関する次の文章において、☐内に入る最も適切なものを選択肢からひとつ選べ。**

① 組織は、効果的で効率的に製品・サービスを生み出すために組織内の ☐(1) を考慮する必要がある。

② 要求品質と ☐(2) との関係を示したものとして要求品質展開表がある。

③ ねらいの品質とは、顧客・社会のニーズとそれを満たすことを目指して計画した製品・サービスの品質要素、品質特性及び ☐(3) との合致の程度のことである。

④ ☐(4) には、物理量で定量的に評価するものと、人間の感覚などによって定性的に評価するものがある。

⑤ 人の感性評価の結果を、物理・化学的な測定値に変換したものを ☐(5) という。

【選択肢】
ア．代用特性　イ．品質水準　ウ．品質機能　エ．品質特性　オ．感応特性
カ．特性の質　キ．活動　ク．できばえの品質　ケ．品質要素

37

問1 (1) ×　　(2) ○　　(3) ○　　(4) ×　　(5) ○

(1)　製品・サービスの品質は、これを提供する側（組織）とこれを受け取る側（顧客）の両面から考える必要がある。

(2)　製品やサービスに対するニーズ、期待に関する言語情報として要求品質展開表がある。

(3)　品質要素とは、品質を構成している様々な性質をその内容によって分解し、項目化したものである。

(4)　ねらいの品質とは、顧客のニーズ及び期待を満たす品質をねらって設計した製品・サービスの設計の品質のことである。

(5)　これ以外に、人間工学的、機能的なものもある。

問2 (1) カ　　(2) ケ　　(3) イ　　(4) エ　　(5) ア

(1)　製品・サービスの品質を提供し、品質管理活動を効果的で効率的に行うためには、組織内の特性の質が重要である。

(2)　要求品質は顧客の声であり、このままでは設計できないので、要求品質がどのような品質特性と関係するかを明確にすることが大切である。

(3)　ねらいの品質では、製品・サービスの品質要素、品質特性を具体的に数値化する必要がある。

(4)　品質特性とは、品質要素を客観的に評価するための性質（定量的・定性的、連続・非連続なもの）である。

(5)　製品・サービスの機能を測定できない場合には、それを数値化できるような特性に変換することが必要である。

正解
10

品質の概念②

主に、品質を受け取る側の「品質」に関する基本・考え方を学びます。受け取る側の心理と、品質管理活動との関係を理解しましょう。

重要度 ★★★

当たり前品質と魅力的品質

当たり前品質

　顧客は、購入した製品やサービスを、問題なく使い続けられることが当たり前だと考えています。このように、製品やサービスが決められた条件のもとでその機能を発揮することを**当たり前品質**といいます。

　この当たり前品質とは、製品やサービスの機能が充足されても顧客から当たり前と受け取られ、それが**不充足であれば不満になる品質要素**のことです。つまり、市場に広く出回っている製品やサービスの中で、目新しいものでなく、それに含まれている機能を持っていることが当たり前であると顧客が感じる品質のことを意味しています。結果として、ある機能があって当たり前、そうでなければ品質が悪いということになります。

魅力的品質

　使用している製品やサービスに対して、さらに軽量である、もっと使いやすい、もっと短時間でサービスを受けられるなどの機能があると、より魅力的なものになります。この品質を**魅力的品質**といいます。

　この魅力的品質とは、製品やサービスの機能が充足されれば顧客に満足を与えるが、**不充足であっても仕方がないと受け取られる品質要素**のことです。顧客のニーズや期待を満たすとその満足の程度は高いが、満たされていなくてもこの程度であれば満足できるということです。

当たり前品質と魅力的品質の相互関係

　当たり前品質と魅力的品質には相互関係があります。現在、魅力的品質を持った製品やサービスであっても同様の品質のものが市場に**充足**すると、この製品やサービスの機能は当たり前品質になります。このように、魅力的品質から当たり前品質に変化するため、次の魅力的な製品やサービスを新たに開発することが大切です。この関係を魅力的品質、一元的品質、当たり前品質としてモデル化すると、次のページの図のようになります。

このモデルのそれぞれの品質の考え方は、次の通りです。

（1）魅力的品質

　魅力的品質とは、なくても不満はないがあると満足するものです。例えば、新技術を搭載した介護用補助ロボットを使用して介護作業を行っている場合、動作が多少ぎこちなくても不満はないが、動きがスムーズになると感動するというようなことです。

（2）一元的品質

　一元的品質とは、「ない」と不満で、「ある」と満足するものです。例えば、ノート型パソコンは軽量・丈夫で、長時間の使用可能でなければ不満になり、これが満たされていれば満足するということです。

（3）当たり前品質

　当たり前品質とは、顧客が「あって当たり前」と思うものです。例えば、スマートフォンにカメラがついているのは当たり前で、ついていなければ不満になるということです。

　しかし、魅力的な製品やサービスも、時間の経過とともに一元的品質、当たり前品質へと変化してしまいます。このことは、**顧客のニーズ・期待が変化していくこと**と強い関係があります。

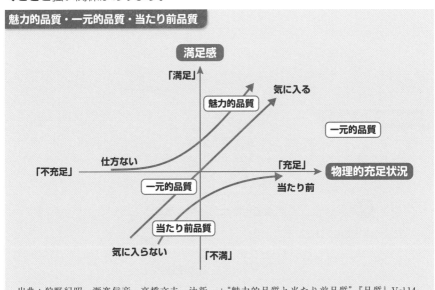

出典：狩野紀昭、瀬楽信彦、高橋文夫、辻新一："魅力的品質と当たり前品質"『品質』Vol.14、No2、1984)

重要度 ★

サービスの品質・仕事の品質

サービスの品質

　サービスの分野は数多くありますが、どの分野でも品質は重要な概念です。サービスを提供するためには、マネジメントシステムとして、サービスを提供するためのインプット、プロセス、その結果のアウトプットを出すために効果的で効率的な品質管理活動が必要です。

　このため、製造業では製品の品質、サービス産業ではサービスの品質に着目した品質管理活動を行います。

仕事の品質

　仕事の品質とは、プロセスを運営管理する重要な考え方であり、例えば、決められた時期までに報告書を提出することや、提出した報告書に間違いがないことが、仕事の品質が良いといえます。

　したがって、日常的な仕事の目標を達成し、間違いがないアウトプットを出すことで仕事の品質を高められます。このことは、プロセスやシステムの品質の向上につながります。

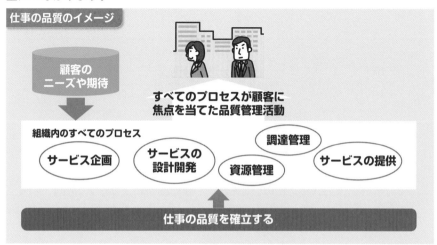

仕事の品質のイメージ

顧客の
ニーズや期待

すべてのプロセスが顧客に
焦点を当てた品質管理活動

組織内のすべてのプロセス

サービス企画　サービスの設計開発　資源管理　調達管理　サービスの提供

仕事の品質を確立する

重要度 ★

社会的品質

社会的品質

　社会的品質とは、製品やサービス又はその提供プロセスが、第三者（供給者と購入者・使用者以外の不特定多数＝社会）のニーズを満たす程度のことであり、品質要素の一つです。

　社会的品質は、次の場合に使われます。

①製品やサービスの使用が第三者に与える影響（例：クーラーの騒音、輸送に伴う自動車の排気ガスなど）

②製品やサービスの提供プロセス（調達、生産、物流、廃棄など）が第三者に与える影響（例：資源の浪費、工場の廃液・騒音・煤煙などによる公害、建設工事に伴う近隣住民への騒音、廃棄物での汚染など環境問題に関するもの）

　第三者のニーズのうち、法令・規制要求事項などで定められているものは**社会的要求事項**といい、これを満たすことは、最低限の社会的品質を満たすことです。

　また、社会的品質は社会的責任（Social Responsibility）の一部です。ただし、社会的責任とされる**商取引に関する法令の遵守**、**安定的な雇用**、**環境保全のための植林**などは社会的品質には含めません。

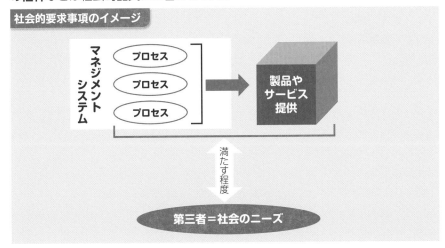

社会的要求事項のイメージ

マネジメントシステム

プロセス
プロセス
プロセス

製品やサービス提供

満たす程度

第三者＝社会のニーズ

顧客満足・顧客価値

品質の概念②

顧客満足

　顧客満足とは、**製品・サービスに対する暗黙の又は潜在しているニーズが満たされている程度に関する顧客の受けとめ方**のことです。顧客の苦情は、顧客満足が低いことの一般的な指標ですが、**顧客の苦情がないことが必ずしも顧客満足が高いことを意味するわけではありません**。また、顧客要求事項が顧客と合意され、満たされている場合でも、それが必ずしも顧客満足が高いことを保証するものではありません。したがって、顧客の期待を超え、顧客の潜在ニーズに合った製品やサービスが提供されると、顧客は非常に高い満足が得られます。

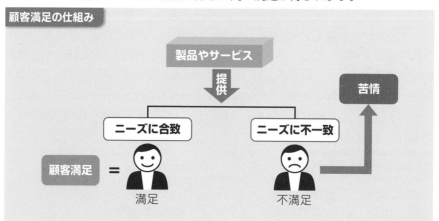

顧客満足の仕組み

　このため、組織が提供する製品やサービス、組織のプロセスやシステムに対して、どのような顧客のニーズや期待があるのかを把握することが大切です。顧客が製品やサービスに満足することは、それらの要求事項を満たしていることを意味しており、提供された製品やサービスが顧客の要求事項と同一であれば、顧客は満足します。

　しかし、顧客が満足している状態であっても、顧客満足が高いことを示しているわけではありません。また、顧客の苦情やクレームがないことが、顧客満足が高いことを示してはいません。なぜならば、製品やサービスに問題があった場合

に、すべての人が苦情・クレームを申し立てるわけではないからです。

例えば、製品が1年3か月で故障したとします。それに対して、品質保証期間の1年を過ぎているし購入価格も安かった、製品品質に不満はあるが組織に連絡するのが面倒なので、**苦情・クレームをいわずに他社の製品を購入する**可能性もあります。したがって、苦情・クレーム件数だけで、顧客満足の情報とすることは危険です。

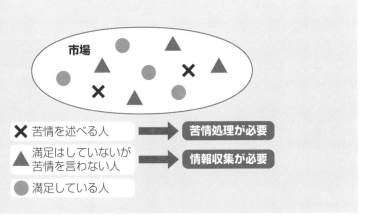

顧客満足に関する情報は、**顧客満足度調査、提供された製品の品質に関する顧客からの調査データ、ユーザー意見調査、失注分析、顧客からの指摘、補償請求及びディーラー報告のような有効な情報源**などから収集します。

さらに、顧客満足に関する情報を収集するだけで終わるのではなく、次の手順を考慮した製品やサービスの改善に活用するプロセスを構築すると効果的です。

手順❶：顧客満足に関する調査計画の策定・実施
手順❷：調査結果の分析・評価
手順❸：結果の関連部門への時宜を得たフィードバック
手順❹：改善活動の運営管理
手順❺：顧客へのフィードバック

このような仕組を取り入れることで顧客満足が向上し、製品やサービスの売上に直結して、持続的に成功します。

顧客価値

　顧客価値とは、**製品やサービスを通して、顧客が認識する価値のこと**であり、現在は認識されていなくても、将来認識される可能性がある価値も含まれます。

　価値とは、**顧客が数多くの製品やサービスから必要とするものを選ぶ理由**を意味しており、どの製品やサービスを買うかは顧客に選択権があります。このため、顧客は、**他の製品やサービスと比較してものを購入**します。その選択基準は、顧客が価値を感じるかどうかです。

　一方、選ばれなかった製品やサービスは、**顧客がその品質に価値を感じなかったこと**になります。したがって、競争力のある（より選ばれる）価値を実現するには、競争力があるマネジメントシステムを構築し、運営管理をします。製品やサービスそのものは、価値の媒体に過ぎず、顧客が満足するのは、製品やサービスに内在する価値です。

　顧客価値には次に示す側面があります。これらを考えて顧客価値を明確にします。

　①製品やサービスを購入する際の決定要因として顧客が認識する価値
　　⇒購買の動機及び選択の基準として認識される側面
　②購入した製品やサービスの使用及び廃棄を通し顧客が確認する価値
　　⇒製品やサービスそのものの特性、製品やサービスのメンテナンス及び修理の容易さ、廃棄にかかるコスト等
　③使用後に認識された価値から生まれる信頼感に基づいて新たに認識される価値
　　⇒過去の経験を通し確立される製品やサービスを生産する組織に対する信頼感、ブランド等

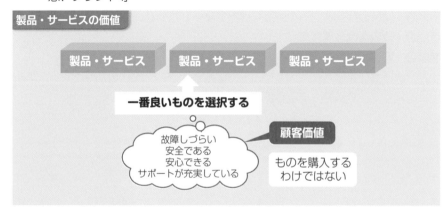

品質の概念②

問1 品質の概念に関する次の文章において、正しいものには○を、正しくないものには×を示せ。

① 当たり前品質とは、充足されても当たり前と受け取られるが、不充足であっても仕方がないと受け取られる品質要素のことである。
((1))

② 社会的品質とは、製品やサービス又はその提供プロセスが第三者（供給者と購入者・使用者以外の不特定多数＝社会）のニーズを満たす程度のことであり、品質要素の一つである。
((2))

③ 顧客の苦情がなければ、顧客満足は高いと判断してもよい。
((3))

④ 顧客満足に関する情報の収集方法として顧客満足度調査があれば十分である。
((4))

⑤ 顧客価値とは、顧客が製品やサービスを購入するときの動機であり、価格が一番重要な要素である。
((5))

問2 品質の概念に関する次の文章において、 内に入る最も適切なものを選択肢からひとつ選べ。

① 物理的充足状況とユーザーの満足度が比例する状態のことを ((1)) という。

② 充足されれば満足を与えるが、不充足であっても仕方がないと受け取られる品質要素のことを ((2)) という。

③ プロセスを運営管理するときの重要な考え方として ((3)) という考え方がある。

④ 商取引に関する法令の遵守、安定的な雇用、環境保全のための植林などを行うことは社会的責任であるが、 ((4)) には含まれない。

⑤ ((5)) とは、数多くの製品やサービスから顧客が必要とするものが選ばれることを意味している。

【選択肢】
ア．仕事の品質　イ．当たり前品質　ウ．一元的品質　エ．社会的品質
オ．ニーズや期待　カ．結果の質　キ．魅力的品質　ク．価値
ケ．第三者品質

問1 (1) ✕   (2) ◯   (3) ✕   (4) ✕   (5) ✕

(1) 当たり前品質とは、充足されても当たり前と受け取られるが、不充足であれば不満を引き起こす品質要素のことである。

(2) 社会的品質とは、社会のニーズを満たす組織の製品・サービスとそれを生み出す提供プロセスの品質のことである。

(3) 顧客の苦情は、顧客満足が低いことの一般的な指標であるが、潜在的な苦情もあるので、苦情がないからといって顧客満足が高いとはいえない。

(4) 顧客満足に関する情報には、顧客満足度調査だけでなく、提供された製品の品質に関する顧客からの調査データ、ユーザー意見調査、失注分析、顧客からの指摘、補償請求などがある。

(5) 顧客価値とは、製品・サービスを通して、顧客が認識する価値のことであり、必ずしも価格だけが顧客価値ではない。

問2 (1) ウ   (2) キ   (3) ア   (4) エ   (5) ク

(1) 物理的に充足されないと不満になり、物理的に充足されると満足する状態を一元的品質という。

(2) 物理的な機能が多少悪くてもそれほど不満を感じず、機能が良ければ満足する状態を魅力的品質という。

(3) 品質には、顧客に提供する組織のアウトプットだけでなく、組織内の活動も範囲に含まれている。特に仕事に関する品質のことを仕事の品質という。

(4) 社会的品質とは、製品・サービス又はその提供プロセスが第三者のニーズを満たす程度のことである。

(5) 価値とは、どの製品・サービスを買うかは顧客に選択権があるということである。

正解
10

管理の方法

品質管理活動に必要な管理の方法や考え方を学びます。
3 級の復習に加え、課題達成型 QC ストーリーについ
ては、より詳しく学習します。

維持と管理

維持と管理

　維持とは、**ある状態をそのまま保ち続けること**をいいます。そして、ある決められた目標を継続的に維持するためには、パフォーマンスのばらつきを**管理**することが大切です。そのためには、要因と考えられる **5M**（man、machine、method、material、measurement）**1E**（environment）を管理します。また、パフォーマンスを維持するためには、**S**（standardize）**D**（do）**C**（check）**A**（act）のサイクルを回します。

　S（標準化）では、取り決めをする前に、仕事の目的、結果に対する要求事項、結果を生み出すプロセス、プロセスと結果との関係に関するノウハウなどを明確にします。ここでは、必要な教育・訓練を行い、守れる工夫をすることを含みます。

　D（実施）では、取り決め通りプロセスを実施するとともに、実施可能かどうかを確認し、必要な場合には、教育・訓練や取り決めを守れる工夫をします。

　C（点検）では、標準化及び実施に関する努力をしても、決めた内容が不十分であったり、決めた通りに実施されない場合、いつもと違う結果（異常）の発生に素早く気付いて、その原因を見つけます。

　A（処置）では、点検の結果を踏まえて、取り決めの内容やそれが確実に守られる仕組みをつくります。

　パフォーマンスのばらつきを管理するためには、管理図や管理グラフなどを用います。

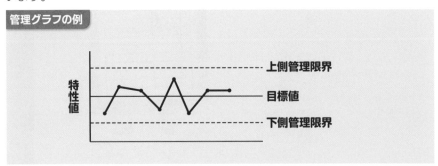

管理グラフの例

重要度　★★

継続的改善

継続的改善

　顧客のニーズや期待は環境とともに変化するため、これに応じた製品・サービス、プロセス、マネジメントシステムに関するパフォーマンスの改善を継続的に行うことが大切です。このため組織では、方針管理や日常管理に関する活動を行っています。

　継続的改善とは、**パフォーマンスの向上のために繰り返し行われる活動**です。維持管理に引き続いてパフォーマンスを向上するための活動を行い、その後一定期間にわたって維持管理を行う、更にパフォーマンスを向上するための活動を行うということを繰り返します。**持続的に改善を行い続けるという意味ではありません**。

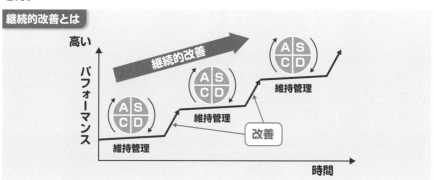

継続的改善とは

　継続的改善を行うために、組織は次のように維持管理と改善を繰り返します。
①利害関係者の要求事項を満たすために品質目標を設定する
②設定した品質目標を達成するための改善活動を行う
③目標を達成できたらこれを維持管理する
　この①から③を繰り返すことで、継続的改善が推進されます。
　顧客及びその他の利害関係者の要求事項は、事業環境とともに変化するので、要求事項に対応するためには、現状のパフォーマンスレベルに満足するのではなく、一歩進んだ新たな目標を設定し、これを達成するための活動を繰り返します。

4日目
30
管理の方法

重要度 ★★

問題と課題

問 題

　問題とは、**設定してある目標と現実との、対策して克服する必要のあるギャップ**のことです。**ギャップ**とは、**現状のレベルと要求事項のレベルとの差**のことで、この差の大きさを考えて、論理的に改善することが大切です。

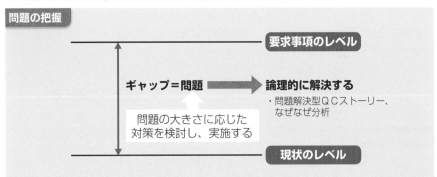

　既存のプロセスや仕組みを改善するための問題を解決するには、**問題解決型QCストーリー**に基づく活動を行います。

　改善すべき問題を考える際には、どのような状況で問題が発生しているのかを把握することが重要で、次に示すような状況から何が問題なのかを検討します。

問題の状況	問題点の例
問題はどのプロセスに現れているのか？	設計、製造、調達、営業、教育・訓練プロセスなど
問題は明確になっているのか？	品質の悪さが特定されているか
問題が隠れているのか？	この状態が継続すると新たな問題に発展しそうか
問題がたまたま発生したのか？	今まで安定状態であったが、偶発的に発生したのか
問題がいつも発生しているのか？	慢性的に問題が発生しているか
どのような規模の問題なのか？	問題の大きさが大きい、中ぐらい、小さいのか

課 題

課題とは、**設定しようとする目標と現実との、対策を必要とするギャップ**のことです。**ギャップ**とは、**達成すべき目標と現状のレベルとの差**のことであり、論理的な方法で対策を検討し、解決することが必要です。

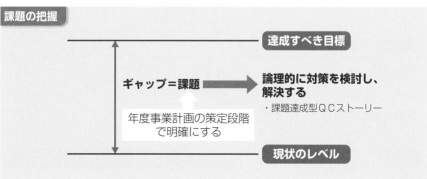

課題の把握

ギャップ＝課題 ▶ 達成すべき目標

論理的に対策を検討し、解決する
・課題達成型QCストーリー

年度事業計画の策定段階で明確にする

現状のレベル

新しいプロセスや仕組みをつくる場合などの課題を解決するには、**課題達成型QCストーリー**に基づいた活動が効果的です。

課題達成の適用領域は次の通りです。

①新規分野の開拓
②既存分野の現状打破
③魅力的品質の創造

これをみてもわかるように、課題解決には、その達成に要する期間が長くなる傾向があります。解決すべき課題を考える際には、事業環境を把握することが大切で、組織内外の事業環境の分析から課題を明確にします。

なお、**方針管理**では、経営方針の達成のために設定している目標と現状とのギャップを課題といい、その活動の結果から目標が達成されなかった場合の目標と現状とのギャップを**問題**といいます。

重要度 ★★

課題達成型 QC ストーリー

課題達成型 QC ストーリー

　課題達成とは、新たな目標を設定し、その目標を達成するためのプロセス又はシステムを構築し、その運用によって目標を達成する一連の活動のことです。

　課題達成型 QC ストーリーとは、課題を解決するための基本的な改善の手順を示したもので、次のような 8 つのステップがあります。

ステップ	着目点
[1] 経営方針の認識	・上位職位とのコミュニケーションは十分か ・経営方針（中長期計画、年度経営方針、上位方針など）設定の背景を理解しているか ・達成すべき目標レベルを確認しているか ・活用可能な経営資源及び達成期限を確認しているか
[2] 課題の設定	・社内外の関連情報の収集と動向分析を行っているか ・課題候補を列挙しているか ・経営方針に対する効果を予測しているか ・課題の評価と絞り込みを行っているか ・目標の設定を行っているか
[3] 方策の立案・選定	・関連する既存プロセスのレベルを評価しているか ・ハードル・ギャップの把握と攻め所を設定しているか ・評価項目の設定と効果予測の確認を行っているか ・方策の評価と絞り込み・選定を行っているか
[4] 成功シナリオの追究	・障害の洗い出しとその対応策の追究を行っているか ・方策実現のためのシナリオの立案を行っているか ・シナリオの評価を行っているか ・実施計画の立案を行っているか
[5] シナリオの実施	・経営資源（人、物、金、情報など）と組織を明確にしているか ・シナリオに基づいて実施しているか
[6] 効果の確認	・目標と実績の対比を行っているか ・活動プロセスの実施状況の評価を行っているか
[7] 定常業務への移行	・定常業務として取り扱う組織を明確にしているか ・標準化と管理の定着化を行っているか
[8] 今後の対応	・未対応、未解決部分を整理しているか ・具体的な対応方法を明確にしているか ・問題点の認識とその解決策を検討しているか

また、方策や障害の列挙に役立つ手法として、次のものがあります。

①ブレーンストーミング

　A・F・オズボーンによって考案された会議方式の一つです。一般的には、判断や批判などを行わないというルールで10名以下の人数で自由な意見を出し合います。これは、特性要因図を作成する際にも使われます。

②ブレーンライティング

　ホリゲルという形態分析法の専門家によって考案された思考法です。6人の参加者が、各自で3つずつアイデアを考え、5分以内で用紙に記入し隣に回すという方法です。この技法の最大の特徴は、全員無言で集団思考を行うことです。

③チェックリスト法

　A・F・オズボーンによって考案されました。アイデアを引き出すための質問表を集約してチェックリストにしたもので、次の9項目があります。

転用	他の用途、他に使い道はないか？
応用	応用できないか？　他のネタをアイデアとして応用できないか？
変更／修飾	変えてみたらどうなるか？
拡大	何かを付け加えてみたらどうなるか？　拡大〜拡張〜追加〜重くしてみたらどうなるか？
縮小	縮小〜分割〜削除〜軽くしてみたらどうなるか？
代替	他のもので代用したらどうなるか？
組み替え	アレンジ〜入れ替え〜再編したらどうなるか？
逆転	逆にしたらどうなるか？
結合	組み合わせたらどうなるか？

④特性列挙法

　米国ネブラスカ大学のロバート・クロフォード教授によって考案された思考法で、物や対象物の特性を分析する技法です。

⑤希望点列挙法

　米国GE（ゼネラル・エレクトリック）社の子会社であるホットポイント社が開発した手法です。現物や現実から離れて希望や夢を挙げ、そこから積極的に問題を発見し、夢を実現するためにアイデアを出す技法です。

⑥欠点列挙法

　米国GE社の子会社であるホットポイント社が開発した手法で、対象の欠点、問題箇所、マイナス面を徹底して列挙し、その解決策をまとめていく技法です。

⑦系統図法

　新 QC 七つ道具の一つであり、漠然とした問題（事象）に一覧性を与えて問題の重点を明確にし、目的・目標を達成するための最適な手段・方策を追求していく方法です。

　課題達成型 QC ストーリーを活用することで、課題を効率的に達成できるようになります。さらに、方策を検討する際に多くの情報を収集し、分析するため、マネジメント層の分析能力の向上が期待できます。

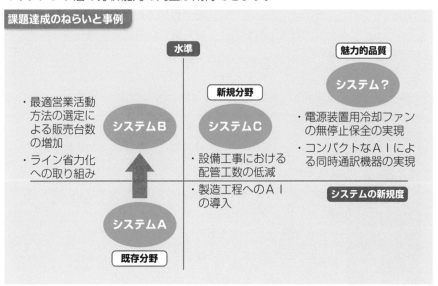

課題達成のねらいと事例

水準

魅力的品質

システム？

新規分野

・最適営業活動
　方法の選定に
　よる販売台数
　の増加
・ライン省力化
　への取り組み

システムB

システムC

・電源装置用冷却ファン
　の無停止保全の実現
・コンパクトなＡＩによ
　る同時通訳機器の実現

・設備工事における
　配管工数の低減

・製造工程へのＡＩ
　の導入

システムの新規度

システムA

既存分野

管理の方法に関する次の文章において、正しいものには○を、正しくない ものには×を示せ。

① パフォーマンスのばらつきを管理するためには、その要因と考えられる 5M（man、machine、method、material、measurement）1E（environment）を管理する。

> (1)

② 継続的改善とは、持続的にパフォーマンスを向上させる活動である。 (2)

③ 課題とは、設定しようとする目標の現実との、対策を必要とするギャップのことである。

> (3)

④ 課題達成型 QC ストーリーでは、課題を設定した後には、それに対する原因追究を行うステップになる。

> (4)

⑤ 課題達成型 QC ストーリーで方策の列挙に役立つ手法としてチェックリスト法がある。

> (5)

問2 **管理の方法に関する次の文章において、[⎵]内に入る最も適切なものを 選択肢からひとつ選べ。**

① 維持管理では、[(1)]サイクルを回すことが大切である。

② 継続的改善とは、[(2)]を向上するために繰り返し行われる活動である。

③ 問題を効果的に解決するためには、[(3)]に基づく活動を行う必要がある。

④ 課題達成の適用領域には、新規分野の開拓、既存分野の現状打破、[(4)]がある。

⑤ 課題達成型 QC ストーリーで、ハードル・ギャップの把握と攻め所の設定を行うのは、[(5)]のステップである。

【選択肢】
ア．PDCA　イ．SDCA　ウ．問題解決型 QC ストーリー
エ．対策実行型 QC ストーリー　オ．パフォーマンス　カ．組織能力
キ．一元的品質の維持管理　ク．魅力的品質の創造
ケ．方策の立案・選定　コ．成功シナリオの追究

問1 (1) ○　(2) ×　(3) ○　(4) ×　(5) ○

(1) プロセスのアウトプットに関係する要因として 5M1E がある。

(2) 継続的改善は、維持管理と改善を繰り返して行う活動である。

(3) 課題はあるべき姿に対する対策を示したものである。

(4) 課題の設定の次のステップは、方策の立案・選定になる。

(5) これ以外には、ブレーンストーミング、ブレーンライティング、特性列挙法、希望点列挙法、欠点列挙法、系統図法がある。

問2 (1) イ　(2) オ　(3) ウ　(4) ク　(5) ケ

(1) 日常管理では SDCA サイクルが基本である。

(2) 継続的改善の対象は、製品・サービス、プロセス、マネジメントシステムに関するパフォーマンスである。

(3) 問題を解決するためには、問題解決型 QC ストーリーを活用する。

(4) 魅力的品質の創造とは、世の中にまだ出ていない機能を持った製品・サービスを開発することであり、これを課題として解決する必要がある。

(5) 方策の立案・選定をするためには、ハードル・ギャップの把握と攻め所の設定が大切である。

正解
10

5日目

30

品質保証：
新製品開発①

新製品開発の品質保証活動に必要な用語や定義を学びます。3級の知識に加え、手法の手順などを理解しておくことが大切です。

重要度 ★

結果の保証と プロセスによる保証

結果の保証とプロセスによる保証

　組織は、顧客のニーズや期待を満たす製品・サービスを一貫して提供するために、品質保証に関する活動を行うことが大切です。このためには、**顧客が要求する製品・サービスの品質を組織として保証することが重要**であり、そのためには、製品・サービスを生み出している組織の品質保証活動に関するプロセスを保証します。

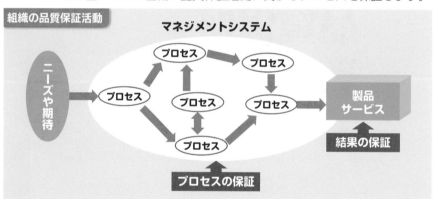

　製品・サービスを保証するために、製品企画、設計開発（プロセスの設計開発を含む）、調達、製造、検査などの段階で、全社員が品質保証活動を継続的に行います。

　製品・サービスの品質保証の考え方は、次のような変遷をたどってきています。

1950年代	**全数検査**（個別保証）から、品質を安定させるために行う**抜取検査**（ロット保証）へ移行
1960年代	品質は工程で作り込まれるという考え方に基づいて、**統計的手法**を活用して工程で品質を保証する仕組みに移行
1970年代	上流工程で品質を保証するという**源流管理**の考え方に変化
1990年代以降	製品・サービスだけでなく、業務の品質を保証するには、**プロセスを保証**することで顧客のニーズや期待を達成するという考え方に変化

保証と補償

保　証

　保証とは、間違いがない、大丈夫であると認め、その責任をもつことです。製品・サービスを保証するためには、その**製品・サービスが要求事項に合致していることに組織内の各プロセスで責任を持つことが大切**です。各部門がそれぞれの立場で**プロセスを保証**することが結果の保証につながります。プロセスが保証できないと、後工程で問題が多発します。設計開発のアウトプットである図面などに問題がある場合には、その後工程である購買、製造などのプロセスで問題が発生するかもしれません。このため、設計開発プロセスを適切に管理します。例えば、デザインレビュー、設計検証、試作品の評価の段階で設計品質を評価することで、後工程に対して品質の保証をします。

補　償

　補償とは、**損害や出費を金銭などで補い償うこと**です。保証期間内で製品が故障した場合には、**無償修理や取り換えなどの処置を行います**が、製造物責任問題で組織に問題があると判断された場合には、該当者に対する損害補償が必要になります。このような事案が発生した場合には、一般的には裁判で争われることが多くなります。組織は、この発生費用を避けるために、損害保険への加入や保証のための記録維持などを行い、リスクを低減する方法をとります。

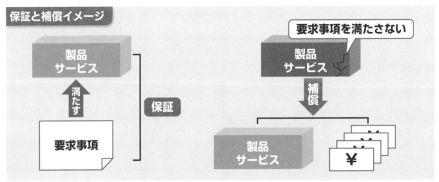

保証と補償イメージ

品質保証体系図

品質保証体系図

　組織の品質保証活動は、自社だけでなく第三者に対しても適切に説明することが重要で、品質保証に関するシステムを明確にすることが大切です。

　品質保証体系図とは、製品が企画されてから顧客に使用されるまでのステップにおいて、どの段階でどの部門が品質保証に関する活動を行うのかを示したものです。**製品企画から販売、アフターサービスにいたるまでの開発ステップを縦軸にとり、品質保証に関連する設計、製造、販売、品質保証などの部門を横軸にとって**作成します。

　品質保証体系図を作成する目的は、顧客及びその他の利害関係者に対して組織がどのような仕組みで品質保証活動を実施しているのかを**可視化**することです。品質保証体系図の効果には次のものがあります。

- 各部門の役割を明確にすることで、品質保証に関して組織的な活動を効果的で効率的に進めることができる
- 問題発生時に問題の起因となったプロセスや責任部署が明確になり、問題解析の時間が短縮できる
- トップ診断、内部監査、社外監査（例：第二者監査、第三者審査）に活用できる
- 部門間にまたがる問題が発生した場合に、責任・権限に関する認識が混乱したときの整理に役立つ
- 組織の品質保証の仕組みをすべての利害関係者に明示することで、信頼が得られる

　また、品質保証体系図は、**マネジメントシステムの基本設計書として考えて作成する**ことが大切です。品質保証に関係するプロセス及びその相互作用を明確にするとともに、会議体や関連規程等を明確にします。なお、この品質保証体系図は、組織活動の変化や事業環境の変化に伴って改訂し、維持管理することが大切です。

品質保証体系図の例（メーカーの場合）

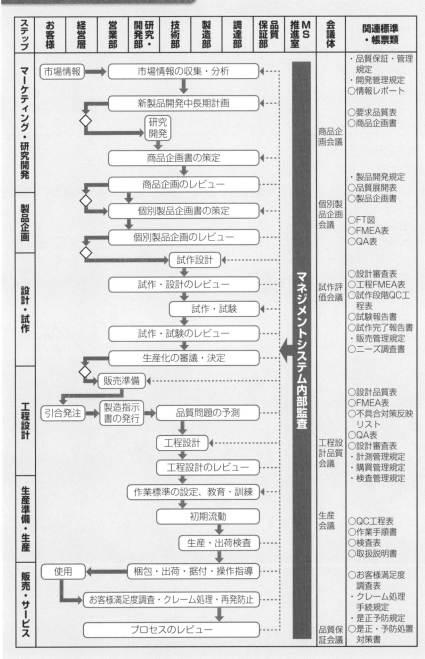

ステップ	お客様	経営層	営業部	開発部・研究	技術部	製造部	調達部	保証品質部	MS推進室	会議体	関連標準・帳票類
マーケティング・研究開発	市場情報 →		市場情報の収集・分析							商品企画会議	・品質保証・管理規定 ・開発管理規定 ○情報レポート ○要求品質表 ○商品企画書
			新製品開発中長期計画								
			◇	研究開発							
			商品企画書の策定								
製品企画			商品企画のレビュー							個別製品企画会議	・製品開発規定 ・品質展開表 ○製品企画書 ○FT図 ○FMEA表 ○QA表
			◇	個別製品企画書の策定							
			個別製品企画のレビュー								
設計・試作			◇		試作設計					試作評価会議	○設計審査表 ○工程FMEA表 ○試作段階QC工程表 ○試験報告書 ○試作完了報告書 ・販売管理規定 ○ニーズ調査書
			試作・設計のレビュー								
				試作・試験							
			試作・試験のレビュー								
			生産化の審議・決定								
工程設計			◇	販売準備 ←							○設計品質表 ○FMEA表 ○不具合対策反映リスト ○QA表 ○設計審査表 ・計測管理規定 ・購買管理規定 ・検査管理規定
	引合発注		製造指示書の発行	品質問題の予測						工程設計品質会議	
				工程設計							
				工程設計のレビュー							
生産準備・生産				作業標準の設定、教育・訓練						生産会議	○QC工程表 ○作業手順書 ○検査表 ○取扱説明書
				初期流動							
				生産・出荷検査							
販売・サービス	使用 ←			梱包・出荷・据付・操作指導						品質保証会議	○お客様満足度調査表 ・クレーム処理手続規定 ・是正予防規定 ○是正・予防処置対策書
			お客様満足度調査・クレーム処理・再発防止								
			プロセスのレビュー								

マネジメントシステム内部監査

品質機能展開

品質機能展開

　品質機能展開とは、製品に対する品質目標を実現するために、様々な変換及び展開を用いる方法論で、QFD（Quality Function Development）と略記することがあります。**品質展開、技術展開、コスト展開、信頼性展開、及び業務機能展開で構成されています。**

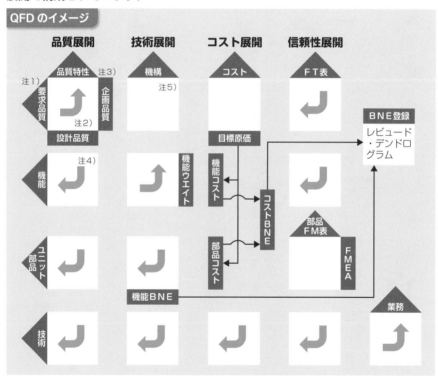

QFDのイメージ

注1）三角形は項目が展開されており、系統図のように階層化されていることを示す
注2）矢印は変換の方向を示し、要求品質が品質特性へと変換されていることを示す
注3）四角形は二元表の周辺に付属する表で、企画品質設定表や各種のウェイト表などを示す
注4）この二元表の表側は機能展開表であるが、表頭は品質特性展開表であることを示す
注5）この二元表の表頭は機構展開表であるが、表側は要求品質展開表であることを示す
出典：JIS Q 9025：マネジメントシステムのパフォーマンス改善−品質機能展開の指針

品質機能展開に関する用語の定義

ここで使用されている用語の定義を次にまとめました。

変換	要素を、次元の異なる要素に、対応関係をつけて置き換える操作
展開	要素を、順次変換の繰り返しによって、必要とする特性を定める操作
品質展開	要求品質を品質特性に変換し、製品の設計品質を定め、各機能部品、個々の構成部品の品質、及び工程の要素に展開する方法。製品に対する顧客の声から変換された要求品質に着目し、これを実現するためのシステム構成を検討することが目的である
技術展開	設計品質を実現する機能が、現状考えられる機構で達成できるか検討し、ボトルネック技術を抽出する方法。また、企業が保有する技術自体を展開することを技術展開と呼ぶことがある。品質表で定めた企画品質や設計品質を実現するために、ボトルネックとなる技術を明確にすることが目的である
コスト展開	目標コストを要求品質又は機能に応じて配分することによって、コスト低減又はコスト上の問題点を抽出する方法。品質表で設定された設計品質と、これを実現するための機構及び部品レベルで目標コストを配分し、コスト検討を実施することが目的である
信頼性展開	要求品質に対し、信頼性上の保証項目を明確化する方法。品質展開がポジティブな要求品質の展開であるのに対して、ネガティブな故障などの予防に関して信頼性手法を活用し、設計段階でこの故障を予防することが目的である
業務機能展開	品質を形成する業務を階層的に分析して明確化する方法。業務を分析し、プロセス設計に活用できる

品質機能展開の考え方

品質機能展開の考え方と活用の利点は次の通りです。

①開発する新製品に対する顧客の声を明確化し、一覧できる形式で整理できる。市場からの要求を実現するための設計の諸要素を明確にできる

②開発製品で重点を置く要求品質及び品質特性を定量的に把握できる

③開発上ボトルネックとなる技術を早期に見出し、その解決策を検討できる

④企画・開発段階において、QA（Quality Assurance）表やQC（Quality Control）工程表を作成し、製造上のポイントを明確にして、量産段階での品質トラブルを未然に防ぐことができる

DR とトラブル予測

DR

　DR (デザインレビュー) とは、設計活動の適切な段階で必要な知見を持った人々が集まり、そのアウトプットを評価して改善すべき事項を提案し、次の段階への移行の可否を確認・決定する組織的活動のことです。設計の品質を確保するために行うものであり、製品・サービス又はプロセスの設計の進展に伴って、構想設計・基本設計・詳細設計など各々の**完了後に行います**。DR の対象には、**製品・サービスの設計**だけでなく、**生産・輸送・据付・使用・保全**などのプロセスの設計も含まれます。また、アウトプットを評価する際には、**アウトプットそのものを確認**するだけでなく、設計のプロセスを確認することもあります。

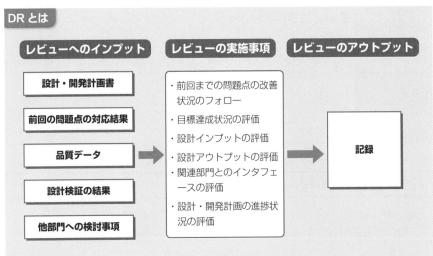

DR とは

レビューへのインプット	レビューの実施事項	レビューのアウトプット
設計・開発計画書 / 前回の問題点の対応結果 / 品質データ / 設計検証の結果 / 他部門への検討事項	・前回までの問題点の改善状況のフォロー / ・目標達成状況の評価 / ・設計インプットの評価 / ・設計アウトプットの評価 / ・関連部門とのインタフェースの評価 / ・設計・開発計画の進捗状況の評価	記録

　DR の参加者には、**レビューの方法を理解している人やレビューの目的に適した人を選び**各レビューの段階での参加者を、事前に明確にします。参加者は、営業、企画、研究開発、設計、生産技術、購買、製造、生産管理、品質保証、アフターサービスなどの知見を持った人々です。

　DR では、**a) 採用技術、メカニズム、方法論は適切か**、**b) 過去のトラブルが**

反映されているか、c) 設計の方法（設計標準及びその順守、FMEA などの手法の活用）が適切か、d) 検討すべき事項の漏れはないかなどを評価し、問題点を検出してこれを改善します。

トラブル予測

　設計開発では、製品・サービスに関するトラブルを予測し、この対策をとることが設計品質の向上につながります。**トラブル予測**を行うためには、**過去に発生したトラブルの事例を多数集め**、そこから**共通するトラブルの型（パターン）を抽出及び整理します**。これを検討中のプロセスに適用することによって、起こり得るトラブルを系統的に洗い出し、トラブル予測における漏れを減少させることができます。共通するトラブルの型は、"**不具合モード**"と呼ばれます。トラブルの内容により、**故障モード**、**エラーモード**、**失敗モード**などと呼ばれる場合もあります。トラブル予測の手順は、次の通りです。

手順❶：過去のトラブルの収集及び不具合モード一覧表の整理

　検討の対象となっているプロセス（又はその構成要素である作業、設備など）で起こり得るトラブルを洗い出す事前準備として、過去のトラブル（5M1E の標準及び基準からの逸脱、変化又はその影響）の事例を収集し、その類似性に基づいて不具合モード一覧表に整理する

手順❷：対象プロセスの細分化

　検討の対象となっているプロセス、又はその構成要素である作業、設備などを細分化する

手順❸：起こり得るトラブルの列挙

　要素プロセス（又は要素作業かコンポーネント及び部品）ごとに、手順❶で整理した不具合モード一覧表を当てはめ、起こりそうなトラブルを列挙する

手順❹：トラブルの重要度評価

　列挙した不具合について対策が必要かどうか、重要度評価を行う。発生頻度が高く、発生した場合の影響が致命的で、発生してから影響が生じるまで検出できない可能性が高いものは、対策をとる

手順❺：対策の立案

　重要度スコアが大きいなど、対策が必要と判断された不具合については、対策を立案する

手順❻：対策の実施と効果の確認

　未然防止の対策は多岐にわたるため、実施の担当者、日程などの計画を立て、漏れが発生しないように行う

品質保証：
新製品開発①

FMEA・FTA

FMEA

　FMEA（Failure Mode and Effects Analysis：故障モード・影響解析）とは、製品設計、工程設計などの設計に起因する課題を、機能や作動状態に着目して検討し、故障モードや不良モードの概念により事前に明らかにする定性的な**信頼性解析手法**のことです。その発生頻度、影響度、検出難易度などの評価項目について、使用する立場から重要度を考慮し、優先順位を明確にして解決すべき課題を提示します。設計の故障モード分析、プロセスのリスク分析に使用されます。

　FMEA の目的には、問題点の早期摘出及び未然防止、トップ事象モードにつながる要因の抽出、重点指向による開発期間の短縮、信頼性試験・評価の効率化、後工程（設計検証・DR）への情報提供、評価技術や情報の技術標準としての蓄積があります。

　FMEA の手順は、次の通りです。

手順❶：FMEA 実施の準備

　システム、サブシステムの構造、機能を把握するため、**信頼性ブロック図を作成**する。FMEA 活用の目的に応じた **FMEA ワークシートを準備する**

手順❷：FMEA 対策部位（解析するシステム、サブシステム、部品などの名称）の選定

手順❸：解析対象に要求される機能の記述

手順❹：対象部位に予想される故障モードの記述

　基本設計段階の故障モードとは、機能喪失状態（動作しない、停止しない、誤動作など）のこと。詳細設計段階の故障モードとは、詳細設計したものが所定の機能を果たし得るか否か（変形、亀裂、表面の傷、脱落、異物混入、漏れ、浸蝕など）のことで、これらを検討する

手順❺：故障の影響の厳しさの記述と重要度評価

　評価要素として一般的には、次に示す 3 項目があり、ランク分けとしては、10 段階、5 段階、4 段階などがある

- 故障モードの厳しさ（Severity）⇒発生した場合の影響の厳しさの程度
- 故障モードの発生頻度（Occurrence）⇒問題の発生頻度
- 故障の検知難易度（Detection）⇒使用の段階に至るまでの故障モードの発見の段階

これらの結果をもとに、次式により**総合評価**（RPN）を決定します。

$$\text{RPN（Risk Priority Number）} = S \times O \times D$$

手順❻：故障モードを引き起こすと考えられるすべての故障原因の記述

手順❼：重要度の高い故障モードに対して、その故障モードを除去あるいはその影響を緩和するために必要な対策事項・対策方法の記述

手順❽：その他の必要事項（対策実施担当部署、対策実施期限等）の記述

自動車電装部品の FMEA 例（RPN の計算）

アイテム／機能			故障モード	故障による影響		厳しさ（S）	分類	想定される原因	発生頻度（O）	現在の防止策	現在の検出方法	検出難易度（D）	RPN	推奨される対策	責任部門	対策の結果				
サブシステム	アセンブリ	パーツ		アイテムへの影響	システムへの影響											実施日	S	O	D	RPN
電源／エンジン制御部へ電源供給																				
	基板ＸＸ	D1	ショート	バッテリーの＋極が接地	バッテリー液漏れエンジン始動せず	10		部品の欠陥	3	より高品質、高定格の部品を選択	実機信頼性試験で確認	1	30	保護回路の検討	ＸＸ製作					
		C9	オープン	EMIフィルタの機能低下	EMI規格外れのおそれ	2		部品の欠陥	2	より高品質、高定格の部品を選択	実機信頼性試験で確認	1	4							

出典：信頼性技術叢書編集委員会監修　鈴木和幸編著　CARE 研究会著『信頼性七つ道具 R7』
P78　日科技連出版社 2008

FTA

　FTA（Fault Tree Analysis：故障の木解析）とは、下位アイテム又は外部事象、もしくは、これらの組合せのフォールトモードのいずれかが、定められたフォールトモードを発生させうるかを決めるための、**フォールトの木**（FT 図）で表された解析のことです。

　FTA は、信頼性又は安全性上、その発生が好ましくない事象に対して、**論理ゲート**を用いながら、トップ事象が発生するメカニズムを解明する技法です。例えば、

信頼性の設計、製造設備の故障分析などに使用されます。

　FTAの目的は、絶対に生じてはいけない事象への重点指向、トップ事象モードと故障モードとの関連を示すための基本事象の位置づけの明確化、多重故障への未然防止、ハードウェアだけでなく、ソフトウェア及び人間操作が関与するトラブル解析、運用・保全起因のトラブル予測があります。

　FTAの手順は、次の通りです。

手順❶：チームの編成とFTA実施に必要な資料の入手

手順❷：解析の対象となるシステムの編成・機能・作動の確認

手順❸：システムについてのトップ事象の選定

手順❹：手順❸で定められた事象（故障）につながる１次要因（サブシステムレベル）の列挙と、それらに関連する外部要因の吟味

手順❺：手順❹で得られた要因と事象との因果関係を、論理記号を用いて結びつけ

手順❻：手順❹及び❺を繰り返して、構成品レベル又は部品レベルへと展開し、もうこれ以上分解できないレベルまで続けて、FT図を作成

手順❼：各要因、条件の発生の確率を故障の木の各部へ割り付け

手順❽：論理記号に従ってトップ事象の発生確率を計算

手順❾：各要因の上位レベルの影響の厳しさの評価と効果的な改善対策の検討

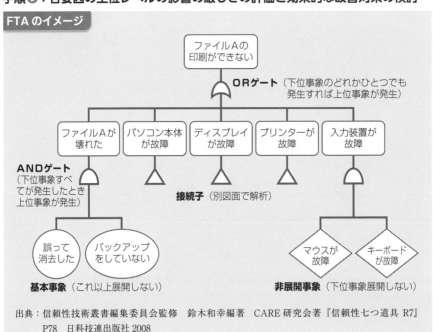

FTAのイメージ

出典：信頼性技術叢書編集委員会監修　鈴木和幸編著　CARE研究会著『信頼性七つ道具 R7』
　　　P78　日科技連出版社 2008

品質保証：新製品開発①

理解度check ☑

問1 品質保証・新製品開発に関する次の文章において、正しいものには○を、正しくないものには×を示せ。

① 結果を保証するためにはプロセスを保証する必要がある。
(1)

② 製品・サービスの品質保証期間内で問題が発生した場合には、必ず無償修理や取り換えなどの処置を行う必要がある。
(2)

③ 品質保証体系図には、設計、購買、製造に関する活動を記載すれば十分である。
(3)

④ 品質機能展開は、品質展開、技術展開、コスト展開、信頼性展開及び業務機能展開で構成されている。
(4)

⑤ FMEAは、製品の設計開発プロセスで使用するものであり、工程設計には使用することはできない。
(5)

問2 品質保証・新製品開発に関する次の文章において、 　　内に入る最も適切なものを選択肢からひとつ選べ。

① 製品が企画されてから顧客に使用されるまでのステップのどの段階でどの部門が品質保証に関する活動を行うのかを示したものを (1) という。

② 技術展開は、設計品質を実現する機能が、現状考えられる機構で達成できるか検討し、 (2) 技術を抽出する方法である。

③ 業務機能展開とは、 (3) を形成する業務を階層的に分析して明確化する方法である。

④ デザインレビューでは、アウトプットそのものを確認するだけでなく、設計の (4) を確認することもある。

⑤ トラブル予測では、過去のトラブルの収集及び (5) の整理が必要である。

【選択肢】
ア．不具合モード一覧表　イ．ボトルネック　ウ．管理　エ．品質
オ．品質マネジメント体系図　カ．リスク一覧表　キ．品質保証体系図
ク．パフォーマンス　ケ．プロセス

問1 (1) ○　(2) ×　(3) ×　(4) ○　(5) ×

(1)　組織の品質保証活動に関係しているプロセスを保証することで、顧客に良い製品・サービスを提供できる。

(2)　品質保証契約書で決められた条件に該当する場合には、無償修理や取り換えなどの処置が必要になる。

(3)　品質保証に関連する設計、製造、販売、品質管理などの部門を横軸にとって、製品が企画されてから顧客に使用されるまでのステップのどの段階でどの部門が品質保証に関する活動を行うか表示する必要がある。

(4)　品質機能展開とは、製品に対する品質目標を実現するために、様々な変換及び展開を用いる方法論であり、品質機能展開は、品質展開、技術展開、コスト展開、信頼性展開、及び業務機能展開で構成されている。

(5)　FMEAは、主に使用されるのは製品の設計開発であるが、工程の設計開発にも使用できる。

問2 (1) キ　(2) イ　(3) エ　(4) ケ　(5) ア

(1)　品質保証体系図は、製品が企画されてから顧客に使用されるまでのステップのどの段階でどの部門が品質保証に関する活動を行うのかを示したものである。

(2)　技術展開は、品質表で定めた企画品質や設計品質を実現するために、ボトルネックとなる技術を明確にすることが目的である。

(3)　業務機能展開は、品質機能展開の一つであり、業務の品質に着目したものである。

(4)　デザインレビューでは、設計に関わる情報の一つとして設計・開発計画書もあり、これは設計開発プロセスの活動状況を評価する情報になる。

(5)　トラブル予測を行うためには、過去に発生したトラブルの事例を多数集め、そこから共通するトラブルの型（パターン）を抽出し、その一覧表で整理する必要がある。

正解
10

QUALITY CONTROL

品質保証：
新製品開発②

製品の開発から市場に出て、製品としての役目を終える
までの過程と、各段階や全体的な品質保証活動を学習し
ます。

品質保証のプロセス

品質保証

　品質保証とは、顧客や社会のニーズを満たすことを確実にし、確認し、実証するために、**組織が行う体系的活動のこと**です。

　"**確実にする**"とは、顧客や社会のニーズを把握し、それに合った製品・サービスを企画・設計し、これを提供できるプロセスを確立する活動を行うことです。

　"**確認する**"とは、顧客や社会のニーズが満たされているかどうかを継続的に評価・把握し、満たされていない場合には迅速な応急対策や再発防止対策を取る活動を行うことです。

　"**実証する**"とは、どのようなニーズを満たすのかを顧客や社会との約束として明文化し、それが守られていることを証拠で示して信頼感・安心感を与える活動を行うことです。

品質保証のプロセス

　品質保証のプロセスには、品質保証体系図で明確にした、**マーケティングから顧客サポートに至るまでの各プロセス**があり、これらのプロセスの活動内容を明確にすることが大切です。

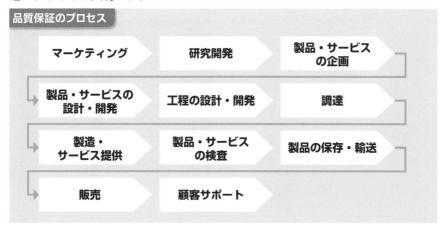

品質保証のプロセス

マーケティング	研究開発	製品・サービスの企画
製品・サービスの設計・開発	工程の設計・開発	調達
製造・サービス提供	製品・サービスの検査	製品の保存・輸送
販売	顧客サポート	

(1) マーケティング

マーケティングの目的は、組織が提供する製品・サービスを**社会に公開**し、それを**顧客に認知**してもらい、**購入につなげる**ことです。このためには、市場動向を正確に把握し、顧客のニーズ及び期待、そして市場価値を明確にする必要があります。

マーケティングのアウトプットには、製品・サービスのコンセプト、対象とする市場や顧客、製品・サービスの企画提案や戦略（提供時期、販売戦略、宣伝戦略）などが含まれます。また、製品・サービスのコンセプトを確立する際には、市場の区分、製品・サービス要求事項の明確化、位置付け、市場の創造を考慮します。

(2) 研究開発

研究開発とは、**基礎研究から技術開発に至るまでの段階のこと**で、製品・サービスを製造するための製造技術開発などもこの対象です。顧客に受け入れられる製品・サービスを提供し続けるための技術的基盤を維持すること、製品・サービスに対する特定されたニーズに対応すること、及び潜在ニーズを汲み取ることが大切です。

また、組織の事業の成否を左右する技術（コア技術）を獲得し維持するために、市場及び顧客、必要に応じてその他の利害関係者のニーズの動向や組織の製品・サービスの競争力などを考慮して、技術戦略を策定することが大切です。

研究開発のプロセスの運営管理は、研究開発テーマの設定、拡大・変更・中止のための研究評価、研究開発資源の再配分及び研究開発進捗管理を行います。

(3) 製品・サービスの企画

マーケティング、研究開発を踏まえて顧客に提供する、ある特定の製品・サービスを決定し、その実現に向けた計画を策定し、実施することが大切です。その際には、

①製品・サービスに特有な実現のプロセス及び文書の確立の必要性、並びに経営資源の提供の必要性

②その製品・サービスのための検証、妥当性確認、監視、測定、検査及び試験活動、並びに製品・サービス合否判定基準

③製品・サービス実現のプロセス及びその結果としての製品・サービスが要求事項を満たしていること

を実証するために必要な記録を考慮することが大切です。

製品・サービス企画では、次に示す要素が必要となるので、これらの事項に関して事実に基づく十分な調査・検討が必要です。

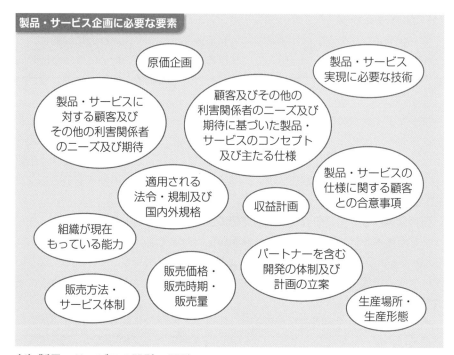

製品・サービス企画に必要な要素

- 原価企画
- 製品・サービス実現に必要な技術
- 製品・サービスに対する顧客及びその他の利害関係者のニーズ及び期待
- 顧客及びその他の利害関係者のニーズ及び期待に基づいた製品・サービスのコンセプト及び主たる仕様
- 適用される法令・規制及び国内外規格
- 収益計画
- 製品・サービスの仕様に関する顧客との合意事項
- 組織が現在もっている能力
- 販売価格・販売時期・販売量
- パートナーを含む開発の体制及び計画の立案
- 販売方法・サービス体制
- 生産場所・生産形態

(4) 製品・サービスの設計・開発

設計・開発では、顧客のニーズ・期待を仕様化し、このアウトプットを工程設計、購買、製造などのプロセスに提供するため、これらの仕様について保証することが大切です。設計・開発段階では、次のような活動が必要です。

- 設計・開発計画
- 設計・開発のインプット
- 設計・開発の実施
- 設計・開発のアウトプット
- 設計・開発のレビュー
- 設計・開発の検証
- 設計・開発の妥当性確認
- 構成管理
- 設計・開発の変更管理に関する要素の確認

(5) 工程の設計・開発

設計・開発からのアウトプットから、製品・サービスを具体的なものに変換するためには、製品・サービスの工程設計を行います。このためには、工程設計においても、**(4)** の設計・開発段階と同様な要素を確立することが必要です。

(6) 調　達

　組織の製品・サービスを実現するためには、組織の能力だけでなく、生産者や流通業者など組織に部品やサービスを提供する供給者の能力も、品質保証を行うために重要です。

　調達に関するプロセスは、次のようになります。

調達のプロセス

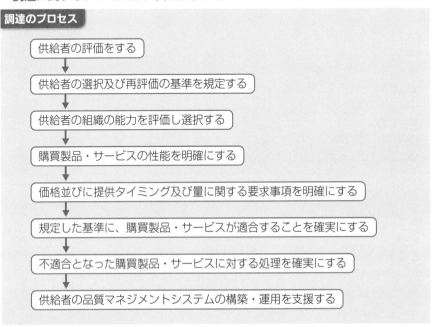

供給者の評価をする

↓

供給者の選択及び再評価の基準を規定する

↓

供給者の組織の能力を評価し選択する

↓

購買製品・サービスの性能を明確にする

↓

価格並びに提供タイミング及び量に関する要求事項を明確にする

↓

規定した基準に、購買製品・サービスが適合することを確実にする

↓

不適合となった購買製品・サービスに対する処理を確実にする

↓

供給者の品質マネジメントシステムの構築・運用を支援する

(7) 製造・サービス提供

　製造・サービス提供段階では、作業手順に基づいてインフラストラクチャーを使用して製品・サービスの実現を行うため、これらが安定した状態で運営管理される必要があります。

　製造・サービス提供に関する計画には、次のものが含まれます。

- 製品・サービスの設計・開発からのアウトプット
- プロセスの設計・開発からのアウトプット
- 製造及びサービス提供のタイミングや量
- 製造及びサービス提供の作業手順
- 経営資源（インフラストラクチャー、要員など）
- 監視機器及び測定機器
- 原材料・部品などのリリース（次工程への引渡しを含む）の基準
- 問題発生時の処理に関する手順

製造・サービス提供のプロセスを表したものとして、**QC工程表やプロセスフロー**などがあります。

(8) 製品・サービスの検査

製品・サービス要求事項が満たされていることを検証するために、製品・サービスの特性を考慮して**検査**を行います。検査は製造及びサービス提供の適切な段階で実施され、中間検査、最終検査などがあります。

検査の方法を選定する際には、次のことを考慮します。

- ● 製品・サービス特性
- ● コスト・時間及び過去の品質実績
- ● 検査の方式
- ● 測定方法
- ● 検査・試験要員に必要な力量
- ● 結果の記録

また、検査に必要な検査・試験機器の管理も大切です。

(9) 製品の保存・輸送

製品特性を維持したまま、顧客に製品を引き渡すときには、製品を適切に**梱包・包装**する必要があります。このため、梱包・包装では、製品の保管環境・輸送条件、開封の容易性及び梱包・包装材の処分方法について考慮します。

なお、梱包コストの最小化を図るために、通い箱などを使用することで環境にも優しい梱包を行うことができます。

(10) 販　売

販売部門の要素には、**顧客開拓、売上高管理、受注処理、資金回収、顧客情報管理**などがあります。販売に関する組織は顧客と直に接しているので、顧客の声を収集するとともに、製品の販売状況などに関する情報を、関連プロセスに迅速にフィードバックできます。顧客満足の状況を把握できる特徴をもっています。

(11) 顧客サポート

顧客は、購入した製品・サービスに関する使用方法などに関する**サポート**を期待しています。このサポートには、製品・サービスを引き渡す時点でのサポートと引き渡したあとのサポートがあります。これらのことを考慮した顧客が満足するようなプロセスを構築することが顧客のロイヤルティ（製品・サービスに対して、他のものには代えられないという気持ち）につながります。

保証の網

保証の網

　保証の網とは、**縦軸に発見すべき不適合**（または不具合）、**横軸にプロセス**を取ってマトリックスを作り、表中の対応するセルに、発生防止と流出防止の観点からどのような対策が取られているか、それらの有効性（発生防止水準、流出防止水準）を記入したものです。製造プロセスにおける保証の網の例を次に示します。

発見すべき不適合	プロセス	仕入れ先			社内				納入先			保証度		改善事項		改善後の保証度
		パッキン貼合せ	ネーム刻印	チェック	ドア組付	リレー組付	フランジ組付	ケース勘合	受入検査	エンジン性能検査	車両出荷検査	目標	現状	内容	期限	
ケース刻印	刻印無し		②/②	◇								A	B	センサー設置	1/20	A
	刻印違い		②/②	◇								A	B	センサー設置	1/20	A
…	…	②/②			◇							B	B			
	…				①/①										1/15	
	…				②/②			◇								
リレー	誤品				①/②											
	動作不良					②/②										
リレー締付ビス	ビス欠品					①/②										
	ビス浮き					①/◇										
	ネジつぶれ					①/◇										
リレーとコネクタの結合部	勘合不良					①/◇			◇							
	ツメロック不良					①/②										
…	…															

注）各セルの上段は対応する不適合の発生防止水準を、下段は流出防止水準を示している
出典：新版品質保証ガイドブック p.408　日科技連出版社

それぞれの不適合についての**重要度**、**目標とする保証度**、**マトリックスより求めた現在の保証度**を示しています。

このように保証の網を作成することで、**それぞれの不適合の発生防止や流出防止に関して重要なプロセスが明確になり**、総合的な保証度を改善するために、**どのプロセスに対して処置をとるべきなのかがわかります**。また、プロセス保証の仕組みを一覧表にまとめることで、プロセス全体の系統的な検討が可能となり、他の人のレビューも受けやすくなります。さらに、顧客及び後工程で問題が発生した場合にも、検討のどこに問題があったのかを追跡できるため、迅速に対応でき、プロセス保証の仕組みもレベルアップします。保証の網の作成手順を次に示します。

手順❶：発見すべき不適合の列挙

製品・サービスに対して、発見すべき不適合を列挙します。これらは、製品・サービスの性質、設計 FMEA やプロセス FMEA の実施結果、過去の不具合が参考になります。重要なのは、**漏れなく発見すべき不適合を列挙すること**で、過去の不具合をそのまま活用するだけでは不十分です。その不適合が製品・サービスの品質にどのように影響し、当該の品質が顧客・後工程にとってどのくらい重要なのかを考え、それぞれの不適合について A、B、C などの重要度を明確にします。

手順❷：プロセスの列挙

対象となる製品・サービスについて、その生産・提供プロセスを列挙します。これらは、プロセスフロー図、QC 工程図などと整合させます。

手順❸：発生防止水準の評価

それぞれの発見すべき不適合について、発生防止水準を評価します。この場合、ヒューマンエラーや設備の故障の可能性をできるかぎり排除します。また、工程能力調査の結果として工程能力が不十分である場合、勘やコツなど、一部分の熟練した作業者の技能で発生防止がなされている場合などは改善が必要です。発生防止水準の例を次に示します。

---

①エラープルーフが行われておりヒューマンエラー防止対策が十分である。また、設備の故障も即座に発見できる体制となっている

②一部人に依存する作業があるが、標準化を徹底するなどの発生防止を適切に行っている

③工程能力は 1.3 以上あるが、人による作業の割合が大きく、ヒューマンエラーなどの人に起因するトラブルの発生の可能性が高い

④工程能力が低い。経験や勘、標準化されていない技能により発生防止を行っている

手順❹：流出防止水準の評価

それぞれの発見すべき不適合について、発生プロセス以降に続くプロセスでの流出防止水準を評価します。流出防止水準の例を次に示します。

> ◇①設備で不適合を確実に検出できる。また、その設備も適切に管理されている
>
> ◇②一部人による検査・確認を行っているが、標準化の徹底などの流出防止を適切に行っている
>
> ◇③目視や聴覚による検査・確認など人に依存する検査・確認の割合が大きい
>
> ◇④経験や勘、標準化されていない技能により流出防止を行っている。検査・確認設備の精度や信頼性が十分でなく、流出の可能性がある

手順❺：保証度の評価

手順❸❹で求めた「発生防止水準」、「流出防止水準」を総合的に評価し、それぞれの不適合に対する保証度を評価します。例えば、発生防止水準が①で流出防止水準が◇①だとすると、その不適合の保証水準は十分と考えられます。これに対して、発生防止水準が②、流出防止水準が◇③だとすると、不適合が発生し流出する可能性があります。これらを総合的に考慮すると表のようになります。

発生防止水準と流出防止水準の評価

		発生防止水準			
		①	②	③	④
流出防止水準	◇①	A	A	A	B
	◇②	A	B	C	D
	◇③	A	C	D	D
	◇④	B	D	D	D

この表において、Aについては、最終的に顧客や後工程に当該の不適合を持った製品・サービスが提供されることはないが、Dについては、当該の不適合を持った製品・サービスが顧客や後工程に提供される可能性が高いと考えられます。このような不適合については、プロセス改善による発生防止水準の向上、検査・確認方法、検査・確認設備の充実などによる流出防止水準の向上を図ると効果的です。

重要度　★

製品ライフサイクル全体での品質保証

ライフサイクル

　ライフサイクルとは、連続的で、かつ、相互に関連する製品システムの段階群で、**原材料の取得**、又は**天然資源の産出から最終処分までを含むもの**です。したがって、製品ライフサイクルを考える場合には、ライフサイクルでの各段階だけでなく、全体的な品質保証活動を行うことが大切です。

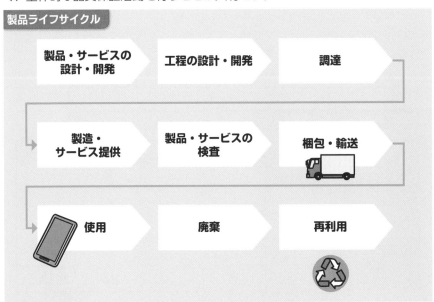

製品ライフサイクル

製品・サービスの設計・開発　→　工程の設計・開発　→　調達

製造・サービス提供　→　製品・サービスの検査　→　梱包・輸送

使用　→　廃棄　→　再利用

　設計・開発では、使用する原材料や消費電力を少なくする、リサイクル率を高める、環境影響を低減するなどを考慮します。**調達**では、アウトソースした製品がどのように作られているのかを把握しなければ品質要求事項を満たすことができないことや、二次調達先以降のサプライチェーンがどのようになっているのかを把握します。**製造・サービス提供**では、品質不適合や材料の仕損を低減するための品質改善活動などを行います。**梱包・輸送**では、梱包資材の削減やリサイクル、燃料使用量の低減、騒音の低減などの活動をします。

重要度　★

製品安全・環境配慮

製品安全

　製品安全では、使用者が製品を安心して使用できるように、使用者の安全を第一に考えます。これも品質保証にとって重要な要素であり、特に**設計・開発段階で安全設計を考慮する必要があります**。

　安全に関する要求事項には、**顧客要求事項**や**法令・規制要求事項**があり、これを満たさなければなりません。法令・規制要求事項には、**消費生活用製品安全法**、**電気用品安全法、ガス事業法、液化石油ガスの保安の確保及び取引の適正化に関する法律、家庭用品品質表示法**などがあります。

　消費生活用製品安全法は、「消費生活用製品による一般消費者の生命又は身体に対する危害の発生の防止を図るため、特定製品の製造、輸入及び販売を規制するとともに消費生活用製品の安全性の確保につき民間事業者の自主的な活動を促進し、一般消費者の利益を保護すること」を目的として、昭和48年に制定されました。国による消費生活用製品の安全規則（PSCマーク制度）などが規定されています。P（Product）S（Safety）C（Consumer）マークには特定製品3品と特別特定製品（とくに安全性が強く求められる）3品があり、特定製品には丸いPSCマーク、特別特定製品にはひし形のPSCマークがついています。

PSCマーク

特定製品　　　特別特定製品　

環境配慮

　近年では地球環境を考えた製品・サービスの提供が社会的な要求であり、これを満たすためには、設計・開発段階で考慮すべき、法令・規制要求事項、グリーン調達要求事項に取り組むことが大切です。これ以外にも、天然資源の枯渇防止を図るための小型化や省エネ設計、プラスチック容器から紙容器への転換などを考慮します。地球環境保護を考慮することで、**顧客や社会へ環境問題に取り組む積極的な組織の姿勢を示すことができ**、企業価値を高めることができます。

製造物責任

製造物責任

製造物責任（Product Liability）とは、製品の欠陥又は表示の欠陥が原因で生じた人的・物的損害に対して、**製造業者が負うべき賠償責任**のことです。**欠陥**とは、当該製造物の特性、その通常予見される使用形態、その他の製造物に係る事情を考慮して、当該製造物が通常有すべき安全性を欠いていることです。

製造物責任が発生しないようにするために PLP（PL Prevention ／製造物責任予防）と **PLD**（PL Defense ／製造物責任防御）があります。

PLP とは、製品安全の考え方でフェールセーフ（故障や操作ミス、設計上の不具合などの障害が発生することを想定し、**起きた際の被害を最小限にとどめるような工夫をしておくという設計思想**）のことです。PLP には、次のような効果があります。

- 製品による顧客への人的・物的被害をなくすような設計・開発を推進することができる
- 安全サイドを考慮したシステム設計ができる
- フールプルーフを推進することで人的ミスを低減できる

PLD は、PL 発生時に事態を有利に運ぶようにする活動です。

PLP と PLD

> **PLP** 　製造物責任を未然に防止する活動

フェールセーフ（問題が発生しても安全側に動く技術）
〔例〕地震である基準以上の揺れがあると自動的にガスの供給が止まる

フェールソフト（システムの一部に障害が発生した際に、故障した個所を破棄、切り離すなどして障害の影響が他所に及ぼされるのを防ぎ、最低限のシステムの稼働を続けるための技術）
〔例〕サーバーのメモリーを二重化して片方がダウンしても他のメモリーで処理できるようにする

フールプルーフ（作業ミスに対処するための作業システムに関する総合的工夫）
〔例〕搭載部品の向きを揃える、文字を大きくするなど

> **PLD** 　ＰＬ発生時に事態を有利に運ぶようにする活動

文書管理、記録の管理、損害補填処置、即応体制整備など

重要度 ★★

初期流動管理

初期流動管理

　初期流動管理とは、新製品・サービスの生産・提供の開始後、あるいは新プロセスやシステム導入後、一定期間にわたって収集する品質の情報の量や質を上げ、製品・サービスに関する**問題を早期に顕在化させ、その問題に対する応急対策や再発防止策を迅速に行うための特別な組織活動**です。新製品のみならず、既存製品やサービスにおいても、量産初期や製造工程の変更後の製造開始時等、品質特性に大きな影響を与える変更があった際も**初期流動**に該当します。初期流動時には、設計・開発段階や工程設計段階では予想できず、検討が十分に行われなかった問題が顕在化することがあるため、特別な管理体制が必要になります。

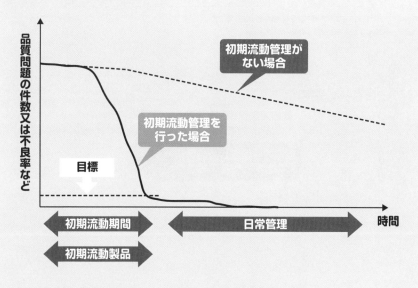

初期流動管理の有無における差

出典：福丸典芳『品質管理技術の見える化』p.105 日科技連出版社　2009

初期流動管理体制

　設計・開発段階及び工程設計段階では、品質・コスト・量・納期などに関する問題が発生しないように、関連部門との連携をとって事前検討を行いますが、これらの内容が完全に実施され、すべての問題点を確実に処置することは困難です。

　例えば、工程 FMEA を実施してトラブルを予測したとしても、それに対する改善技術が確立されていなければ、そのトラブルを完全になくすことはできません。人間が予測することには限界があります。試作での製造条件と量産での製造条件が異なることも考えられ、また、作業者が未熟な場合もあり得ます。

　このため、**初期の段階で検出された問題点を検出し、早期に再発防止対策をとるために初期流動管理を行うことが大切**です。初期流動管理を行う期間を、例えば生産開始後の 3 か月、あるいは生産台数 1,000 台までの一定期間、量産品の品質及び効率が一定レベルに達するまでというように設定して、管理を行います。

　この期間に製造された製品・サービスを、初期流動製品・サービスと定め、検査項目・管理項目の追加、異常及び異常傾向のチェック体制などを強化します。製造工程及び市場において、日常管理体制とは異なる詳細な品質情報を収集し、品質問題の早期発見を図ります。発見された不具合は、直ちに関連部署にフィードバックをして対策を行い、問題の拡大を防止します。

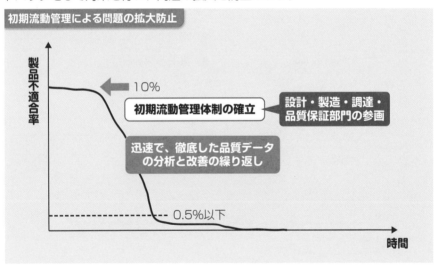

市場トラブル対応と苦情処理

市場トラブル

　市場トラブルは、製品が品質保証期間中に故障した、説明書がよくわからない、手順通り回復処置をしたけれど動作しない、洋服のサイズが違ったものが送られてきた、購入した食品にカビが生えていたなど多岐にわたります。**トラブルが起こった際には、迅速な対応が大切であり**、この対応が悪いと顧客満足度が低下し、二度と購入してもらえなくなります。

苦　情

　苦情とは、顧客及びその他の利害関係者が、製品・サービス及び組織の活動が自分のニーズに一致していないことに対してもつ不満を、供給者又は供給者に影響を及ぼすことのできる第三者（消費者団体、監督機関など）へ表明したものです。このニーズには、カタログ、仕様説明書などで明示されている機能・性能だけでなく、**明示されていなくても安全性のように当然確保されていると期待されているものも含まれます。**

　苦情は、次の図のように分類されます。

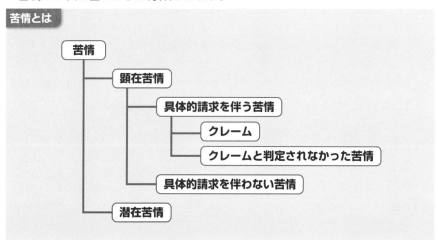

苦情とは

苦情処理には、次の目的があります。

- 製品・サービスの欠陥によって生じた使用者の不満を解消し信頼を回復すること
- 同種の製品・サービスに、今後同様の苦情が生じないように予防すること
- 保有する技術の不足や、ユーザーがその製品の品質に対して持っている要望を知ること
- マネジメントシステムの不備を改善すること

このためには、次に示す苦情に対する基本原則を考慮して、苦情処理の仕組みを構築することが大切です。

ISO10002における苦情対応のための基本原則

①公開性

苦情申し出方法及び申し出先についての情報は、顧客、要員及びその他の利害関係者に広く公開することが望ましい。

②アクセスの容易性

苦情対応プロセスは、すべての苦情申出者が容易にアクセスできることが望ましい。苦情の申し出及び解決の詳細についての情報を入手できるようにすることが望ましい。情報は、分かりやすい言葉にすることが望ましい。製品がいかなる言語又は形式で販売され又は提供されようとも、苦情申し出に関する情報及び支援については、どんな苦情申出者も不利益を被ることがないように、大きい文字の印刷物、点字印刷物、音声テープなどの代替形式を含め、利用できるようにすることが望ましい。

③応答性

苦情の受理は、その旨を直ちに苦情申出者に通知することが望ましい。苦情は、その緊急度に応じて迅速に対処することが望ましい。例えば、重大な健康及び安全問題は、直ちに対応することが望ましい。苦情申出者には、丁寧な対応をし、苦情対応プロセスにおける苦情対応の進捗状況を、適時知らせることが望ましい。

④客観性

苦情はそれぞれ、苦情対応プロセス全体を通じて、公平で、客観的、かつ、偏見のない態度で対応することが望ましい。

⑤料金

苦情対応プロセスへアクセスする際は、苦情申出者に対して、料金を請求

しないことが望ましい。

⑥機密保持

苦情申出者個人を特定できる情報は、組織内での苦情対応の目的に限り、必要なところで利用可能とすることが望ましい。また、顧客又は苦情申出者が、その公開について明確に同意していない限り、この情報を公開しないように、積極的に保護することが望ましい。

⑦顧客重視のアプローチ

組織は、顧客重視のアプローチを適用し、苦情を含めたフィードバックを積極的に受け入れ、自らの行動により、苦情の解決についてのコミットメントを示すことが望ましい。

⑧説明責任

組織は、苦情対応に関する組織の対応及び決定についての説明責任及び報告の実行について明確に確立することが望ましい。

⑨継続的改善

苦情対応プロセス及び製品品質の継続的改善は、組織の永続的な目的であることが望ましい。

また、苦情処理のプロセスについて、ISO 10002 では、次のように示されています。このようなプロセスを構築することで、顧客からの信頼感が高まり、社会から組織の取り組みが評価されるとともに、組織内の苦情対応に関する要員の認識が高まります。

ISO10002 における苦情対応のプロセス

①顧客とのコミュニケーション方法の明確化

顧客が製品・サービスについての苦情を申し出ようとしたときに、どのような方法で組織に連絡するのかを明確にすることが必要です。このためには、パンフレットやホームページなどで連絡する様式を容易に入手できるようにします。

②苦情の受理

苦情を受理した場合には、苦情が報告された時点で確認している情報などを記録します。この苦情の記録から、苦情申出者が求めた解決策及び効果的な苦情対応に必要な情報を特定できるようにします。

③苦情の追跡

苦情を受理した時点から、苦情申出者が満足するか、又は最終決定が行わ

れる時点までのプロセス全体にわたって、苦情処理番号などで苦情を追跡
できるようにします。

④苦情の受理通知
　苦情を受理した場合には、適切な通信手段を使って直ちに苦情申出者に通
知します。

⑤苦情の初期評価
　苦情を受理した後、それぞれの苦情は、例えば、重大性、安全性、複雑性、
インパクト、応急対策の必要性と可能性などの基準により初期評価を行い
ます。

⑥苦情の調査
　苦情に関する状況及び情報について、苦情の深刻さ、発生する頻度及び重
大性を考慮した調査を関連する部門と協力して行います。

⑦苦情への対応
　調査に引き続いて、再発防止を行います。苦情がすぐに解決できない場合は、
できるだけ早く効果的な解決につながる方法で対応します。

⑧決定事項の伝達
　苦情対応に関する決定事項又はいずれの処置も、苦情申出者又は苦情にか
かわった要員が関係しているので、その決定事項又は処置が実行された後、
迅速にそれらの関係者に伝達し、情報を共有します。

⑨苦情対応の終了

　苦情申出者が、組織が提案した決定事項又は処置を受け入れたときには、そ
の決定事項又は処置を遂行し、記録します。なお、苦情申出者が提案を拒否した
ときには、その苦情は未解決の状態とし、この内容を記録します。その場合、苦
情申出者には、別の形で活用可能な内部及び第三者機関の解決方法を知らせます。
組織は、合理的な内部及び外部の解決方法の選択肢がなくなるまで、あるいは苦
情申出者が満足するまで、苦情対応に関する進捗状況の監視を続ける必要があり
ます。

品質保証：新製品開発②

問1 品質保証・新製品開発に関する次の文章において、正しいものには○を、正しくないものには×を示せ。

① 製品・サービス企画段階では、原価企画については考慮する必要はなく、これはマーケティングの段階で考慮する必要がある。　(1)

② 保証の網では、各プロセスで発生する不適合の発生防止水準及び流出防止水準を明確にすることができる。　(2)

③ 製品の欠陥又は表示の欠陥が原因で生じた人的・物的損害に対して、製造業者が負うべき賠償責任のことを PLD という。　(3)

④ 初期流動管理を行う対象は、新製品・サービスの量産初期に行うものであり、製造工程の大幅な変更は対象としない。　(4)

⑤ 苦情とクレームは同じ対応をすれば十分である。　(5)

問2 品質保証・新製品開発に関する次の文章において、_____内に入る最も適切なものを選択肢からひとつ選べ。

① 品質保証とは、顧客・社会のニーズを満たすことを確実にし、(1) し、実証するために、組織が行う体系的活動のことである。

② 保証の網を作成するためには、流出防止水準の評価の後に (2) の評価を行う必要がある。

③ 購買では、二次調達先以降の (3) がどのようになっているのかも把握することが大切である。

④ 消費生活用製品の安全規則(PSC マーク制度)のマークのうち、特定製品は (4) の PSC 表示である。

⑤ 苦情に対する基本原則には、(5) が含まれる。

【選択肢】
ア．ひし形　イ．サプライチェーン　ウ．検査　エ．保証度　オ．信頼度
カ．信頼性　キ．確認　ク．丸い　ケ．機密保持

問1 (1) ✕ (2) ○ (3) ✕ (4) ✕ (5) ✕

(1) マーケティングの段階では、製品・サービスのコンセプト、対象とする市場及び顧客、製品・サービスの企画提案、製品・サービス戦略が含まれており、原価企画は製品・サービスの企画段階で必要である。

(2) 保証の網では、縦軸に発見すべき不適合（または不具合）、横軸にプロセスを取ってマトリックスを作り、表中の対応するセルに、発生防止水準と流出防止水準を明記する。

(3) PLDとは、PL発生時に事態を有利に運ぶようにする活動のことであり、この設問は製造物責任（PL）のことである。

(4) 初期流動管理は、新製品のみならず既存製品・サービスの品質特性に大きな影響を与える変更の場合にも行うものである。

(5) 苦情には、顕在苦情と潜在苦情があり、クレームは顕在苦情のうち具体的請求を伴いクレームと判定されたものであるので、苦情とクレームの対応は相違する。

問2 (1) キ (2) エ (3) イ (4) ク (5) ケ

(1) "確認する"とは、顧客・社会のニーズが満たされているかどうかを継続的に評価・把握し、満たされていない場合には迅速な応急対策又は再発防止対策を取る活動を行うことである。

(2) 発生防止水準と流出防止水準を総合的にマトリックスで評価し、それぞれの不適合に対する保証度を評価する。

(3) 購入する製品は多くの製造者が関係していることが多いので、その関係性を明確にすることが大切であり、このためには、製品のサプライチェーンを把握する必要がある。

(4) 特定製品には丸いPSCマーク、特別特定製品にはひし形のPSCマークを付ける。

(5) 苦情申出者個人を特定できる情報は、機密情報として適切に管理する必要がある。

正解
10

プロセス保証①

プロセス保証の実践に必要な基本事項と、管理の手法を学習します。用語の定義と基本的な考え方を理解しておきましょう。

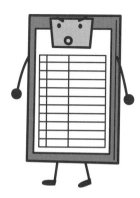

作業標準書

作業標準書

　作業標準とは、現場での仕事を効果的で効率的に実施するために必要な標準であり、作業ごとに使用設備・冶工具、製造（作業）条件・方法、設備の日常点検方法、異常時の処置の取り方等を定めたものです。「**作業要領書**」、「**作業手順書**」、「**作業指導書**」などの名称も使われます。なお、特定の製造や作業を行う場合には、当該「作業標準」の中の重要ポイントや特別指示事項を記載した「作業指示書（票）」などで現場に指示することがあります。

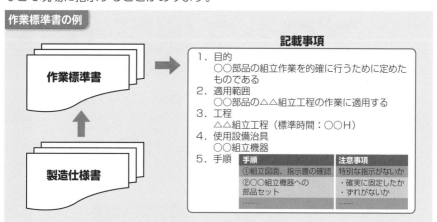

作業標準書の例

記載事項

1. 目的
　○○部品の組立作業を的確に行うために定めたものである
2. 適用範囲
　○○部品の△△組立工程の作業に適用する
3. 工程
　△△組立工程（標準時間：○○H）
4. 使用設備治具
　○○組立機器
5. 手順

手順	注意事項
①組立図面、指示書の確認	特別な指示がないか
②○○組立機器への部品セット	・確実に固定したか ・ずれがないか
……	……

　効果的な作業標準にするためには、次の事項に着目することが大切です。

①標準の内容が、見てすぐに理解できること

　・図、表、写真を活用し、文書は箇条書き（目で見る標準）とする。

　・できるだけ重点を絞る（必要以上に完璧を狙わない）。

②決めた通り実施するように、教育訓練と指導を徹底すること

　・管理・監督職、スタッフが、日常の仕事で自ら標準を重視して使用する。

　・部下に対しても常に標準の重要性を理解させ、指導する。

プロセスの考え方

プロセス

　プロセスとは、インプットを使用して意図した結果を生み出す、相互に関連又は作用する一連の活動です。**プロセスへのインプットは、通常、他のプロセスからのアウトプット**であり、また、**プロセスからのアウトプットは、通常、他のプロセスへのインプット**になります。連続した二つ以上の相互に関連及び作用するプロセスを、一つのプロセスと呼ぶこともあります。例えば、組立工程A、組立工程B、最終検査の各プロセスは相互に関連しており、全体としては製造プロセスといえます。なお、プロセスは、価値を付加するために、通常、管理された条件の下で計画され、実行されるようにする必要があります。

　インプットをアウトプットに変換するためには、プロセスに**資源**や**活動**、**管理**に関する要素が必要です。**資源**とは、プロセスの活動に必要な設備、人、供給者、技術・情報などの要素です。**活動**とは、インプットから資源を使用してプロセスをどのような方法で目的達成するのかを示した手順であり、一般的にはプロセスの機能又は要素に該当します。**管理**とは、プロセスの活動を監視・測定し、問題がある場合にはこれを改善します。これらのプロセスは、製品・サービスの品質のばらつきを小さくするために必要な程度の文書化を行います。

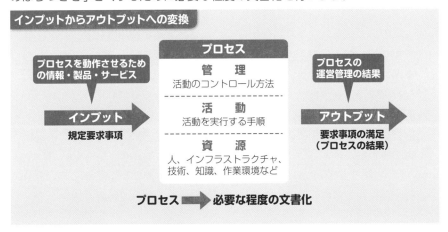

インプットからアウトプットへの変換

重要度 ★★

QC工程図・フローチャート

QC工程図

　QC工程図とは、製品・サービスの生産や提供に関する一連のプロセスを図表に表し、このプロセスの流れにそって、誰が、いつ、どこで、何を、どのように管理したらよいかを各段階別で一覧にまとめたものです。**QC工程表、管理工程図、品質保証項目一覧表**などともいいます。

　QC工程図には、次に示す事項を記載します。

①製品・サービスの設計や開発からのアウトプットである、製品・サービスの仕様書や図面など

②製品・サービス提供プロセスの仕様書など品質特性を確認するための次のような事項

　・どのプロセスのアウトプットの品質特性を検査・試験することができないのか

　・どの設備で品質特性をつくり込んでいるか

　・作業者の力量はどの程度か

　・作業手順を文書化しているか

　・作業の記録を作成しているか

　・定期的にこのプロセスの妥当性の評価を行っているか

③作業手順：作業方法を示した作業手順書または作業要領書など

④経営資源（設備、要員など）：各工程で使用するインフラストラクチャ及び要員など

⑤監視機器及び測定機器：各工程で使用する監視機器及び測定機器

⑥製造及びサービス提供の材料：各工程で使用する部品、原材料

⑦製造及びサービス提供の量及び時期：生産量と生産時期（これらは、品質目標の一つ）

⑧製品・サービスのリリースの基準：次工程へ引き渡す判断基準

⑨問題発生時の処理に関する手順：問題が発生した場合の処置方法

QC 工程図で使用される記号は、次に示すように JIS Z 8206 で規定してあるので参考にしてください。

基本図記号（JIS Z 8206 工程図記号から抜粋）

番号	要素工程	記号の名称	記号	意味
1	加工	加工	◯	原料、材料、部品又は製品の形状、性質に変化を与える過程を示す
2	運搬	運搬	◯	原料、材料、部品又は製品の位置に変化を与える過程を示す ※備考 運搬の記号の直径は、加工記号の2分の1～3分の1とする。記号◯の代わりに記号⇒を用いてもよい。ただし、この記号は運搬の方向を意味しない
3	停滞	貯蔵	▽	原料、材料、部品又は製品を計画により貯えている過程を示す
4		滞留	D	原料、材料、部品又は製品が計画に反して滞っている状態を示す
5	検査	数量検査	□	原料、材料、部品又は製品の量又は個数を測って、その結果を基準と比較して差異を知る過程を表す
6		品質検査	◇	原料、材料、部品又は製品の品質特性を試験し、その結果を基準と比較して合格、不合格又は個数の良、不良を判定する過程を表す

QC 工程図は、以下の手順に基づいて作成すると効果的です。

手順❶：作業の流れについてのフローチャート（作業や処理の手順を図式化したもの）の作成

手順❷：フローチャートからの作業工程名の明確化

  例：組立、半田づけ、調整、受入検査、試験、最終検査、出荷など

手順❸：各工程の管理項目の明確化

  例：寸法、特性などの製品に関する品質特性

手順❹：各工程の点検項目の明確化

  管理項目に影響を与える要因を明確にし、重要なものに絞り込む

手順❺：検査工程で行う主な検査項目の明確化

手順❻：各工程の実施方法の明確化

  例：標準類、作業担当、サンプリング、測定機器類、記録など

手順❼：異常処理の明確化

  各工程で異常が発生した場合の処置について、工程と製品・サービスについて明確にする

手順❽：作成した QC 工程図の関係者によるレビュー及び制定の実施

QC 工程図の設計により、次に示す効果が得られます。

● 製造プロセスが見える化でき、プロセスの管理が効果的になる

● QC 工程図をもとに工程 FMEA を実施できる

● QC 工程図に基づいて作業が実施されているかどうかを、工程パトロールや工程監査などで定期的に実施状況を評価することができる

工程異常の考え方とその発見・処置

工程異常

工程異常とは、プロセスが管理状態にないことをいいます。すなわち、技術的・経済的に好ましい水準における安定状態にないということです。このため、工程異常を起こさないようにプロセスを安定させ、アウトプットが好ましい水準にある状態にすることが大切です。しかし、管理状態であっても5M1E（man、machine、material、method、measurement、environment）の 標 準・基準からの逸脱、及び標準・基準に定められていない部分の変化により異常が発生する場合があります。これを検出するために、次の図のような管理グラフや管理図などで、異常を発見する方法を決めます。

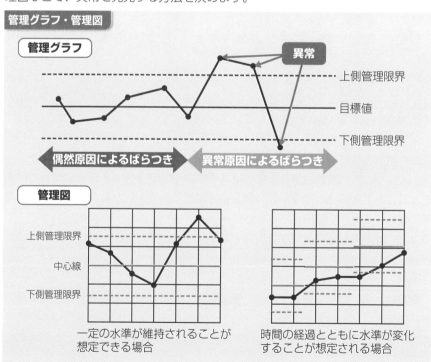

管理グラフ・管理図

管理グラフ

異常

上側管理限界

目標値

下側管理限界

◀ 偶然原因によるばらつき ▶ ◀ 異常原因によるばらつき ▶

管理図

上側管理限界
中心線
下側管理限界

一定の水準が維持されることが想定できる場合

時間の経過とともに水準が変化することが想定される場合

工程異常の発見

　工程異常を効果的に検出するためには、工程をどのような周期で管理するのかが大切です。管理の周期には、1日1回、週1回、月1回などが想定できますが、**過去の異常の発生頻度やデータ収集の工数などに基づいて決めることが効果的で効率的**です。つまり、必要な時に必要なものを集めるという考え方が大切です。

　例えば、日ごとに発生すると考えられる異常を見つけるためには、毎日集計し、チェックします。集計・チェックの間隔が短ければ、その分発見も早くなりますが、短すぎると管理のための工数が大きくなるというリスクがあります。

工程異常の処置

　工程異常が発生した場合には、**大きな事故や損失につながらないように、直ちに発生事実を関係者で確認し、対応方法を明確にします**。また、プロセスに関する情報は時間とともに失われていきますので、原因の追究は、異常が発生した時に直ちに行うことが大切です。まずは異常の影響が他に及ばないようにプロセスを止める又は異常となったものをプロセスから外し、その後、異常となったものに対する**応急処置**を行います。

　例えば、製造の場合では直ちに作業を停止し、部品の入れ替えや代替品の提供などにより異常品を取り除き、不適合品かどうかの判定を行います。サービスの場合には、作業を一旦停止し、当該のサービスを受けていた人に対する応急処置をとります。その上で、異常の発生原因を特定して、プロセスの要因である諸条件を元の条件に戻す処置をとります。

　以上のような応急処置については、起こり得る異常を想定した上であらかじめ標準を定め、教育・訓練をしておくことが大切です。

　このように、**異常が発生した場合はその根本原因を追究し、原因に対して対策をとり、再発を防止します**。再発防止に効果的であることがわかった対策は、標準の改訂や教育・訓練の見直しなどにより、プロセスに反映します。

　なお、異常の原因を追究する場合には、次のことに着目します。

　a) プロセスにおいて「通常と異なっていたのは何か」を調べる
　b) いつ異常が発生したかを調べ、その情報を有効に活用する

　異常は、人、部品・材料、設備、標準などの条件が変わることで発生する場合が多いです。プロセスで発生している変化点を明確にし、異常を検出するための管理図又は管理グラフを現場の近くに貼り出しておくことで、発生した異常の原因の追究が容易になります。

工程能力調査・工程解析

工程能力調査

工程能力とは、プロセスが、要求事項に対してばらつきが小さい製品・サービスを提供することができる程度のことです。

プロセスを評価する際には、**質的能力**、**量的能力**、**経済的能力**が代表的な評価尺度であり、これらを用いることが効果的です。

質的能力は、要求事項をどれだけ均一にばらつきなく満たせるか、量的能力は単位時間当たりの生産量など、経済的能力は1個当たりの生産コストなどで評価することができます。

工程能力は、①**最適な管理を行っている時の能力を意味する場合**と、②**管理の程度・内容を限定せずに広くプロセスのもつ質的能力を意味する場合**があります。一般的には、①を「工程能力（process capability）」と呼び、②を「プロセス・パフォーマンス（process performance）」と呼んでいます。

プロセスの品質保証のためには、現在の工程能力を把握し、安定状態にあるのか否かを判断することが大切で、そのために工程能力調査を行うことが必要です。

品質特性が連続量の場合の工程能力調査は、一般に次の手順で行います。

手順❶：データの収集

現在の操業条件の下で操業を行い、品質特性値のデータをとります。なお、**データ数は最低50、100以上がベター**であり、短期間で収集します。

手順❷：管理図の作成

群分けを行い、プロセスが安定状態（標準・基準からの逸脱や、標準・基準に定められていない条件の通常の範囲を超える変化がない状態）にあるかどうかを確認します。なお、**群の数は異常の検出の精度を高めるために25以上にします。**

手順❸：ヒストグラムの作成と工程能力の計算

ヒストグラムを作成し、**二山形などのような異常を示している**ようであれば、その原因を先に突き止める必要があります。

工程能力は、規格値、規格幅と比較して評価します。工程能力を定量的に評価するための指標として工程能力指数PCI（Process Capability Index）があり、

101

工程能力指数には C_p や C_{pk} （かたよりがある場合）があります。

　工程能力指数は、不適合品率と密接な関係があり、例えば、両側規格で、品質特性値が正規分布 $N(\mu, \sigma^2)$ に従い、平均と規格の中心が一致している場合には、$C_p = 1$ の時、$\pm 3\sigma$ の中に 99.73% の製品が入るので、不良率は 0.27% です。同様に、C_p が 1.33、1.67 の時には、不良率はそれぞれ 63ppm（100万分の1）、0.57ppm になります。

PCI ≧ 1.33	工程能力は十分である
1.00 ≦ PCI < 1.33	工程能力はやや不足している
PCI < 1.00	工程能力は不足している

工程解析

　工程解析とは、プロセスの維持向上・改善・革新に繋げる目的で、プロセスにおける特性と要因との関係を解析することです。プロセスに関する情報を収集・分析し、真の原因を把握します。

　製品・サービスの特性のばらつきは、プロセスにおける原材料・設備・作業者・作業方法などの要因に影響を受けます。このため、**特性のばらつきに影響している要因から真の原因を特定することが大切**です。

　変化する顧客のニーズ・期待を満たした製品・サービスを提供するためには、工程解析を行い、工程の維持向上・改善・革新を継続的に実施する必要があります。工程解析では、**製造だけでなく、設計、調達、販売、サービスなども対象**にします。

　工程解析は、問題解決の手順の中の、原因の把握や要因の解析を行う場合に重要なので、次の事項を考慮します。

　①発生している問題・事象を三現主義に基づいて事実を正しく把握する

　②特性と要因に関する対応のとれたデータを収集する

　③データに含まれる測定誤差やサンプリング誤差を検討する

　④要因が十分な範囲で動いていること、動かしていることを確認する

　⑤偽相関や要因の交絡に注意する

　⑥ QC 七つ道具、実験計画法、多変量解析などの統計的手法を活用する

変更管理・変化点管理

変更管理

変更管理とは、製品・サービスの仕様、設備、工程、材料・部品、作業者などに関する変更を行う際のトラブルを未然に防ぐため、変更の内容を明らかにし、評価、承認、文書化、実行、確認を行い、必要な場合には処置をとる一連の活動のことです。

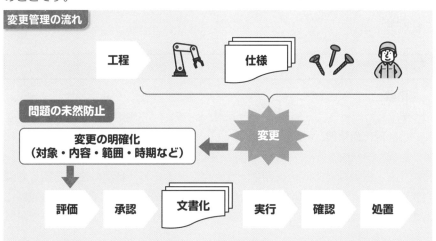

変更管理の流れ

工程　仕様

問題の未然防止

変更の明確化
（対象・内容・範囲・時期など）　←　変更

評価　承認　文書化　実行　確認　処置

問題が発生しないようにするため、**変更の対象・内容・範囲・時期などを文書化し識別するとともに、設計時と同様の評価を行い、変更の実施前に承認します。**また、目的とする変更の効果が得られるかどうかだけでなく、その変更が、製品・サービスを構成する他の要素やすでに引き渡されている製品・サービスに及ぼす影響も評価します。変更を実施する場合には、顧客を含め関係する部門・組織と情報を共有します。

変更管理は、次の手順で行うと効果的です。

手順❶：起こりうる変化を洗い出し、整理する

プロセスにおけるインプット、経営資源、作業の手順について起こり得る変化を 5M1E を用いて洗い出すとともに、過去の異常がどのような変化

によって引き起こされたものかという視点から整理し、検討する

手順❷：変化に関する情報を見える化する

プロセスで発生する変化に関する情報（いつ、どこで、どのような変化が発生するのか）を職場の見やすい場所に掲示し、関係者の間で共有できるようにする。例えば、工程を担当している作業者は誰か、欠勤対応で臨時に作業を担当する作業者の状況などを、適宜表示する

手順❸：とるべき行動を明確にする

変化がプロセスに影響を与えないように、また、影響があった際にも迅速に対応するために、とるべき行動をあらかじめ決めておくことが重要。例えば、監督者による作業状況の確認、定期点検後の製品・サービスについての重点的な検査・確認などを想定し、実行する

手順❹：問題がある場合には応急対策をとる

変化に伴う影響が生じていると判断した場合には、作業を中止するなど直ちに必要な応急処置を行う

変化点管理

変化点とは、プロセスのインプット・アウトプットが変化したとき、久しぶりに作業を行ったとき、初めて作業を行ったときのような場合で、これらを管理することを**変化点管理**といい、**3H管理**ともいいます。プロセスは5M1Eの変化によって異常が発生する場合があります。変化点管理では、プロセスにおける部品・材料、人、設備などの変化が発生する時点を明確にし、**特別の注意を払って監視することにより異常をいち早く検出し、必要な処置を行います。変化を敏感に察知することが大切です。**プロセスに与える要因が変化したことを察知できれば、異常の発生を未然に防止することは可能ですが、これを見逃すと状態が変化したにもかかわらず誤った判断をしてパフォーマンスが悪くなることがあります。このような状態にならないように**リスク管理**を行います。

変化点管理は、次の手順で行います。

手順❶：変化点を明確にする

プロセスへのインプットの情報の変化、プロセスやデータのばらつきの状況などの変化に着目する

手順❷：プロセスに与える変化点の影響を明確にする

手順❸：影響に対する対策を検討する

手順❹：対策を実施する

手順❺：対策の効果を評価する

プロセス保証①

理解度check ☑

問1 プロセス保証に関する次の文章において、正しいものには○を、正しくないものには×を示せ。

① 作業のばらつきを少なくするために、作業標準はできるだけ詳細に記載する必要がある。 　　　(1)

② QC工程図は、作業工程名を明確にした後で、各工程の管理項目などを明確にして関係者が作成しているので、これをレビューする必要はない。 　　　(2)

③ 工程異常が発生した場合には、直ちに作業を停止し、部品の入れ替えや代替品の提供などにより異常品を取り除き、不適合品かどうかの判定を行う必要がある。 　　　(3)

④ 工程能力とは、管理の程度・内容を限定せずに広くプロセスのもつ質的能力を意味するものである。 　　　(4)

⑤ 変更管理では、変更の明確化、評価、承認、文書化、実行、確認、及び必要な場合には処置を取る一連の活動を行う必要がある。 　　　(5)

問2 プロセス保証に関する次の文章において、　　内に入る最も適切なものを選択肢からひとつ選べ。

① プロセスには資源、活動、及び　(1)　に関する要素が必要である。

② QC工程図の記号で□の記号は　(2)　を表している。

③ 工程異常とは、プロセスが管理状態、すなわち、技術的・経済的に好ましい水準における　(3)　にないことである。

④ 工程能力指数（PCI）が、　(4)　以上の場合には、工程能力は十分であると判断できる。

⑤ プロセスのインプット・アウトプットが変化した、久しぶりに作業を行った、初めて作業を行ったような場合に問題が発生しないようにするための活動を　(5)　という。

【選択肢】
ア．数量検査　イ．品質検査　ウ．傾向状態　エ．安定状態　オ．1.33
カ．1.23　キ．管理　ク．点検　ケ．変更管理　コ．変化点管理

プロセス保証①

問1 (1) ✕　　(2) ✕　　(3) ○　　(4) ✕　　(5) ○

(1) 作業標準は、重点を絞り、文章は箇条書きで、図・表・写真等を用いて使いやすいものに工夫することが重要である。

(2) 関係者が検討して作成しても抜けや落ちがあり得るので、必ずレビューすることが大切である。

(3) 工程異常が発生した場合には、迅速に応急対策をとり、製品・サービスへの影響を排除する必要がある。

(4) 工程能力とは、最適な管理を行っている時の能力を意味するものであり、設問はプロセス・パフォーマンスのことである。

(5) 変更管理では、変更によって問題が発生しないようにするためのこれらの一連の活動を行うことが大切である。

問2 (1) キ　　(2) ア　　(3) エ　　(4) オ　　(5) コ

(1) 管理には、プロセスの活動を監視・測定し、問題がある場合にはこれを改善する要素を含んでいる。

(2) 数量検査は□で表し、品質検査は◇（判定をするという意味）で表す。

(3) 安定状態とは、ばらつきも大きくなく、パフォーマンスの動きにも癖がない状態のことである。

(4) 両側規格では、$8\sigma/6\sigma = 1.33$ である。

(5) 変化点管理は、プロセスのパフォーマンスを監視して、変化があった場合には問題が大きくならないように迅速に対応する活動である。

正解
10

プロセス保証②

プロセス保証で品質を確認する検査について学びます。検査の考え方や計測の基本、測定誤差の評価について理解しましょう。

検査の目的・意義・考え方（適合・不適合）

検査の目的・意義・考え方（適合・不適合）

　検査とは、製品・サービスの一つ以上の特性値に対して、測定、試験、ゲージ合わせや見本との照合などを行って、**規定要求事項に適合しているか否かを判定する行為**のことです。前工程で製造又は提供されたサービスの品質を確認する機能を持っています。

　検査の目的は、**規定要求事項**に**適合**しているかどうかを確認することで、適合していない場合には**不適合**の判断をします。

　製品・サービスの提供プロセスが完全なものであれば検査は不要で、完全でなければ検査で製品・サービスの品質保証をする必要があります。**製品実現のプロセスのなかで適切な段階で検査を行い、不適合が検出された場合には、これを適合した製品・サービスになるように修正することが大切**です。

　検査は、検査基準に基づいて検査を適切にできる力量をもった人が行うことで、結果の信頼を得ることができます。このため、検査員の力量開発のための教育訓練を行うことが大切です。

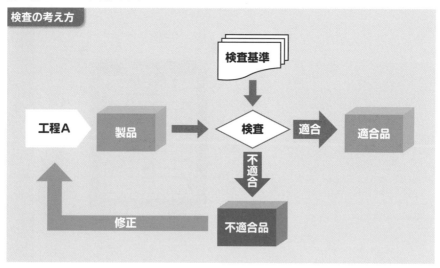

検査の考え方

検査の種類と方法

検査の種類と方法

　検査には、製品一つ一つに対して行うものと、複数の製品のまとまり（ロット）に対して行うものがあります。**検査の種類**には次のものがあります。

- ● 作業の中で自動的に行われる検査（検査自動試験機を用いる）
- ● 作業者による自主検査（作業者自身の製造品について自分で行う）
- ● 工程間検査（工程と工程の間に行われ、次の工程に渡す前に行う）
- ● 最終検査、出荷検査（梱包前に添付品が要求事項を満たしているかを検査する）

　検査の方法には、次のものがあります。

- ● 全数検査（新製品、品質が不安定、高信頼性が要求される重要な製品、又は自動検査機で検査をする場合のように個々の製品の保証を行う場合）
- ● 抜取検査（母集団としてのロット保証を行う場合）
- ● n=1の検査（母集団からランダムに1個のサンプルを抜き取って検査を行う場合）
- ● 無検査（検査という行為を行わない方法）

　例えば、次に示すように受入検査の場合には、調達先の能力を考えて検査の軽減を図ることが効果的で効率的です。

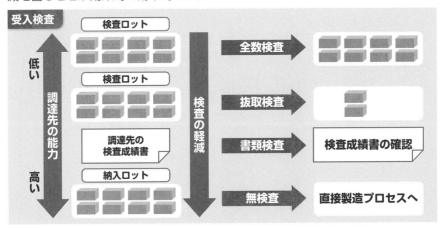

計測の基本

計測の基本

計測とは、「特定の目的をもって、計測の方法及び手段を考究し、実施し、その結果を用いて所期の目的を達成させること」（JIS Z 8103）です。製品・サービスが要求事項を満たしているかを評価するために、その品質特性に関する情報を入手する一連の流れを、計測のプロセスとして確立することが大切です。

計測の目的は、**要求事項の適合の状態を把握するために製品・サービスに関する品質特性を測ること**です。品質特性は設計仕様書や図面等で規定されており、例えば、製品の寸法が設計仕様を満たしているか、騒音のレベルが基準値以下かなどがありこれらを計測します。計測するためには、測定者の力量、測定に必要な機器、測定の方法などを決める必要があります。

例えば、検査で製品の特性を測定するためには、①試験に必要な測定機器・設備・限度見本を選定する、②測定機器の接続及び試験時に用いる治具等を事前に準備する、③測定機器を点検する、④測定機器・設備等を接続して設定し、試験系の構成を行う、ことが大切です。

検査結果の信頼性を確保するには、**検査員の力量の開発を行うことが重要**です。検査員の力量には、次の表に示す事項があり、これらの項目を定期的に評価し、資格認定を与えることが検査プロセスの品質保証につながります。

検査員の知識と技能

知識	技能
・検査の基本的な考え方 ・検査方式 ・検査の手順 ・測定機器の使い方 ・問題発生時の処理方法	・検査項目の選定 ・検査方式の決定 ・サンプリング ・試験の構成 ・測定機器の使用 ・測定技術 ・測定結果の判定

重要度 ★

計測管理

計測管理

計測管理とは、「**計測の目的を効率的に達成するため、計測の活動全体を体系的に管理すること**」（JIS Z 8103）であり、測定プロセスを構築することが大切です。測定プロセスでは次の事項を検討します。

- 測定の対象・条件
- 測定方法
- 測定を実施し、それを定義するために必要な機器
- 測定を実施する要員に求められる技能及び資格

また、**測定プロセス**が有効であるかを評価するために、次の事項を明確にします。

- 測定の不確かさ
- 安定性（かたよりの長期間の変化）
- 最大許容誤差
- 繰返し性（1つの装置で1人の測定者が同じ部品の同じ特性を数回にわたって測定したときに得られる測定値の変動）
- 再現性（異なる測定者が同じゲージを用いて同じ部品の同じ特性を測定するときに得られる測定平均値の変動）
- 操作者の技能水準など

測定機器と監視機器

計測を正しく行うためには、製品の特性を測る適切な測定機器が必要であり、この測定機器についての**校正管理**が必要です。**計測機器**は瑕疵なき管理が求められており、校正の源と位置付けられる**国家計量標準は、計量法に従って**経済産業大臣が指定しています。

製品・サービスの特性が仕様を満たしているかどうかを評価するツールとして、監視機器や測定機器があります。**監視機器**は、工程及び製品・サービスの特性の状態を監視するための機器ですので、一般的には、校正を行う必要はありません。

監視機器には、**製造設備に組み込まれている電圧計、電流計など**がありますが、この**電圧計、電流計などが検査や試験に使用されていない場合が監視機器として定義できます。**

　一方、**測定機器**は、製品・サービスの特性を仕様などの基準と比較して、**適合又は不適合を判断するため**の重要な機器であり、常に正しい状態で使用できるように適切に管理します。特に検査や試験で使用する際には、**校正**が必要です。

　また、**監視機器及び測定機器**の管理には、次の活動が必要です。

① 定められた要求事項に対する工程及び製品・サービスの適合性を実証するために、実施すべき監視及び測定を明確にし、その精度を満たす監視機器及び測定機器を選定し、正しく動作することを確認し、必要なプロセスを提供すること

② 測定値の妥当性が必要な測定機器については、測定機器の校正を含む次の事項を行うこと

---

a）定められた間隔又は使用前に行う、国際又は国家計量標準にトレース可能な計量標準に照らした校正又は検証。そのような標準が存在しない場合には、校正又は検証に用いた基準の記録をする

b）機器の調整、又は必要に応じて再調整する

c）校正の状態が明確にできる識別をする

d）測定した結果が無効になるような操作ができないようにする

e）取り扱い、保守、保管において、損傷及び劣化しないように保護する

f）点検・校正の間隔は、コスト評価を反映する

g）適切な環境を維持する

h）機器に発生したトラブルの原因を分析し、再発防止を行う

i）重要機器に発生したトラブルの情報をデータベース化し、改善に活用する

j）測定機器が要求事項に適合していないことが判明した場合、それまでに測定した結果の妥当性を評価し、記録する。また、機器及び影響を受けた製品に対して、適切な処置をとる

k）校正及び検証の結果の記録を維持する

l）規定要求事項にかかわる監視及び測定にコンピュータソフトウェアを使う場合には、それによって意図した監視及び測定ができることを確認する。確認は、最初に使用するのに先立って実施し、必要に応じて再確認する

測定誤差の評価

測定誤差

　測定とは、ある量を基準として用いる量と比較し、数値又は符号を用いて表すことです。測定の結果として、測定値から真の値を引いた値である**誤差**、測定値の母平均から真の値を引いた値である**かたより**、測定値の不揃いの程度を示す**ばらつき**が発生します。なお、この場合の真の値とは**ある特定の量の定義と合致する値**のことで、上記の内容は次に示す式で表せます。

$$y \text{（測定結果）} = \mu \text{（真の値）} + \varepsilon \text{（測定誤差）}$$
$$E(\varepsilon) : \text{かたより} \quad V(\varepsilon) : \text{ばらつき}$$

　例えば、同一の製品を何回か測定すると毎回測定値が異なった、何人かで同一の製品を測定したらそれぞれ測定値が異なった、測定機器を代えたら測定値が異なったということがあります。このように、測定値には常に誤差が含まれ、永遠に真の値そのものを知ることはできません。**誤差が発生する要因には、測定者のクセや体調のばらつき、測定機器の動作のばらつきなどがあります。**この測定誤差を定期的に把握することで、製品特性の検査・試験の測定結果の妥当性を評価できるようになります。

　測定のばらつきの管理は、一般に同じサンプルに対する繰り返しのデータを用いて行います。この場合、測定者にどのサンプルが管理用のサンプルであるのかをわからないようにします。例えば、毎日製造される製品のうち1個を用いて、同じサンプルを測定していることが測定者にわからないようにして、2回測定した結果をR管理図で測定精度を分析します。現場のサンプルのかわりに、真の値が既知である標準物質（測定装置の校正、測定方法の評価、又は材料に値を付与することに用いられるために一つ以上の特性値が十分に均一で、適切に確定している材料又は物質）を用いると、ばらつきと一緒にかたよりもチェックすることができます。

　このように測定誤差は、環境条件の変化、装置、人の影響やそれらの交互作用が関係するので、定期的に測定誤差を分析することが大切です。

官能検査と感性品質

官能検査と感性品質

官能検査とは、**人間の感覚を用いて品質特性が規定要求事項に適合しているかを判定する行為のことです。**感性品質とは、品質要素の一つであり、**視覚、聴覚、触覚、味覚、嗅覚などの人間の感覚を用いて感じることのできる、ものの良さの程度を示したものです。**

　製品の特性に関して測定機器を使用する検査では、明確な基準との比較ができ、適合・不適合の判断は容易です。しかし、外観などの検査では、味覚、嗅覚、触覚、視覚、聴覚に関するいわゆる人間の五感での検査が必要です。このように**測定機器では測れない特性を人間の五感で評価する検査を、官能検査**といいます。

　官能検査では品質を文章で表すのが難しいので、見本を用いて検査員の判定のかたよりやばらつきを改善します。見本には品質の規準を与える**標準見本**もありますが、標準からどの程度外れた場合に不適合にするかは検査員の判断によります。これに対し**限度見本**は、判定の限界点があるので標準見本より曖昧さは少なくなります。試験方法には、識別試験法、尺度及びカテゴリーを用いる試験方法などがあり、後者には次の方法があります（JIS Z 9080 参照）。

順位表	指定した官能特性について、強度又は程度の順序に試料を並べる方法。数個の試料に対して、ある特性（甘さ、好ましさなど）について順位をつける
格付け法	あらかじめ用意され、かつ、順位を持ったカテゴリーに試料を分類する方法。「特級、1級、2級」や「合格、不合格」などに試料を格付けする
採点法	あらかじめ用意された基準に従って試料に点数を付与する方法。「非常に強い（＋3）、かなり強い（＋2）、やや強い（＋1）、普通（0）、やや弱い（－1）、かなり弱い（－2）、非常に弱い（－3）」などのカテゴリー尺度を使って、各試料の特性や嗜好に評点を付ける
分類	あらかじめ用意されたカテゴリーにしたがって、試料を仕分ける

問1 プロセス保証に関する次の文章において、正しいものには○を、正しくないものには×を示せ。

① 検査とは、製品・サービスの一つ以上の特性値に対して、測定、試験、ゲージ合わせ又は見本との照合などを行い、規定要求事項に適合しているか否かを判定する行為のことである。　（1）

② 検査の種類には、製造プロセスの適切な段階で行われるものがあり、自主検査はこれに含まれない。　（2）

③ 特定の目的をもって、計測の方法及び手段を考究し、実施し、その結果を用いて所期の目的を達成させることを測定という。　（3）

④ 計測管理のためには、測定プロセスを構築することが大切であり、測定プロセスには測定を行う要員の技能及び資格に関する仕組みも含まれる。　（4）

⑤ 測定誤差とは、測定値の母平均から真の値を引いた値のことである。　（5）

問2 プロセス保証に関する次の文章において、＿＿内に入る最も適切なものを選択肢からひとつ選べ。

① 検査の方法には、母集団としてのロット保証を行う場合に適用する（1）検査がある。

② 検査で製品の特性を測定するためには、測定機器の（2）及び試験時に用いる治具等を事前に準備する。

③ 測定プロセスが、有効であるかを評価するためには、測定の不確かさ、安定性、最大許容誤差、繰返し性、（3）などを明確にする必要がある。

④ 測定結果から発生する測定値の母平均から真の値を引いた値のことを（4）という。

⑤ 測定機器では測れない特性を人間の五感で評価する検査を（5）検査という。

【選択肢】
ア．校正記録　イ．接続　ウ．かたより　エ．ばらつき　オ．再現性
カ．信頼性　キ．官能　ク．抜取　ケ．ランダム　コ．感性

プロセス保証②

問1 (1) ○　　(2) ×　　(3) ×　　(4) ○　　(5) ×

(1)　検査は、製品の特性を測り、合格判定基準と比較して適合・不適合の判断を行うものである。

(2)　自主検査も検査の種類の一つである。

(3)　設問は**計測**の定義である。測定とは測ることだけの意味である。

(4)　測定プロセスを運営管理するには、測定プロセスの資源として測定する要員が必要である。

(5)　測定誤差とは、測定値から真の値を引いた値である。

問2 (1) **ク**　　(2) **イ**　　(3) **オ**　　(4) **ウ**　　(5) **キ**

(1)　**抜取検査**は、製品が比較的安定している場合、検査工数を低減できるので、ロットを構成して検査を行うことができる。

(2)　オシロスコープなどのような測定機器を使用する場合や複数の測定機器を使用して測定する場合には、事前に接続に用いる治具を準備する。

(3)　**再現性**とは、異なる測定者が同じゲージを用いて同じ部品の同じ特性を測定するときに得られる測定平均値の変動のことである。

(4)　かたよりとは、測定誤差の期待値 E（ε）であり、ばらつきとは、測定誤差の分散 V（ε）である。

(5)　**官能検査**とは、人間の感覚を用いて品質特性が規定要求事項に適合しているかを判定する行為のことである。

正解
10

方針管理、機能別管理

品質経営の要素である方針管理と機能別管理について学びます。方針管理の仕組みとその運用、要素ごとに加え総合的に管理する機能別管理を理解しましょう。

重要度 ★★

方針（目標と方策）の展開とすり合わせ

目標と方策

　組織が持続的成功を果たすためには、経営環境分析によって特定された**顧客のニーズ・期待の変化などを要因とする機会やリスク**、組織能力の分析や競合他社との比較において明らかとなった**組織の技術的・人的・財務的な強みと弱み**などを分析します。そして、これらから**明らかになった課題に関する目標と方策を設定する**ことが大切です。

　課題は、組織の資源を十分考慮して優先順位の高いものに絞って取り組みます。重点的に取り組むべき事項に着目することで方針管理を効果的に効率よく運営管理できます。

　目標は、品質、コスト、量・納期、安全、環境などの経営要素に関するもので測定可能なものとし、達成期限を明確にします。目標値は、過去の情報、競合他社の水準などを考慮して**挑戦的な値を設定する**ことが大切です。

　方策は、目標を達成するための手段であり、**具体的に実践できるもの**でなければなりません。このため、プロセスの改善に焦点を当てて検討します。また、方策の効果、及び実施に当たって生じると思われる障害を評価することが大切です。

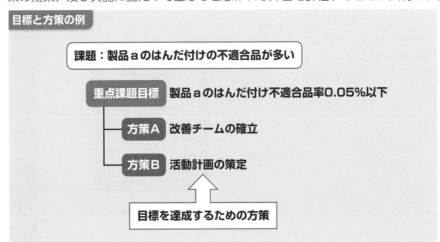

目標と方策の例

課題：製品aのはんだ付けの不適合品が多い

重点課題目標 製品aのはんだ付け不適合品率0.05%以下

方策A 改善チームの確立

方策B 活動計画の策定

↑

目標を達成するための方策

目標と方策を設定したら、その方策を実施することで目標が達成できるかを評価し、問題がある場合には、方策を見直します。

展開とすり合わせ

　方針の展開では、上位の重点課題、目標及び方策を分解・具体化し、**下位からの提案を取り込みながら**すり合わせを行い、下位の重点課題、目標及び方策へ割り付ける活動を行います。

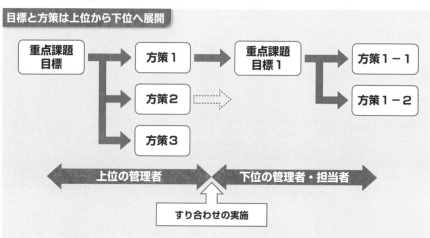

何のために管理する必要があるのかという管理の目的を明確にし、これを管理項目として**目標展開**します。その際、次の事項を考慮します。

> a）管理の目的を決めてわかりやすい言語で表す
> 　　お客様の信頼の獲得、コストの低減など
> b）管理の尺度（管理項目）を決める
> 　　お客様満足度、損失コストなど
> c）目標値を決める
> 　　90％以上、前年比20％低減など

　方策展開では、抜けや漏れのチェックができるように**系統図を用います**。系統図に基づいて内容をチェックするとともに、すり合わせを行うことで、全員の理解力が増すという利点があります。

　方針のすり合わせでは、重点課題や目標、方策を担当する部門や部門横断チームを定めます。階層の上下間、組織内部門の左右間の両面にわたり、重点課題・目標・方策の一貫性・整合性をとり、漏れのないものにします。

重要度 ★★★

方針管理の仕組みとその運用

方針管理の仕組み

　方針管理は、次の図に示すような構造です。①全社方針から部、課・グループへの方針の展開を図り、②実施計画を策定、③これに基づいて実施、④定期的に評価を行い、⑤事業環境の変化に応じて方針及び実施計画の見直しを行い、⑥期末にレビューを行う活動をするという、**PDCA サイクル**を回すことが大切です。

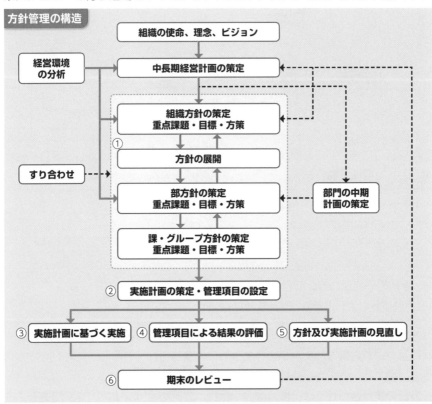

方針管理の構造

組織の使命、理念、ビジョン

経営環境の分析 → 中長期経営計画の策定

① 組織方針の策定 重点課題・目標・方策

方針の展開

すり合わせ

部方針の策定 重点課題・目標・方策 ← 部門の中期計画の策定

課・グループ方針の策定 重点課題・目標・方策

② 実施計画の策定・管理項目の設定

③ 実施計画に基づく実施　④ 管理項目による結果の評価　⑤ 方針及び実施計画の見直し

⑥ 期末のレビュー

　方針管理は、前年度の事業活動の反省から開始するので、**CAPDCA サイクル**を回します。

C：前年度の事業計画のプロセス及び結果に関して評価し分析する。どのような活動が成功したのか、失敗したのか、それらを引き起こした組織の能力（技術、マネジメント、人など）は何かを明確にする

A：チェックした結果から、再発防止又は未然防止すべき能力を明確にし、次年度の事業計画にどのように反映するかを決定する

P：中長期経営計画、経営環境の分析結果から当該年度の事業計画を策定し、各部門、各階層に展開する。事業計画では、年度事業計画の目標として主要なパフォーマンス指標(KPI：Key Performance Indicator)を明確にする。展開には前年度のレビューからのアウトプット、すなわち改善すべき対象も考慮する

D：効果的で効率的な年度事業計画を遂行するために、経営者がその内容を組織の要員に伝達し理解させる。活動を全員で行い、参画することの重要性を示すことで、各部門、各階層が自律的に年度事業計画を実践するようになる

C：年度事業計画の目標達成状況を確認するための主要なパフォーマンス指標の傾向や方策の実施状況を定期的に把握し、その有効性を判断し、その中から改善すべき問題や課題を抽出する

A：抽出された問題や課題の改善を行う

方針管理の運用

　各部門は、方針の展開の結果、最終的に特定した個々の方策について実施計画を作成し、**方策が確実に実施されるようにします**。実施計画には、**誰が、何を、いつまでに、どのような方法で行うのか、活動の結果の評価をいつ行うのか**についての内容を明確化します。**実施計画**には、次の事項を含めることが効果的です。

● 関連する方針、実施事項、担当者及びその責任・権限、実施日程
● 最終的な目標値、途中段階での目標値、異常の判断基準となる処置限界、確認の時期及び頻度
● 月単位などの、あらかじめ定められた期間に実施する項目
● 計画通りに進まなかった場合に、必要な処置をとる責任者
● 自部門の活動がもたらす他部門への影響及び協力内容に基づく必要な支援体制

　実施計画の期の途中及び期末には方針の実施状況を評価するために、**管理項目**を設定します。管理項目は上位者偏重や下位者過重になりやすいので、**誰が管理し、どのような対応を行うのかについての権限を明確にします**。仕事の結果をどのような尺度でみればよいのか、その仕事の目的は何かを考えると、自ずと管理項目が設定できます。また、方針の実施状況は管理項目で評価する必要があり、このために**管理水準を設定し、管理グラフ（⇒ 99 ページ）を作成します**。

方針管理の達成度評価と分析

方針管理の達成度評価

　期末のレビューでは、部門を統括する管理者は、①部門の方針のうち、各課に展開したものについての期末の報告書をレビューする、②部門の方針について、目標と実績の差異を分析する、③目標の達成状況と方策・実施計画の実施状況との対応関係に基づいて、部門の方針管理の運営について見直す、④部門の期末のレビューの結果を報告書にまとめて、各課に展開した方針の達成状況・実施状況を、課長・担当者が作成した期末の報告書に基づいてレビューします。

　なお、レビューする際には次の事項を考慮することが大切です。

- 課長・担当者や関連する他部門・パートナーが集まってレビューを行うための場を設定する
- 方針の展開の構造に基づき、部門の重点課題ごとに報告・議論を行う
- 課長・担当者が認識している今後取り組むべき課題を聞く
- 方針の達成状況・実施状況に加え、方針管理の運営状況についても確認する
- 自分の指示・支援や経営資源の提供が適切だったかどうかを確認する
- 報告内容について不明な事項が生じた場合には、現場、現物で実際に確認する

　また、方針として取り上げた目標と達成した実績との差異分析を行い、当該の方針にかかわる領域において次期方針で取り組むべき課題を摘出することが大切です。ここでは次の事項を考慮することが大切です。

- 課の実績と目標とを時系列で比較する。平均だけでなく、データのばらつきに着目して分析する
- 目標と実績との差異を層別・パレート分析し、差異を生じさせた重要な要因を見極める
- 目標の実績と方策の実施状況との相関関係や目標と実績の差異を、方針の展開の構造に基づいて分析し、目標に対する方策の寄与の度合いを明確にする
- 実施計画に掲げながら実施できなかったことについて、実施できなかった理由を"なぜなぜ"を繰り返して追究し、業務プロセスにおける原因を明確にする
- 競合他組織の実状を調査・分析し、自部門の実績と比較する

さらに、方針管理の面から目標の達成状況と方策・実施計画の実施状況の対応関係の分析を行うことが、方針管理の能力を改善することにつながります。

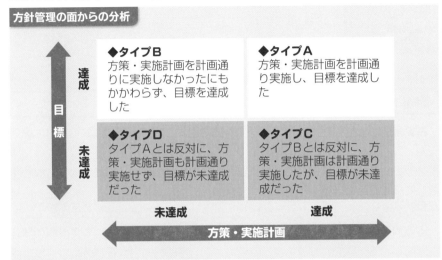

方針管理の面からの分析

◆タイプB
方策・実施計画を計画通りに実施しなかったにもかかわらず、目標を達成した

◆タイプA
方策・実施計画を計画通り実施し、目標を達成した

◆タイプD
タイプAとは反対に、方策・実施計画も計画通り実施せず、目標が未達成だった

◆タイプC
タイプBとは反対に、方策・実施計画は計画通り実施したが、目標が未達成だった

目標　達成　未達成

未達成　達成

方策・実施計画

分析した結果、次のどのタイプになるのかを特定し、必要な取り組みを行います。

◆タイプA：方策の寄与度合いの評価

成功要因を分析することが効果的です。目標を達成するために取り上げた方策のうち、目標の達成に大きく寄与したものは何か、方策・実施計画が計画通り実施できたポイントは何かを明らかにします。

◆タイプB：達成要因とその寄与度の明確化と方策未実施の理由の明確化

策定した方策・実施計画以外の要因で目標を達成したものであり、結果よければすべてよしとはせずに、方針策定時点で考慮し損なった要因と、その目標への寄与の度合いを把握します。

◆タイプC：目標及び方策の妥当性を自責で評価

方策・実施計画は計画通り実施したものであり、目標達成のための方策が見当違いであったのか、寄与の度合いが予想より小さかったのかなどを明らかにします。目標が未達成の理由を外的要因や他部門の責任に帰することは避け、自責要因の部分に着目することを基本とします。

◆タイプD：目標未達、方策未実施の原因追究、次期の方針管理への反映

方策・実施計画を計画通り実施できなかった又はしなかった原因を追究します。

機能別管理

機能別管理

　機能別管理とは、組織を運営管理する上で基本となる品質、コスト、量・納期、安全、人材育成、環境などの要素について、各々の要素ごとに部門横断的なマネジメントシステムを構築して、これを総合的に運営管理し、**組織全体で目的を達成していくための活動**です。なお、総合的に運営管理するために、要素ごとに責任をもつ委員会を設けることがあり、この委員会を機能別委員会と呼びます。

　機能別委員会とは、経営要素ごとに組織としての目標を設定して各部門の業務に展開し、部門横断的な連携及び協力のもとで**各部門の日常管理の中で目標達成のための活動を推進するための会議体のこと**です。例えば、品質保証委員会、原価管理委員会、安全衛生委員会、人材開発委員会、環境管理委員会などがあります。

　機能別管理を行うためには、品質保証、原価管理、納期管理、販売管理などの経営要素ごとに、組織が取り組むべき全体の目標を設定し、これを各部門の業務に直結した目標に展開し、部門横断的な連携及び協力のもとで各部門の日常管理の中で目標達成のための活動を実施する必要があります。

経営要素別に目標を設定

	製品企画		製品設計		生産準備		購買		製造		販売	
	技術企画	製品企画	設計	試験	生産技術	生産企画	購買管理	購買	製造技術	製造	第一営業	第二営業
品質保証												
原価管理												
納期管理												
販売管理												

経営要素で分ける

各部門ごとに目標を展開する

9 日目

方針管理、機能別管理

問1 方針管理・機能別管理に関する次の文章において、正しいものには○を、正しくないものには×を示せ。

① 事業計画では、全社目標を決めて、これを下位職に目標展開と方策展開を行う必要がある。 (1)

② 目標展開では、管理の目的を決めて、これをわかりやすい言語で表し、管理項目や目標値を決める必要がある。 (2)

③ 事業活動を継続している組織では、方針管理は CAPDCA サイクルが基本である。 (3)

④ 方針管理の達成度の評価では、目標を達成しなかったものを分析し、目標を大幅に達成したものについては分析する必要はない。 (4)

⑤ 機能別管理とは、経営要素別に運営管理することである。 (5)

問2 方針管理・機能別管理に関する次の文章において、◯◯内に入る最も適切なものを選択肢からひとつ選べ。

① 方策は目標を達成するための手段であり、具体的に実践できるものにするため、 (1) の改善に焦点を当てて検討する。

② 方針の展開では、上位の重点課題、目標及び方策を分解・具体化し、下位からの提案を取り込みながら (2) を行う。

③ 年度事業計画の目標達成の状況を確認するための主要な (3) の傾向及び方策の実施状況を定期的に把握する。

④ 方針管理の達成度の評価では4つのタイプがあり、タイプA（方策・実施計画も計画通り実施し、目標を達成したタイプ）では、 (4) を評価する。

⑤ 機能別管理では、部門横断的な連携及び協力のもとで各部門の (5) の中で目標達成のための活動を実施する。

【選択肢】
ア．日常管理　イ．方策の寄与度合い　ウ．実施計画
エ．パフォーマンス指標　オ．プロセス　カ．ばらつき
キ．すり合わせ　ク．上位職の指示　ケ．活動

125

9日目

方針管理、機能別管理

問1 (1) ✕　　(2) ◯　　(3) ◯　　(4) ✕　　(5) ◯

(1)　方針管理では、全社目標とそれを達成するための方策を設定し、これを下位職に展開する必要がある。

(2)　目標展開を行うには、管理の目的、管理項目、目標値が必要である。

(3)　事業活動は継続的に行われているので、前年度の反省から事業計画の策定を行うことになる。

(4)　なぜ、目標が大幅に達成したのかを分析することで、目標値の設定の甘さや方策の寄与度の程度を判定できる。

(5)　機能別管理とは、品質、コスト、量・納期、安全、人材育成、環境などについて、部門横断的なマネジメントシステムを構築し、これを総合的に運営管理し、組織全体で目的を達成していくための活動である。

問2 (1) オ　　(2) キ　　(3) エ　　(4) イ　　(5) ア

(1)　方策は目標達成のための手段であるので、プロセスの改善に着目する必要がある。

(2)　目標と方策の設定では、すり合わせ（上位と下位、関連部門との調整）を行うことが大切である。

(3)　年度事業計画の目標では主要なパフォーマンス指標を明確にしているので、これを評価することになる。

(4)　目標を達成するために取り上げた方策のうち、目標の達成に大きく寄与したものが何かを評価する。

(5)　機能別管理では、組織が取り組むべき全体の目標を設定し、これを各部門の業務に直結した目標に展開するため、各部門は日常管理の中でこれらの活動を行う。

正解
10

日常管理

3級で学習した品質経営の要素である日常管理の知識に加え、管理者として日常管理を行う場合の観点や、原因追究やその方法について学びます。

重要度 ★

業務分掌・責任と権限

業務分掌と責任・権限

業務分掌とは、組織内のそれぞれの部署や部門が担当する仕事の責任職務のことで、品質保証に必要なプロセスの要素に関して取り決めたものです。一般的には、**組織で定めている分掌規程や業務規程などが該当します**。また、プロセスに関する**責任**（立場上負うべき任務や義務）と**権限**（ある決められた行為を行える範囲）については、責任・権限規程や標準類などで決めています。これらは誰が、いつ、どこで、何をするのかという日常管理を進める上での基本となるものです。

部門の日常管理を効果的かつ効率的に実践するためには、組織が経営目標を達成するに当たって必要となる機能を分解し、部門又はその構成員に割り当てた使命・役割を明確にする必要があります。

〈例〉調達を担当している部門

調達を担当している 部門の使命・役割		部材・部品、役務を使用する部門に、要求事項（品質、コスト、量・納期、環境、安全、情報セキュリティなど）を満たしている製品・サービスを調達し、提供する

各部門の使命・役割は、通常、**組織の経営理念、ビジョン及び中長期経営計画から展開され、業務分掌に明記されています**。このため、使命・役割を明確にするには、業務分掌を参考にしながら、関係者が集まって話し合うことが有効です。

なお、使命・役割は、次の表に示す方法で規定することが効果的です。

使命・役割の決め方	使命・役割を決める手順
現在行っている業務から必然的に決まる部分	業務を再整理し、各業務の目的及び成果が何かを考え、目的及び成果の視点から使命・役割を規定する
組織の経営目標から決まる部分	上位組織の使命・役割を基に、その達成において自部門が果たせる機能及び果たす必要のある機能とは何かを考えて、上位管理者及び他部門との調整を行った上で、使命・役割を規定する

このように、部門の管理者は、明確になった使命・役割について、その構成員に自らのものとして納得させ、理解させることで、日常管理を効果的に推進できます。

管理項目・管理項目一覧表

管理項目

管理項目とは、目標の達成を管理するために**評価尺度として選定した項目**のことです。例えば製造業の管理項目には、重量、寸法、損失量、不適合品率、作業工数、生産台数などがあり、サービス業の管理項目には、応対時間、配達時間、販売数などに関する情報があります。これらの管理項目は、方針管理及び日常管理で使用されます。

（1）方針管理での管理項目

方針管理での管理項目には、売上高、利益率、品質コスト低減率、エネルギー低減率、事故発生件数など、**経営要素に関連する当該年度事業計画の目標が該当**します。

（2）日常管理での管理項目

日常管理での管理項目には、設計変更件数、工程内不適合率、設備故障件数、廃棄物量、ヒヤリハット件数など、**日常的にプロセスのパフォーマンスを評価するための指標が該当**します。

日常管理では、構築したプロセスを手順通りに実施することが基本ですが、プロセスの結果はいろいろな原因でばらつくことがあります。その原因には、結果に与える影響が小さく、技術的・経済的に突き止めて取り除くことが困難又は意味のないものが存在する一方、標準を守らなかった、力量の低い要員が作業を行った、材料が変わった、設備の性能が低下したなど、目標とした結果を得るために見逃してはならないものも存在します。迅速にそのプロセスを調査して原因を特定し、それを取り除いて再発防止を行う必要があり、そのために管理項目や点検項目を設定する必要があります。

点検項目

点検項目とは、工程異常の発生を防ぐため、又は工程異常が発生した場合に容易に原因が追究できるように、プロセスの結果に与える影響が大きく、直接制御が可能な原因系のなかから、**定常的に監視する特性又は状態として選定する項目**

のことで、**要因系管理項目**ともよばれます。

管理項目と点検項目の関係を、製造業を例にしてみると次のような図になります。

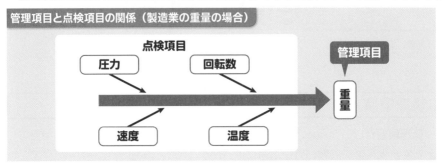

管理項目と点検項目の関係（製造業の重量の場合）

そのほかにも、例えばホテルのフロントサービスの管理項目がお客様満足度であった場合には、フロントの要員の身だしなみや接客態度、応対時間などが点検項目に該当します。営業部門の管理項目が売上高の場合には、訪問件数などが点検項目に該当します。

管理項目一覧表

点検項目を明確にしておけば、管理項目が管理水準を外れた場合、原因について標準で定められた条件が守られているかがわかります。

したがって、点検項目については、グラフ化又はチェックリスト化し、結果系の管理項目のグラフと比較してみられるようにしておきます。また、管理項目及びその確認方法を明確にするために、次表のような**管理項目一覧表**又は **QC 工程図**に、管理項目と対応付けておきます。

管理項目	管理水準	管理間隔	異常判定者	処置責任	日常管理・方針管理	経営要素
工程内不適合品率	200 ± 10ppm	毎日	主任A	課長	日常管理	品質
生産数量	4～9月　25,000±200個 10～3月　40,000±200個	毎月	課長	課長	方針管理	量・納期
改善提案件数	10 ± 2件	毎月	主任B	課長	日常管理	安全
騒音量	70db ± 5db	四半期	課長	課長	日常管理	環境
残業時間	30分± 10分	毎日	課長	課長	日常管理	コスト
設備稼働率	80 ± 5%	毎週	主任C	課長	日常管理	量・納期

異常とその処置

異常の検出方法

　日常管理では、プロセスが安定した状態を維持できるような活動を行いますが、5M1E の変化が原因でプロセスに**異常**が発生することがあります。この異常を検出するためには、管理項目による方法と、管理項目によらない方法とがあります。プロセスで発生する異常を的確に把握するためには、**日々のデータを管理図や管理グラフなどにプロットするのが効果的**です。その際、次の点に注意します。

①データを収集し、その都度、管理図、管理グラフなどにプロットする
　後でまとめてプロットするとプロセスの異常を迅速に判断することができないので注意が必要
②異常の有無の判定は、プロットした点を管理水準と比較して実施する
　このとき、管理外れだけでなく、連の長さ（同じ特徴をもつ引き続いた点の数）、上昇又は下降の傾向、周期的変動なども考慮する。このためには、異常の判定基準を明確にする

　また、管理項目としては設定していなくても、いつもの状態とは違うという意味で気付く事象についても、検出できるようにすることが効果的です。このような異常を検出するに当たっては、次の点に注意することが大切です。

①"異常"又は"通常"の状態なのか、その判断の拠り所を明確にしておく
　判断を間違わないように、誰もが分かるような基準にする
②日頃から一人ひとりの作業に対する品質意識を高めておく
　文章で書き表すことが難しい人の感性、いわゆる五感によって、異常に気付くことも多くある

　異常が発生した場合には、大きな事故又は損失につながらないように、直ちに発生事実を確認し、対応の仕方を明確にする必要があります。また、プロセスに関する情報は時間の経過とともに失われていきますので、原因の追究は、異常が発生した時に直ちに行うことが大切です。後で原因を追究しようとすると、当時どのような状況であったのかを思い出すことができずに、原因追究に時間がかかってしまうことがあります。このため、迅速な対応が必要です。

異常に気付くのは、ほとんどが第一線で作業をしている人です。その人たちがすぐに上司に報告できるように、日頃から職場内でのコミュニケーションを図り、上司と部下との信頼関係の構築を行います。上司からの挨拶及び声掛けは、信頼関係の構築に極めて有効です。**異常の発生**は、職場の全員が共有することが問題解決の早道です。**毎日決まった時間に定例の全員参加による会合を実施**し、異常について、作業の状況と照らし合わせて意見交換を行い、標準の再確認を行います。

さらに、異常の発生を組織として共有化するために、**工程異常報告書などにまとめて記録として残します**。工程異常報告書には、異常発生の状況、応急処置、原因追究及び再発防止の実施状況、関係部門への連絡状況などを記載します。

異常発生時の処置

異常が発生した場合、まずは異常の影響が他に及ばないように、**プロセスを止めるか又は異常となったものをプロセスから外し、当該のものに対する応急処置を行います**。例えば、製造の場合には、直ちに作業を停止した上で、部品の入れ替え、代替品の提供などによって異常品を取り除き、不適合品かどうかの判定を行います。サービスの場合には、作業を停止し、当該のサービスを受けていた人に対する緊急処置をとります。その上で、異常の発生原因を特定して、プロセスの要因の諸条件を元の条件に戻す処置をとります。

異常の原因の追究

異常が発生した場合、その**根本原因を追究し、原因に対して対策をとり、再発を防止することが大切**です。再発防止に効果的であることがわかった対策は、標準の改訂、教育及び訓練の見直しなどによって、プロセスに反映します。

異常の原因を追究する場合には、次の点に配慮することが効果的です。

①プロセスにおいて "通常と異なっていたのは何か" を調べる
②いつ異常が発生したかを調べ、その情報を有効に活用する
③プロセスで発生している 5M1E などの変化点を明確にし、異常を検出するための管理図又は管理グラフの近くに貼り出す

異常は、5M1E などの条件が変わることで発生する場合が多いため、このようにすることで、発生した異常の原因の追究を容易にできます。

異常の原因を推察するために、発生した異常が次のどの形かを明らかにします。
●**単発的**…一時的に起こるが長続きしない
担当者の不注意又は異物の混入によると考えられ、標準が整備されていない、

教育又は訓練が行われていないなど、現場管理上の問題であることが多い

●**継続的**…一度起こると引き続き同じ異常を呈する

部品・材料ロットの変質もしくは変動、又は設備の故障に起因する可能性が高い

●**傾向的**…時間の経過とともに次第に異常の度合いが大きくなる

●**周期的**…ある規則性又は周期性をもって起こる

異常の根本原因の特定

異常が発生した根本原因を追究して特定するには、**なぜなぜ分析**を行うことが大切です。例えば、標準がなかったことが多い場合には下のフローにしたがって異常を分け、どの区分が多いかを明らかにした上で、当該の区分に焦点を絞り、根本原因を更に掘り下げます。このような原因の追究は、工程異常報告書などを活用し、一定期間に発生した異常についてまとめて行います。

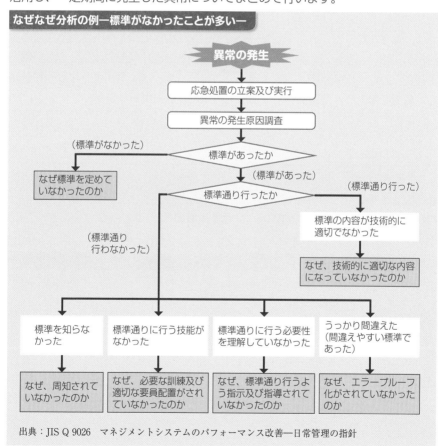

出典：JIS Q 9026　マネジメントシステムのパフォーマンス改善―日常管理の指針

変化点とその管理

変化点とその管理

　人の欠勤、部品・材料ロットの切り替え、設備の保全などに伴う異常の発生は、プロセスにおける人、部品・材料、設備などの重要な要因の変化を明確にし、特別の注意を払って監視することで、未然に防ぐことが可能です。このような管理を**変化点管理**といいます。

　作業を行う場合には危険がつきものです。例えば、電柱に登って作業をする時には、電柱を登るときに手や足を滑らせる、作業中に工具を落下させるなどの危険が潜んでいます。このような危険を事前に検討し、危険を避けるような対策をとることで安全作業が確立できます。このためには、次に示すような**危険を予知し、危険をもたらす要因を見つけ出す能力を持つ必要があります。**

> ①作業の流れや起こり得る変化についての幅広い経験や理解
> ②ある状態や作業が持っている特徴やリスクに関する知識又は洞察力
> ③豊かな想像力

　変化点管理は、この「危険」を「変化」に置き換え、プロセス及びその相互関係の変化を迅速かつ敏感に察知して、問題が発生することを予防します。これらの状態は、**人的要因、技術的要因及び組織的要因**などが関係しており、変化点の例には、次に示すようなものがあります。

要素	変化点	リスク
設備管理	設備の定期点検を行った	定期点検したことで安定した状態から変化してしまう
力量管理	仕事が忙しくなったので他部門から応援が来た	人が変化することで、製品・サービスの品質が変化してしまう
設計管理	既存設計を流用した	既存製品で問題ないと思い込んでしまう
製造管理	いつもの感触と違うような気がするが何もしない	変化には気付いているが、自分で判断してしまう

　通常の状態から変化したこのような状態は問題が発生する可能性があるということを認識した上で、問題が発生しないような対応を事前に検討しておくことが大切です。

日常管理

理解度check ☑

問1 日常管理に関する次の説明文において、正しいものには○を、正しくないものには×を示せ。

① それぞれの部門が担当する仕事の責任職務のことを業務分掌という。 〔 (1) 〕

② 管理項目は、目標の達成を管理するために評価尺度として選定した項目であり、方針管理のみで使用される。 〔 (2) 〕

③ 管理項目は結果系であり、点検項目は要因系を表している。 〔 (3) 〕

④ 異常を検出するためには、異常又は通常の状態の判断基準を明確にする必要がある。 〔 (4) 〕

⑤ 変化点を管理するためには、人、部品・材料、設備などの重要な要因の変化を明確にし、監視する必要がある。 〔 (5) 〕

問2 日常管理に関する次の文章において、〔　　〕内に入る最も適切なものを選択肢からひとつ選べ。

① 使命・役割とは、組織が経営目標を達成するに当たって必要となる〔 (1) 〕を分解し、部門又はその構成員に割り当てたものである。

② 点検項目を明確にすることで、管理項目が〔 (2) 〕を外れた場合、原因について標準で定められた条件が守られているかどうかを容易に確認できる。

③ 異常には、一度起こると引き続き同じ異常を呈する〔 (3) 〕的な異常の形がある。

④ 異常が発生した場合には、まずは異常の影響が他に及ばないように、〔 (4) 〕を止める必要がある。

⑤ プロセス及びその相互関係の変化を迅速かつ敏感に察知して、問題が発生することを予防することを〔 (5) 〕という。

【選択肢】
ア．継続　イ．傾向　ウ．機能　エ．技術　オ．管理水準　カ．目標値
キ．プロセス　ク．計画　ケ．変化点管理　コ．工程管理

日常管理

問1 (1) ○　　(2) ×　　(3) ○　　(4) ○　　(5) ○

(1) 業務分掌とは、品質保証に必要なプロセスの要素に関して取り決めたものである。

(2) 日常管理でも使用される。

(3) 結果に影響を及ぼすのが要因であり、結果を管理することが必要である。

(4) 異常を判断するためには、その判断の拠り所となるものを明確にする。

(5) 監視することで状態の変化を迅速に把握でき、未然防止を図ることができる。

問2 (1) ウ　　(2) オ　　(3) ア　　(4) キ　　(5) ケ

(1) 経営目標を達成するためには、各部門が保有している機能を展開する必要がある。

(2) 管理項目は管理水準を定めることで異常を発見できる。

(3) 継続的な異常は、部品・材料ロットの変質もしくは変動などで発生する。

(4) 異常が発生した場合には、生産を続けるのではなく、即座にプロセスを止めることが必要である。

(5) 工程の変化を迅速に把握し、事前に問題が発生しないようにすることを変化点管理という。

正解
10

標準化、小集団、人材育成

品質経営の要素である標準化、小集団、人材育成について学びます。それぞれの要素の考え方や、手順、プロセスを学習しましょう。

標準化の意義・目的、考え方

標準化の意義

標準化とは、効果的かつ効率的な組織運営を目的として、**共通に、かつ繰り返して使用するための取り決めを定めて活用する活動のこと**です。製品・サービス、プロセス及びシステムに対してばらつきの少ない結果を導くためには、個々人が自由な方法で業務を行ってアウトプットを出すのではなく、ある取り決めに基づいて誰が行っても同じような結果になるように標準化を図ることが大切です。

標準化推進の目的

標準化を推進する目的には、次の事項があります。

①互換性の推進

　製品に使用する部品を ISO や JIS に基づいたものにすることで互換性が生まれ、使用者の利便性を高めるとともに、コスト低減を図ることができます。

②情報伝達、情報の可視化

　ノウハウは個人が保有している潜在的な知識であり、これを他の人に伝達することは難しいですが、これらの知識を文書化し、標準化することで情報の伝達がしやすくなります。

③信頼性、安全性の高い製品・サービスの提供

　技術的な要素を標準化することでトラブルを未然に防止できます。

④不適合、作業ミスの防止

　作業方法を標準化することで、例えば誰もが同じ方法で作業ができ、ばらつきの少ない製品・サービスを提供できます。

⑤決めることによる作業能率の向上

　誰もができるようにするためには、物の置き場所・置き方をあらかじめ決めておくだけで効率を向上することができます。

　標準化を行うには、**標準を作成し**、**標準を守り**、**必要な場合には標準を改善する活動が大切**です。このため、標準通りに行えば、計画した通りの結果が得られるように標準を作成し、標準通りにできるように作業者を教育・訓練し、問題がある場合には標準を改善することが大切です。

社内標準化とその進め方

社内標準化の意義

　組織は、マネジメントシステムのプロセスを構築し、実施し、継続的な改善を行っています。この活動を効果的かつ効率的に行うためには、作業者のばらつきによる品質問題が発生しないように、プロセスを文書化することが重要です。しかし、各部門の考え方だけで文書化すると組織内には類似の文書が氾濫し、業務に支障を及ぼすことにもなり得るので、**標準の体系化**を図ることが大切です。

　標準化は日常管理を推進するための基本であり、これが機能しなければ業務の成果を上げることができません。したがって、**組織として業務のプロセスを明確にし、体系的な標準化を推進するため、標準化の仕組みを確立する必要があります。**

　一般的な社内標準には、次のものがあります。

マネジメントシステム標準類	品質マニュアル、環境マニュアル、情報セキュリティマニュアルなど
技術標準	設計管理規程、製品仕様書、設計図面など
購買標準	購買管理規程、供給者監査規程など
製造標準	QC工程図、設備管理規程など
検査・試験標準	検査規程、測定機器管理規程など
出荷標準	梱包規程、輸送規程など
営業標準	営業管理規程、クレーム処理規程など
共通標準	人事管理規程、文書管理規程、教育訓練規程など

社内標準化の進め方

　社内標準は事業環境に応じて変化するため、中期的な標準化計画を策定し、これに基づいて標準化を進めます。標準化の推進では、次の事項を考慮することが大切です。

①標準化の体系の確立

　組織には数多くの種類の標準があるので、これらの標準を分類することが必要です。このため、標準化の体系では、**管理番号を付与すること**や**IT化を図ること**で、効率的な運営管理が可能になります。

②標準化計画の策定・展開

次の手順で実施します。

手順❶：標準化方針の明確化

標準化は、顧客の期待・ニーズを満たす製品・サービスを持続的に提供するために必要な要素であり、これを適切に運営管理するための仕組み及び経営資源の提供が必要です。したがって、経営層は、標準化に関する基本的な方針を策定し、この内容を全社員に認識させることが大切です。方針には、標準化の目的・目標、活用の考え方などを取り込みます。

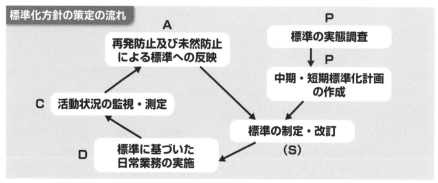

標準化方針の策定の流れ

手順❷：推進体制の確立

標準化を運営管理するためには、推進の母体となる組織体制が必要なので、**標準化推進委員会又は事務局の設置を行います**。推進責任者は、この任務を行う要員を割り当て、推進組織の機能を明確にすることで、全社的な活動であることを明らかにします。

手順❸：中期標準化計画の策定

標準化の推進は、組織が保有している標準の数や資源の関係から一般的に単年度で行うことは困難ですので、中期的な標準化計画を策定し、これに基づいた活動を行います。例えば、ISO に関する規格の開発によって組織の運営管理に影響がある場合には、これらの規格を提供するための準備期間などを考えると、3 年程度先を見通した計画策定が必要です。

中期・年度標準化計画の策定

中期・年度標準化計画の策定では、次の事項に着目します。

①現状の問題点洗い出し

現状の標準化の問題点を明確化します。この問題抽出のポイントは、次の観点から判断します。

- 標準化に関する基本方針の策定を行っているか
- 経営方針と基本方針の整合性を確認しているか
- 基本方針を適切な時期にレビューをしているか
- 標準化を推進するための委員会、事務局などを組織化しているか
- この組織の責任・権限を明確にしているか
- 標準化に必要な要員の力量を明確にしているか
- 標準化を効率よく行うための標準化体系を明確にしているか
- 目的、適用範囲、責任と権限、業務プロセス、関連規定を明確にしているか
- 標準化の種類と範囲を明確にしているか

②改善検討項目の抽出

中期的な事業環境を考慮し、重点指向で改善すべき項目の抽出を行います。

③中期標準化計画の策定・決定

関係者全員でどのように解決するかを検討し、事務局で中期標準化計画を立案し、決定します。中期標準化計画には、改善項目、改善責任者、完了時期、レビュー時期、必要な経営資源を明確にします。

④年度標準化計画の策定

中期標準化計画に基づいて年度標準化計画を策定し、事業計画との整合をとります。

⑤年度標準化計画の実施

年度標準化計画に基づいて各種施策及び標準の制改訂を実施します。

⑥年度標準化計画の実施状況の評価

年度標準化計画の実施で遅れが発生している、経営資源に一部不足が発生しているなどの問題がある場合には、これに関して適切な処置を行います。

⑦中期・年度標準化計画への反映

この処置に基づいて、計画変更が必要な場合には、年度標準化計画又は中期標準化計画の変更を行います。

標準化には、組織内の人々全員がかかわっており、標準化に関してそれぞれの要員が責任を果たす必要があります。次の表に、それぞれの立場でどのような役割を持つべきかを示します。

関係者	役割
働く人	標準の遵守、標準の変更提案
管理者	制改訂時の作業者への周知、標準作業の確認チェック、標準の活用度合いのチェック
標準の運営管理の事務局	制改訂業務の迅速化、廃棄すべき旧版の確実な回収

産業標準化・国際標準化

産業標準化

経済・社会活動の利便性や公正性の確保、安全や健康の保持、環境の保全等のそれぞれの観点から、技術に関する国家レベルでの「規格」を制定し、これを全国的に「統一」又は「単純化」することが**産業標準化**の意義です。このための規格として**日本産業規格**（JIS：Japanese Industrial Standards）があります。

国際標準化

国際標準とは、**製品の品質、性能、安全性、寸法、試験方法などに関する国際的な取り決め**のことです。国際標準は工業化社会が到来し製品が国境を越える交易の対象となって間もなく登場したもので、経済活動が国内交易で完結せず国際貿易に依存するようになったことの必然的結果です。国際市場においても円滑に経済取引を行っていくには、相互理解、互換性の確保、消費者利益の確保などを図ることが重要であり、いずれが保証されなくても取引上大きな障害となります。

また、新技術・製品の国際的普及のためにも、技術内容が国際的に理解できる形で共有されていることが重要であることから、国際標準化への取り組みは極めて重要です。このための機関として**国際標準化機構**（ISO：International Organization for Standardization）があります。

ISO は略語でいえば IOS ですが、ギリシア語の isos（均等、均質）、すなわち、相等しいという意味があるので、言語や地域によらない短縮名として ISO が選ばれました。

ISO は、電気分野を除く工業分野の国際的な標準である国際規格を策定するための民間の非政府組織で、スイス民法による非営利法人として 1947 年 2 月に設立されました。本部はスイスのジュネーヴにあり、各国 1 機関が参加できます。技術委員会（TC：Technical Committee）の下で主要な産業分野の標準化を行っており、TC は 1（ねじ）から始まっています。品質に関する委員会は、**TC176**（品質管理及び品質保証）、環境に関する委員会は **TC207**（環境管理）であり、それぞれの規格作成に関する活動を行っています。

小集団活動とその進め方

小集団活動

　小集団活動とは、共通の目的及び様々な知識・技能・考え方をもつ少人数からなるチームを構成し、組織における品質、納期、コストなどの問題解決や課題達成を目指し、組織の目標達成に貢献する活動です。その目的には、構成員の知識・技能・意欲の向上、管理の定着化、職場モラールの高揚、品質保証の向上などがあります。

　組織内でこの活動を推進するためには、経営者が小集団活動報告会での講評、現場巡回での指導及び表彰などを行うことが大切です。全社的な活動であるということを社内に示すことが成功の鍵です。

　小集団活動の進め方は、次の通りです。

手順❶：リーダーをメンバーの互選で選出
手順❷：テーマをメンバーで検討・決定
手順❸：テーマ登録を事務局へ提出
手順❹：QCストーリーに基づいた改善活動
手順❺：テーマ完了後の改善活動報告書の提出
手順❻：小集団活動報告会での発表

役　割

　小集団に直接かかわっている人には、メンバー、リーダー、及び事務局があり、それぞれの役割を次に示します。

（1）メンバーの役割

　①小集団活動への参画

　　小集団活動は、**全員参画で行うことが基本**であり、各メンバーの**役割分担**を明確にすることで、各人の行うべき事項を策定できます。また、ノートや掲示板などに活動結果を記録して、活動状況を周知することが必要です。

　②小集団活動の結果の記録の作成

　　小集団活動の活動結果の状況を明確にするため、毎回その**記録を作成**するこ

とが重要です。この記録をもとに最終の活動報告書を作成します。

③小集団活動報告会での発表

　小集団活動の結果を社内で報告することが決まっている場合には、これに向けた準備を行い、メンバー全員で手分けして**報告書**を作成することに全員参画の意味があります。この際には問題解決の手順などを考慮します。

④小集団活動報告会への参加

　自分たちの活動報告を行わない場合でも、他のグループの活動成果を**ベンチマーク**することで、自分たちの今後の活動に役立たせることができます。積極的に小集団活動報告会に参加し、モチベーションの向上を図ります。

（2）リーダーの役割

①改善活動の進捗管理

　改善テーマの計画立案及びその実施状況の進捗管理を行うことで、**目標**に向けた活動の推進ができます。

②事務局及び上司との調整

　活動推進に問題がある場合には、**支援**を積極的に依頼することが成功への鍵です。支援には、テーマ選定の相談、問題解決の手順及び QC 手法に関する指導などがあります。

③メンバーへの指導

　メンバーに対して改善活動に対する取り組み方法や役割分担を**明確**にすることで、全員参画を目指し、メンバーへの指導を行います。

（3）事務局の役割

①小集団活動に関する維持管理

　小集団の名前、リーダー名、メンバー名、テーマ名、活動状況などについて明確にし、管理します。これらの内容については、誰でも**把握**できるように掲示板などに表示することで、モチベーションの向上にもつながります。

②小集団発表会の運営管理

　小集団発表会の計画、実施及び評価などについての運営管理を行います。

③小集団活動への支援

　活動計画どおりに進んでいない場合には、内容を確認し、適切な**アドバイス**をします。小集団メンバーに対して、進め方や改善手法などについての支援を行うことで、小集団との連携を強化することができます。

品質管理教育とその体系

品質管理教育

品質管理教育は、顧客・社会のニーズを満たす製品・サービスを効果的かつ効率的に達成するうえで必要な価値観、知識及び技能を組織の全員が身に付けるための、体系的な人材育成の活動です。

組織が競争優位になり、持続的成功を収めるために最も重要である経営資源は、製品・サービスを生み出すために必要な**人的資源**です。最近では、"**人財**"という用語を使用している組織もあります。

したがって、品質管理活動の成果を得るためには、この活動を推進する組織のすべての要員の力量を明確化し、開発し、維持・改善を行うためのプロセスを確立する必要があります。

人材開発

人材開発では、組織がいかにすぐれた教育・訓練プログラムを要員に提供しても、要員がその気にならなければ、机上の空論です。このようなことにならないようにするためには、要員に**何のために仕事をするのか**、**それが製品・サービスにどのように影響するのかを認識させる**ことが大切です。

人材開発のプロセスを次に示します。

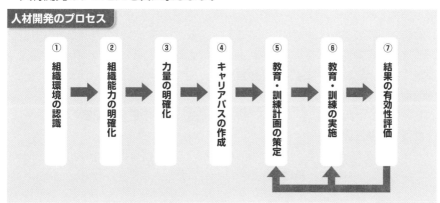

人材開発のプロセス

① 組織環境の認識 → ② 組織能力の明確化 → ③ 力量の明確化 → ④ キャリアパスの作成 → ⑤ 教育・訓練計画の策定 → ⑥ 教育・訓練の実施 → ⑦ 結果の有効性評価

①組織環境の認識

　製品・サービスを生み出し、適時に提供するためには、現在及び将来の組織環境を考慮し、どのような力量を持った要員が必要かを各部門で明確にすることが大切です。明確にする際には、固有技術や管理技術の動向を把握します。

②組織能力の明確化

　組織として**中長期的**にどのような能力を持つべきかという目標と、その達成に必要な要員の**力量**を明確にします。単年度だけでは、競争優位になることはできません。

③力量の明確化

　力量を明確化するためには、どのような教育訓練を受けるべきなのか、また、どのような技能を保有し、どの程度の経験をしているべきなのかを考える必要があります。

④キャリアパスの作成

　キャリアパスとは、どのような仕事をどれくらいの期間経験し、どの程度**能力**が身に付くとどのポストに就けるのかを明確化したものです。キャリアパスの作成に当たっては、人材マップ、技術・技能者マップなどを用いて**力量**を分析評価し、獲得すべき**力量**を特定します。

　特定した力量を開発するためには、**③力量の明確化**で示された教育、訓練、技能、経験で必要なレベルに到達するための教育・訓練プログラムを策定します。なお、策定に当たっては、個々人のキャリアパスを明確にします。

⑤教育・訓練計画の策定

　事業計画及びキャリアパスに基づき階層別及び分野別の教育・訓練体制を確立します。教育・訓練では、対象とする力量の開発に適した手法及び職場研修、他社・他業種との交流など社内外を含む場を検討します。なお、社内で行う場合には、成果を挙げるためにトレーナーの選定・育成を行います。

　教育・訓練の成果は、すぐ現れるものと時間が経過しなければ現れないものがあるため、**有効性**を評価するために必要な評価時期及び評価項目に関する指標の決定には、十分注意する必要があります。

⑥教育・訓練の実施

　教育・訓練計画に基づいて教育・訓練を実施し、その結果を**記録**します。

⑦結果の有効性評価

　教育・訓練の結果、当初目標とした力量レベルに到達したかどうかを評価し、問題があった場合には、**再教育**・訓練などの処置をとります。

標準化、小集団、人材育成

理解度check ☑

問1 標準化、小集団、人材育成に関する次の説明文において、正しいものには○を、正しくないものには×を示せ。

① 標準化を推進する目的の一つに、互換性の推進がある。 　　(1)

② 社内標準化を推進するためには、必要な時に標準化計画を立案し、実施することが効果的である。 　　(2)

③ 産業標準化の意義は、全国的に統一又は単純化することである。 　　(3)

④ 小集団活動は、共通の目的及び様々な知識・技能・考え方をもつ少人数からなるチームを構成し、維持向上、改善及び革新を行うことである。 　　(4)

⑤ 人材開発のプロセスの一つにキャリアパスの作成があるが、これは、一部の人を対象に作成すれば十分である。 　　(5)

問2 標準化、小集団、人材育成に関する次の文章において、　　内に入る最も適切なものを選択肢からひとつ選べ。

① 標準化を行うには、標準を作成し、標準を守り、必要な場合には標準を　　(1)　　する必要がある。

② 標準化を運営管理するためには、推進の母体となる　　(2)　　を確立する必要がある。

③ ISO は、電気分野を除く工業分野の国際的な標準である　　(3)　　を策定するための民間の非政府組織である。

④ 小集団活動では、リーダーがメンバーに対して改善活動に対する取り組み方法や　　(4)　　を明確にする必要がある。

⑤ 人材開発プロセスでは、組織環境の認識、組織能力の明確化、　　(5)　　の明確化に関する活動が必要である。

【選択肢】
ア．人材育成　イ．国際規格　ウ．地域規格　エ．役割分担　オ．再構築
カ．改善　キ．組織体制　ク．力量　ケ．発表会の運営方法

問1 (1) ○　　(2) ×　　(3) ○　　(4) ○　　(5) ×

(1) 互換性により、使用者の利便性を高めるとともに、コスト低減を図ることができる。

(2) 社内標準は事業環境に応じて変化するため、中期的な標準化計画を策定し、これに基づいて標準化を進める。

(3) 統一又は単純化することで利便性が高まる。

(4) 小集団活動は、ある目的を達成するために少人数で改善活動を推進するものである。

(5) 教育・訓練は全要員へ提供することが基本であるので、個々人のキャリアパスを作成することが大切である。

問2 (1) カ　　(2) キ　　(3) イ　　(4) エ　　(5) ク

(1) 標準は作成したら終わりではなく、問題がある場合には改善を行う。

(2) 標準化の全社的な運営管理を効果的で効率的に行うには、組織化が必要である。

(3) ISO は国際標準化機構であり、国際規格の策定・発行を行っている。

(4) 小集団活動は、メンバー全員の参画で行うものであり、活動において誰が何を担当するのかを明確にする必要がある。

(5) 教育訓練を行うためには、個人の力量をもとに不足している力量を向上させるための教育訓練を行う。

正解
10

診断・監査、品質マネジメントシステム

品質経営の要素である診断・監査、品質マネジメントシステムについて学びます。品質保証活動の評価方法、品質保証の国際規格 ISO9001 を理解しましょう。

品質監査

品質監査

　品質監査とは、顧客・社会のニーズを満たすことを確実にするために、組織が行う体系的活動を確認する活動です。これには**製品監査**、**プロセス監査**、**システム監査**などがあります。

（1）製品監査

　顧客の視点で製品・サービスの品質が要求事項を満たしているか否かについて、プロセスのアウトプットを中心に定期的に確認します。例として、工程内、最終検査後、又は出荷前の製品からサンプルを抜き取って、製品仕様と比較します。

（2）プロセス監査

　顧客が満足する製品・サービスを安定的に生み出せるようにプロセスが規定されているか、規定された通りに運営されているかを確認します。プロセス監査は、**工程監査**ともいいます。

（3）システム監査

　マネジメントシステムが、継続的に顧客満足を達成できるように規定されているか、規定された通りに運営されているかを確認します。システム監査には、ISO マネジメントシステム規格の要求事項に基づいた監査、認証を目的とした第三者機関が行う審査、デミング賞で行われる審査などがあります。

内部監査

　内部監査は、ISO マネジメントシステム規格の要求事項であり、独立性を保つため、マネジメントシステム内で構成している要員又はコンサルタントやマネジメントシステムに属さない本社の要員などで行います。**要求事項に基づいて構築された仕組みを確認する**（要求事項の意図の確認）、**仕組みに基づいて実施された活動状況とその結果を確認する**（実施状況の適合の確認）、**結果が要求事項を満たしているかを確認する**（有効性の確認）を行います。**有効性**とは、計画した活動が実行され、計画した結果が達成された程度のことです。なお、監査結果は監査報告書としてまとめ、これに基づいて改善を行うことが大切です。

重要度 ★

トップ診断

トップ診断

　方針管理及び日常管理が、現場でどのように運営管理されているかを評価するための方法として、**トップマネジメント自身がマネジメントシステムの診断を行うことがあります**。これを**トップ診断**（又は社長診断）といいます。組織は経営活動に関する月次管理を行っていますが、これは、トップマネジメントと各部門の責任者によるコミュニケーションからなっており、現場との関係が必ずしも密接なものではありません。トップ診断は、トップマネジメントが現場のプロセスの責任者と直接**コミュニケーション**を図る仕組みであり、マネジメントシステムの評価活動といえます。

　トップ診断では、方針が現場の第一線まで理解され、それを達成するための活動が行われているかどうかを確認します。トップ診断の目的は、**組織の人々に方針を浸透させ、参画意識を持たせるためです。**

　また、トップマネジメントは、**現場、現物及び現実**、いわゆる**三現主義**による診断を通じて、方針の達成度及び方針達成のためのプロセスを把握することが可能になります。

　トップ診断は、次の手順で行います。

手順❶：診断計画の策定

手順❷：診断チームの構成

手順❸：被診断部門の責任者によるトップマネジメントへの方針の展開及びその結果についての説明

手順❹：トップマネジメントによる説明内容についての現場での確認

手順❺：トップマネジメントによる確認結果からの被診断部門の能力評価

手順❻：トップマネジメントによる被診断部門への評価結果の説明及びその能力の改善方法への提案

手順❼：トップマネジメントによる経営会議での被診断部門の能力及びパフォーマンスの改善内容の確認

　なお、トップ診断を経営会議の一環として実施する場合もあります。

品質マネジメントの原則

品質マネジメント

　品質マネジメントとは、**品質に関して組織を指揮し管理するための、調整された活動**です。品質に関する指揮及び管理には、通常、品質方針及び品質目標の設定、品質計画、品質管理、品質保証及び品質改善が含まれます。ISO 9000では、品質マネジメントの原則として次の7つの原則が規定されています。

（1）顧客重視

　品質マネジメントの主眼は、**顧客の要求事項を満たすこと及び顧客の期待を超える努力をすること**にあります。持続的成功は、組織が顧客及びその他の密接に関連する利害関係者を引き付け、その信頼を保持することによって達成できるのです。顧客との相互作用のあらゆる側面が、顧客のために更なる価値を創造する機会を与えます。顧客及びその他の利害関係者の現在及び将来のニーズを理解することは、組織の持続的成功に寄与します。

（2）リーダーシップ

　すべての階層のリーダーは、**目的及び目指す方向を一致させ、人々が組織の品質目標の達成に積極的に参加している状況をつくり出します**。それによって、組織はその目標の達成に向けて戦略、方針、プロセス及び資源を密接に関連付けることができます。

（3）人々の積極的参加

　組織内のすべての階層にいる人々が、価値を創造し組織の実現能力を強化することが必要です。組織を効果的かつ効率的にマネジメントするためには、組織のすべての階層のすべての人々を尊重し、それらの人々の参加を促すことが重要です。**貢献を認め、権限を与え、力量を向上させることによって、組織の品質目標達成への人々の積極的な参加が促進されます。**

（4）プロセスアプローチ

　活動を、首尾一貫したシステムとして機能する相互に関連するプロセスであると理解し、マネジメントすることによって、矛盾のない予測可能な結果が、より効果的かつ効率的に達成できます。品質マネジメントシステム（QMS）は、相

互に関連するプロセスで構成されます。**このシステムによって、結果がどのように生み出されるかを理解することで、組織はシステム及びそのパフォーマンスを最適化できます。**

（5）改善

成功する組織は、常に改善を意識しています。改善は、組織が、現レベルのパフォーマンスを維持し、内外の状況の変化に対応し、新たな機会を創造するために必須です。

（6）客観的事実に基づく意思決定

データ及び情報の分析及び評価に基づく意思決定によって、望む結果が得られる可能性が高まります。意思決定は、複雑なプロセスとなる可能性があり、常に何らかの不確かさをともないます。意思決定は、主観的かもしれない複数の種類の、複数の源泉からのインプット、及びそれらに対する解釈を含むことが多いです。因果関係、及び起こり得る意図しない帰結を理解することが重要です。客観的事実、根拠及びデータ分析は、意思決定の客観性及び信頼性を高めます。

（7）関係性管理

持続的成功のために、組織は、例えば提供者のような、密接に関連する利害関係者との関係をマネジメントします。密接に関連する利害関係者は、組織のパフォーマンスに影響を与えます。持続的成功は、組織のパフォーマンスに対する利害関係者の影響を最適化するようにすべての利害関係者との関係をマネジメントすると、より達成しやすくなります。**提供者及びパートナとのネットワークにおける関係性管理は特に重要です。**

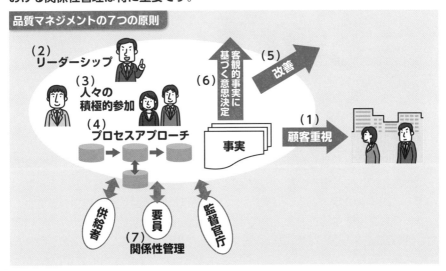

品質マネジメントの7つの原則

（2）リーダーシップ
（3）人々の積極的参加
（4）プロセスアプローチ
（6）客観的事実に基づく意思決定
（5）改善
（1）顧客重視
事実
（7）関係性管理

ISO 9001

ISO 9001

ISO 9001 は品質保証に関する国際規格です。組織の品質マネジメントシステムに関する要求事項として 1987 年に開発されました。最近では 2015 年に改訂されており、現在は第 5 版です。ISO 9001 の品質マネジメントシステムは、顧客に対する品質保証を行うための規格です。そのアウトプットは、**顧客満足、製品及びサービス**であり、これを満たすためのマネジメントシステムを運営管理するための最低限の要求事項が規定されています。この**規格の構造は PDCA サイクル**であり、次の図に示すような構造になっています。

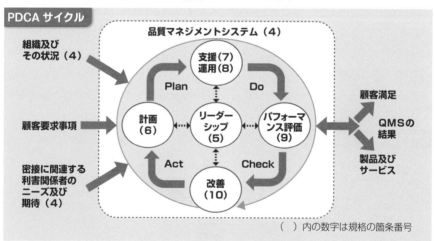

( ) 内の数字は規格の箇条番号

ISO 9001 の序文では、この規格の基本的な考え方を次のように規定しています。

品質マネジメントシステムの採用は、パフォーマンス全体を改善し、持続可能な発展への取組みのための安定した基盤を提供するのに役立ち得る、組織の戦略上の決定である。 組織は、この規格に基づいて品質マネジメントシステムを実施することで、次のような便益を得る可能性がある。
a）顧客要求事項及び適用される法令・規制要求事項を満たした製品及びサービスを一貫して提供できる、 b）顧客満足を向上させる機会を増やす、 c）組

織の状況及び目標に関連したリスク及び機会に取り組む、d）規定された品質マネジメントシステム要求事項への適合を実証できる。

この規格の適用についての考え方は、次のように規定されています。

　この規格は、次の場合の品質マネジメントシステムに関する要求事項について規定する。a）組織が、顧客要求事項及び適用される法令・規制要求事項を満たした製品及びサービスを一貫して提供する能力をもつことを実証する必要がある場合、b）組織が、品質マネジメントシステムの改善のプロセスを含むシステムの効果的な適用、並びに顧客要求事項及び適用される法令・規制要求事項への適合の保証を通して、顧客満足の向上を目指す場合。

また、この規格の要求事項は、汎用性があり、業種・形態、規模、又は提供する製品及びサービスを問わず、あらゆる組織に適用できます。

以下に、ISO 9001 の構造を表に示します。

ISO 9001 の要求事項

4　組織の状況	**7.5　文書化した情報**
4.1　組織及びその状況の理解	**8　運用**
4.2　利害関係者のニーズ及び期待の理解	8.1　運用の計画及び管理
4.3　品質マネジメントシステムの適用範囲の決定	8.2　製品及びサービスに関する要求事項
4.4　品質マネジメントシステム及びそのプロセス	8.3　製品及びサービスの設計・開発
5　リーダーシップ	8.4　外部から提供されるプロセス、製品及びサービスの管理
5.1　リーダーシップ及びコミットメント	8.5　製造及びサービスの提供
5.2　方針	8.6　製品及びサービスのリリース
5.3　組織の役割、責任及び権限	8.7　不適合なアウトプットの管理
6　計画	**9　パフォーマンス評価**
6.1　リスク及び機会への取組み	9.1　監視、測定、分析及び評価
6.2　品質目標及びそれを達成するための計画策定	9.2　内部監査
6.3　変更の計画	9.3　マネジメントレビュー
7　支援	**10　改善**
7.1　資源	10.1　一般
7.2　力量	10.2　不適合及び是正処置
7.3　認識	10.3　継続的改善
7.4　コミュニケーション	

ISO 9001 を組織に適用することで次のような効果が得られます。

● 品質保証に関わる活動を明確にすることで、組織の要員の認識を高めることができる
● 対外的に品質保証活動を推進していることを明示でき、信頼を醸成できる
● 顧客重視の経営姿勢をアピールできる
● 事業環境への対応が迅速にできるようになる

第三者認証

第三者認証

　第三者認証制度とは、組織外の第三者が、公になっている要求事項を基準として組織のマネジメントシステムの実施状況を評価し、適合しているということを認証する制度です。これには、ISO で規定されている**マネジメント規格及び産業標準化法**に基づく制度などがあります。

　品質保証システムを国際規格化した ISO 9000 シリーズは 1987 年に制定され、この ISO 9001 を利用した**第三者審査認証制度**が導入され、現在各国で活用されています。

　欧米諸国では、もともと品質管理や品質保証の**二者間契約**や**二者監査**が行われてきました。しかし、どちらも顧客のニーズを満たさなければならず、非常に効率が悪いものでした。そこで、個別の要求事項に対応するシステムを排除し、世界共通の品質保証に関する要求事項を取りまとめて、品質システムの規格として ISO 化が図られました。第三者が第二者に代わって ISO9001 の国際規格に基づき、品質システムの審査を行うという認証制度が欧州で確立されたのです。

　日本では審査登録機関などを認定するため、1993 年に認定機関として（財）品質システム審査登録認定協会 [現（公財）日本適合性認定協会] が設立され、品質システムの審査制度が確立されました。

品質マネジメントシステム審査登録制度

　品質マネジメントシステム審査登録制度とは、組織が ISO 9001 の要求事項に基づいた品質マネジメントシステムを構築し、運営管理している状況の適合性を、購入者の代わりに審査対象組織に関する専門性を持った第三者が審査し、登録・公表することです。組織の品質マネジメントシステムに信頼を与える制度です。この制度は、審査員登録に必要な要員を教育する**審査員研修機関**、審査員候補者を評価・登録する**審査員評価登録機関**、組織を審査する**審査登録機関**、審査登録機関を認定する**認定機関**から構成されています。

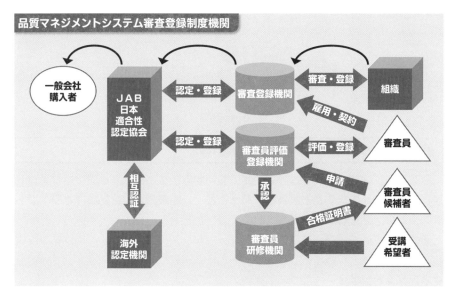

品質マネジメントシステムの審査登録制度で使用される規格は、ISO/IEC 17021/JIS Q 17021（適合性評価－マネジメントシステムの審査及び認証を行う機関に対する要求事項）であり、審査登録機関が遵守すべき事項について規定しています。

ISO 9001以外での品質に関する認証には、次に示すものがあります。

● **GMP**（Good Manufacturing Practice）：医薬品の製造、品質管理に関する基準で、薬事法で1980年に厚生省令として定められたもの

● **ISO 22000**（食品安全マネジメントシステム－フードチェーンの組織に対する要求事項）：食品安全マネジメントのことで、従来のHACCPの持つ食品安全確保のための技術的手法とISOマネジメントシステム規格が持つマネジメントの考え方を取り入れたもの

● **IATF 16949**（自動車産業品質マネジメントシステム規格）：自動車業界の規格で、自動車分野に関係する規格を取り入れたもの

● **TL 9000**：電気通信業界の規格で、ISO 9001規格に電気通信分野に関係する規格を取り入れたもの

●**要員認証制度**：人の力量がある特定の技術基準（例えば、溶接についてのJIS規格）に照らして適格であることを第三者認証機関が審査し、証明する制度

●**製品認証制度**：特定製品について製品規格への適合性を評価し、認証する制度

● **JISマーク表示認証制度**：工業標準化法に基づくJISへの適合性が認定されれば、該当する商品や工場、事業場にJISマークを表示する制度

重要度 ★★

品質マネジメントシステムの運用

品質マネジメントシステムの運用

品質マネジメントシステムを効果的に運用するためには、**トップマネジメントが指導的役割を果たすことが重要**であることと、**組織の人々が品質マネジメントシステムの活動を積極的に行うこと**が大切です。

そのためには、プロセスと品質マネジメントシステムのパフォーマンスを監視し、測定・分析・評価することが必要で、その結果はトップマネジメントが行う**マネジメントレビュー**へとつながります。

また、品質マネジメントシステムが有効に実施されているかを確認するためには、**内部監査**を行います。そのために、内部監査員の教育・訓練を充実させることが大切です。

内部監査では、要求事項、仕組み及び結果についてお互いの関係の整合性を確認する必要があり、適合か不適合かの判断をします。

内部監査のイメージ

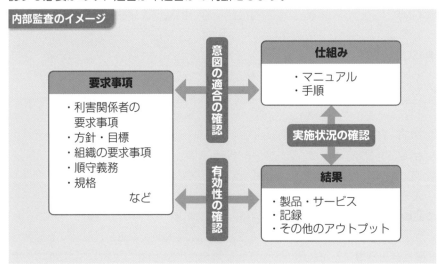

診断・監査、品質マネジメントシステム　理解度check ☑

問1　診断・監査、品質マネジメントシステムに関する次の説明文において、正しいものには○を、正しくないものには×を示せ。

① 品質監査には、プロセスやシステムに関する監査があり、製品についての監査は存在しない。　　　　　　　　　　　　　　　　　　　　　(1)

② トップ診断は、方針管理及び日常管理が現場でどのように運営管理されているかを評価するための方法である。　　　　　　　　　　　　(2)

③ 品質マネジメントの原則のうち、プロセスアプローチとは「持続的成功のために、組織は、例えば提供者のような、密接に関連する利害関係者との関係をマネジメントする」ことである。　　　　　　　　　　　　　　　　(3)

④ ISO9001 は品質マネジメントに関する要求事項を規定したものである。
　　　　　　　　　　　　　　　　　　　　　　　　　　(4)

⑤ 内部監査の目的の一つに、品質マネジメントシステムの要求事項を満たしているかを評価することがある。　　　　　　　　　　　　　　　(5)

問2　診断・監査、品質マネジメントシステムに関する次の文章において、⬚内に入る最も適切なものを選択肢からひとつ選べ。

① システム監査には、　(1)　を目的とした第三者機関が行う審査がある。

② 方針が現場の第一線まで理解され、それを達成するための活動が行われているかどうかを確認するのを　(2)　という。

③ 品質マネジメントの原則の一つに、　(3)　がある。

④ ISO9001 の品質マネジメントシステムは、顧客に対する　(4)　を行うための規格である。

⑤ 品質マネジメントシステム審査登録制度には、組織を審査する　(5)　がある。

> 【選択肢】
> ア．全員参加　イ．認証　ウ．審査登録機関　エ．内部監査
> オ．トップ診断　カ．製品認証　キ．人々の積極的参加　ク．認定機関
> ケ．品質保証　コ．品質管理

問1 (1) ×　　(2) ○　　(3) ×　　(4) ○　　(5) ○

(1) 品質監査には、製品の特性について行う製品監査もある。

(2) トップ診断では、事業計画の運営管理状況とその結果（方針管理と日常管理）を評価する。

(3) 説明文は関係性管理を説明したものである。

(4) ISO 9001 は品質保証に関する国際規格であり、組織の品質マネジメントシステムに関する要求事項を規定してある。

(5) 内部監査では、ISO9001 要求事項への適合、組織の要求事項への適合、有効性の評価に関する情報を収集する必要がある。

問2 (1) イ　　(2) オ　　(3) キ　　(4) ケ　　(5) ウ

(1) 第三者認証制度がある。

(2) なお、トップ診断は、トップマネジメント自身がマネジメントシステムの診断を行う。

(3) 品質マネジメントの原則には、顧客重視、リーダーシップ、人々の積極的参加、プロセスアプローチ、改善、客観的事実に基づく意思決定、関係性管理がある。

(4) ISO 9001 は品質保証に関する国際規格である。

(5) 第三者認証では、審査員が組織の審査を行うが、審査員は審査登録機関から派遣される。

正解

10

倫理、社会的責任、品質管理周辺の実践活動

品質保証活動に関する倫理・社会的責任、品質管理周辺の実践活動を学びます。用語の定義を理解しておきましょう。

重要度 ★

品質管理に携わる人の倫理

品質管理に携わる人の倫理

　組織は、要求事項を満たす製品・サービスを顧客に提供するために、**品質管理**に関する諸活動を運営管理しています。これに携わる人々は、法令・規制要求事項を順守することはもちろんのこと、顧客と交わした機密保持に関する事項も順守する必要があります。当然ですが、顧客の信頼を裏切るような記録等の改ざんを行ってはなりません。

　さらに、利害関係者に対してリスクがあることを認識させるために、事業活動に関する**リスク教育**を行うことが大切です。当然、トップも含めた意識改革が必要です。利害関係者に対するリスクには、次のようなものがあります。

- ● **顧客**：改修に伴う損失、事業継続不可
- ● **社員**：損失拡大に伴う給与低下、事業縮小に伴う退職
- ● **株主**：株価暴落による損失
- ● **監督官庁**：社会からの監督責任追及
- ● **銀行**：資金の回収不可
- ● **社会**：企業活動の認知度の低下

改ざん・隠蔽の発生メカニズム

　情報の改ざん・隠蔽事例では、次のような共通の発生メカニズムがあります。

　問題が生じていない場合は、業務を効率よく行うために、下位の担当者へ上位管理者の権限の委譲が進みます。問題が発生した場合の対応も、責任の所在が明らかでないため、表面的な解決にとどまりがちです。

　そのような状況で、これまでにない想定外の問題が発生すると、下位の担当者が自己の責任・権限の範囲で対応しようとして、上位管理者への報告を怠り、対策が後手に回ってしまいます。結果として、問題の発生を隠蔽していたことになり、組織へ大きな損失を与えてしまいます。

重要度 ★

社会的責任

企業の社会的責任

企業の社会的責任（CSR: Corporate Social Responsibility）とは、企業が利益を追求するだけでなく、組織の活動が社会に与える影響に責任を持ち、あらゆる利害関係者のニーズ・期待に対応することです。企業自らが、持続的成功を社会とともに築いていく活動といえます。

社会的責任を果たす最大のメリットは、社会からの信頼を得ることで、次のような効果も期待できます。

- 法令違反など、社会の期待に反する行為によって、事業継続が困難になることの回避
- 組織の評判、知名度、ブランドの向上
- 従業員の採用・定着、士気向上、健全な労使関係への効果
- 消費者とのトラブルの防止・削減やその他ステークホルダーとの関係向上
- 資金調達の円滑化、販路拡大、安定的な原材料調達

企業は、事業活動において、従業員、顧客、取引先、仕入先、消費者、株主、地域社会、自治体や行政などの利害関係者とかかわりを持っています。このため、利害関係者と積極的にコミュニケーションを行うことが大切です。

社会的責任については、**ISO の社会的責任（SR）に関するガイダンス文書 ISO 26000** が 2010 年に発行されています。社会的責任の原則として次の 7 つが挙げられていますが、この中には寄付やボランティア活動など、いわゆる社会貢献活動は含まれていません。

①**説明責任**：組織の活動によって外部に与える影響を説明する
②**透明性**：組織の意思決定や活動の透明性を保つ
③**倫理的な行動**：公平性や誠実であることなど倫理観に基づいて行動する
④**ステークホルダーの利害の尊重**：様々なステークホルダーへ配慮して対応する
⑤**法の支配の尊重**：各国の法令を尊重し順守する
⑥**国際行動規範の尊重**：法律だけでなく、国際的に通用している規範を尊重する
⑦**人権の尊重**：重要かつ普遍的である人権を尊重する

顧客価値創造技術

顧客価値創造技術

　製品・サービスを顧客に提供するためには、顧客のニーズ及び期待を適切に把握する必要があります。このためには**市場調査**などを行い、これらの情報をもとに**商品企画**を行います。商品企画では、顧客の生の声を聞くことが大切であり、これを分析して品質要素や品質特性に展開していくことが有効な手段です。このため、商品企画を行う際には、**顧客価値を抽出する技術の構築が大切**です。

　顧客価値創造技術の一つとして、次の**商品企画七つ道具**があります。

①インタビュー調査
②アンケート調査
③ポジショニング分析
④アイデア発想法
⑤アイデア選択法
⑥コンジョイント分析
⑦品質表

　これは神田らが1994年に公表した、商品企画のためのシステマティックなツール集で、顧客に感動を与える製品・サービスを提供するために、**顧客・潜在ニーズの発見**、**アイデア発想と絞り込み**、**顧客視点でのコンセプトの最適化**、**企画と技術の橋渡し**の4ステップに沿って製品・サービスの企画を行うツールの集合です。

価　値

　価値とは、**数多くの製品・サービスから顧客が必要とするものが選ばれることを意味しており**、どの製品・サービスを買うかどうかは顧客に選択権があります。

　一方、選ばれなかった製品・サービスは、顧客がその品質に価値を感じなかったということになります。したがって、競争力がありより選ばれる価値を実現するには、競争力がある価値実現の方法論を展開できるマネジメントシステムを構築し、運営管理することが大切です。

重要度 ★

IE・VE

IE

IE（Industrial Engineering）とは、経営目的を定め、それを実現するために、社会環境及び自然環境との調和を図りながら、人、機会・設備・原材料・補助材料及びエネルギーなどの物、カネ及び情報を最適に設計し、**統制する工学的な技術や技法の体系のことです。**

IE では、顧客要求事項を満たす品質の製品を、最も安いコストで所定の納期までにつくるために工程、作業、運搬、レイアウト、設備、治工具、管理手続きなどについて、流れ、順序、方法、配置や能率のデータを分析します。その際に IE 手法を用いて、科学的に把握・分析し、ロスや無駄を検出し、能率の維持・改善や革新に取り組みます。なお、IE の分析には、時間分析や動作分析、ライン編成分析、マテハン（運搬管理）分析、レイアウト分析などがあります。

VE

VE（Value Engineering）とは、**製品やサービスの「価値」を、それが果たすべき「機能」とそのためにかける「コスト」との関係で把握し、システム化された手順によって「価値」の向上を図る手法**です。製造・提供コスト当たりの機能・性能・満足度などを最大にするという体系的手法であり、次の式で表すことができます。

価値（Value）＝機能（Function）／コスト（Cost）

したがって、価値を向上するには次に示す方法があります。

目的	価値向上の方法
コストダウンによる価値向上	価値↑＝機能→／コスト↘
機能向上による価値向上	価値↑＝機能↗／コスト→
機能向上とコストダウンによる価値向上	価値↑＝機能↗／コスト↘
機能向上とコスト増による価値向上	価値↑＝機能↑／コスト↗

設備管理・資材管理

設備管理

　組織は、製品・サービスを生産するために、製品要求事項を満たすためのインフラストラクチャの計画を策定し、運営管理するプロセスを構築する必要があります。インフラストラクチャとは、組織の運営のために必要な施設、設備及びサービスに関するシステムのことです。

　保全とは、アイテムを使用及び運用可能状態に維持し、故障、欠点などを回復するためのすべての処置及び活動のことで、図に示すように設備の維持活動と改善活動があります。これらの要素には、計画、点検、修理などがあります。

保全活動の体系

予防保全	故障に至る前に設備の寿命を推定し、故障を未然に防止することであり、このために設備点検の仕組みを構築する
事後保全	設備に故障が発見された段階で、その故障を取り除くことであり、故障が発生した場合には、故障時間を短くするための仕組みを構築する
改良保全	故障が起こりにくい設備への改善、又は性能向上を目的として設備を改良することであり、金型の改良などがある
保全予防	設備、設備を構成するユニット、部品などについて、計画・設計段階から過去の保全実績又は情報を用いて不良や故障に関する事項を予知し、これらを排除するための対策を行う。FMEA などの手法を活用する
定期保全	過去の故障履歴、保全記録の分析結果から保全の周期を決めて、周期ごとに設備の点検を行う。日常点検や定期点検がある
予知保全	設備の劣化傾向を、設備診断技術などによって管理し、故障に至る前の最適な時期に最善の対策を行う

資材管理

資材管理とは、所定の品質の資材を必要とする時に必要量だけ適正な価格で調達し、要求元へタイムリーに供給するための管理活動です。資材管理を効果的に実施するためには、**資材計画**（材料計画）、**購買管理**、**外注管理**、**在庫管理**、**倉庫管理**、**包装管理**及び**物流管理**を的確に推進する必要があります。

資材計画	生産計画に基づいた部品表から、材料や部品の何が、いつまでに、どの程度必要かを明確にする
購買管理	供給者の能力に応じた受入検査の程度や、コミュニケーションの頻度などを考慮した供給者の管理の方式及び程度を明確にする
外注管理	外注先が購買契約や品質保証に関する要求事項を遵守状況や改善の機会を与えるために第二者監査を行う場合がある。第二者監査ではパフォーマンス中心の監査を行う
在庫管理	製品や製品を構成する要素の適合性の維持、経営資源の有効活用を図るために、在庫管理の計画を策定し管理する
倉庫管理	使用又は出荷待ちの製品（材料・部品を含む）が損傷、劣化しないことを考慮した取り扱いや、温湿度管理を適切に行う。また、倉庫管理の基本である先出し先入れを適切に行う
包装管理	製品の保管環境・輸送条件、開封の容易性及び梱包・包装材の処分方法について考慮が必要。なお、梱包コストの最小化を図るために通い箱などを使用し、環境にも優しい梱包をする

在庫管理の計画策定

在庫管理の計画策定では、①特性の劣化（鮮度など）、②適正在庫、③在庫の確認の方法、④使用に適さない製品及び製品を構成する要素の処理、⑤顧客要求事項、⑥在庫に関する情報の共有を行います。

在庫管理方式には、**定量発注方式**及び**定期発注方式**があります。定量発注方式は、1回あたりの発注量を経済的発注量付近に固定し、在庫量がある一定の水準（発注点）を切ったら、あらかじめ設定している一定量を発注して在庫を管理する方式です。定期発注方式とは、発注サイクルをまず設定し、一定期間ごとに、次期の需要予測と現在の在庫量をもとにして、必要量を発注する方式です。

生産における物流・量管理

物流・量管理の役割

物流・量管理の役割は、顧客が製品・サービスの提供を受けてから廃棄に至るまでの全プロセスにおいて、顧客の価値を最大化するとともに、そのために負担するライフサイクルコストや環境負荷、安全リスクを最小化するために、製品・サービスの提供とその情報に関するタイミングを最適化することです。

物流・量管理における品質保証活動では

①**顧客が求める量・納期管理の保証**…物流プロセスの設計・評価・改善の活動

②**物流プロセスでの品質劣化の防止**…物流中における品質劣化の防止の活動

③**品質トラブルへの対応**…物流中あるいは物流後に品質トラブルが発生した場合の対応への活動

が重点活動です。

物流・量管理は、生産から顧客に納品されるまでの一連の活動であり、資材や部品の取引業者・生産拠点・工場倉庫・物流拠点・顧客納入場所などを一元的に管理します。重要なことは、**欠品を出さない、製品の種類や製品の数量を間違えない、納期・納品時間を遵守する、物流プロセスで製品を壊さない**ことです。

輸送では、運送コスト、迅速性などを考慮します。最近では、宅配便を使用する場合があるので、宅配業者に問題が出た場合には、早急な対応ができる仕組みを構築しておくことが大切です。

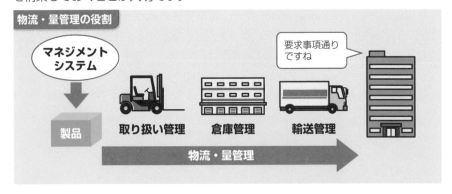

物流・量管理の役割

マネジメントシステム → 製品

要求事項通りですね

取り扱い管理　倉庫管理　輸送管理

物流・量管理

13 日目

倫理、社会的責任、品質管理周辺の実践活動　理解度check ☑

問1　倫理、社会的責任、品質管理周辺の実践活動に関する次の説明文において、正しいものには○を、正しくないものには×を示せ。

① 品質管理に携わる人は、法令・規制要求事項と顧客との契約事項を順守することを常に実施しなければならない。 　　　　　　(1)

② ISO の社会的責任に関するガイダンス文書は、ISO 26001 である。 　(2)

③ 顧客価値創造技術を活用できるのは、製造プロセスである。 　(3)

④ IE は、人、物、カネ及び情報を最適に設計し、統制する工学的な技術・技法の体系のことである。 　　　　　　(4)

⑤ 故障が起こりにくい設備への改善、又は性能向上を目的として設備を改良することを予防保全という。 　　　　　　(5)

問2　倫理、社会的責任、品質管理周辺の実践活動に関する次の文章において、　　内に入る最も適切なものを選択肢からひとつ選べ。

① 製品・サービスなどの価値、すなわち製造・提供コスト当たりの機能・性能・満足度などを最大にしようという体系的手法を　(1)　という。

② 設備に劣化傾向を設備診断技術などによって管理し、故障に至る前の最適な時期に最善の対策を行うことを　(2)　保全という。

③ 資材管理では、資材計画（材料計画）、購買管理、外注管理、　(3)　管理、倉庫管理、包装管理及び物流管理を行う必要がある。

④ 物流・量管理では、ライフサイクルコスト、　(4)　、安全リスクを考慮する必要がある。

⑤ 倉庫管理で重要なことは、製品特性に影響を与えない、取扱い方法の確立、温湿度管理、　(5)　などの仕組みが必要である。

> 【選択肢】
> ア．納期　イ．在庫　ウ．環境負荷　エ．VE　オ．IE　カ．予防
> キ．予知　ク．自動化　ケ．先出し先入れ　コ．顧客価値

問1 (1) ○   (2) ×   (3) ×   (4) ○   (5) ×

(1) 法令・規制要求事項と顧客との契約事項を順守することは、品質管理活動の基本中の基本である。

(2) ISO26000 である。

(3) 顧客価値創造技術は、商品企画の段階で活用するものである。

(4) IE は、経営資源を活用し、工程設計を行うことができる。

(5) 設問は改良保全のことである。

問2 (1) エ   (2) キ   (3) イ   (4) ウ   (5) ケ

(1) 価値は、価値（Value）＝機能（Function）／コスト（Cost）で表せる。

(2) 部品の劣化傾向を分析することで、故障の前に対応を取ることができる。

(3) 原材料の在庫管理を行わなければ、欠品などが発生し、納期へ影響を及ぼすことになる。

(4) 物流・量管理では、輸送における地球環境も考慮する必要がある。

(5) 製品特性の劣化を考慮して、先に購入した製品を先に払い出すのが基本である。

正解
10

データの取り方・まとめ方

プロセスの結果であるデータを分析するためのサンプリングについて学びます。サンプリングの種類、その違いについて学習します。

サンプリングの種類

サンプリング

母集団の情報を得るためには母集団からサンプルを抜き取り、統計的な判断を下す必要があります。このため、サンプルは、**あるロットの状態を正しく判断するために、そのロットからランダムに抜き取ります**。抜き取ったサンプルは、トレーサビリティのためにサンプルマークなどの方法で識別を行います。

このロットは母集団であり、この母集団からサンプルをランダムに抜き取って測定し、そこから得られた情報から母集団を推定してロットの合否を判定します。このため、**ランダムサンプリング**を行います。

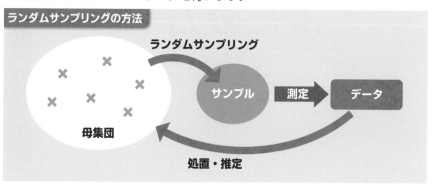

ランダムサンプリングの方法

ランダムサンプリング

母集団 → サンプル → 測定 → データ

処置・推定

ランダムサンプリングを行うときは、乱数表（JIS Z 9031）や乱数サイを使用します。

例えば、1日生産した部品箱からランダムに抜き取る方法や製品に番号を付けてランダムにサンプルの番号を決めてサンプリングします。

JIS Z 9031の乱数表の使い方は次のようにします（十進法の場合）。

手順❶：出発点をランダムに決める

乱数表の任意のページの上に当たった点に一番近い数字を起点として連続3個の数字を読み、その数字を250で割った余りに1を加えた数を行の番号とします。次にもう一度鉛筆を落として当たった点に一番近い数字を起点として、連続2個の数値を読み、その数字を20で割った余りを列の番号とします。

乱数表は 1 ～ 10 で、250 行で 20 列あります。

〈例〉　付表の任意のページを開けたら乱数表 2 となり、落とした鉛筆の位置が中間に落ちたのでやり直したところ、一番近い数字が 3 となり、それを起点とした連続 3 個の数字は 370 であった。これを 250 で割り、余りに 1 を加えると 121 になるので 121 行をとる。次にもう一度鉛筆を落としたら 9 に当たった。それを起点とした連続 2 個の数字は 99 になった。これを 20 で割ると余りは 19 となるので、19 列をとる。したがって乱数表 5 の第 121 行 19 列の数値 39 の左端 3 を乱数表の出発点とする。

乱数表 5（一部のみ）

120	98	74	89	91	67	・・・・・・・・・・・・・・・	32	31	90
121	24	57	07	14	13	・・・・・・・・・・・・・・・	10	③9	13
122	77	96	47	57	68	・・・・・・・・・・・・・	69	68	64
123	22	88	51	76	41	・・・・・・・・・・・・・	14	47	02
124	・	・	・	・	・	・・・・・・・・・・・・・・・	03	55	67
125	・	・	・	・	・	・・・・・・・・・・・・・・・	89	65	35
126	・	・	・	・	・	・・・・・・・・・・・・・・・	84	13	57

手順❷：乱数列を読み取る

十進 1 けたの乱数列又は 2 けたの乱数列が必要な場合は右へ進む。右端に達したら次の行の左端に移る。

十進 3 けた以上の乱数列が必要な場合は下に進む。下端に達したら同じページの中で次に移る。ページの右下に達したら次のページの左上に移る。

最後のページの場合には、最初のページに移る。

〈例〉　2 桁の乱数列を取りたい場合には、手順 1 の例の場合には、第 121 行 19 列の左端から出発すると、39、13、77、96、47、57、68・・・と進む。

〈例〉　3 桁の乱数列を取りたい場合には、手順 1 の例の場合には、第 121 行 19 列の左端から出発すると、364、561・・・と進む。

サンプリングにはランダムサンプリングのほか、次の種類があります。

層別サンプリング	母集団を層別し、各層から一つ以上のサンプリング単位をランダムに取る
系統サンプリング	母集団中のサンプリング単位が、生産順のような何らかの順序で並んでいるとき、一定の間隔でサンプリング単位を取る
集落サンプリング	母集団をいくつかの集落に分割し、全集落からいくつかの集落をランダムに選び、選んだ集落に含まれるサンプリング単位をすべて取る

二段サンプリング	二段階に分けてサンプリングする。第一段階は、母集団をいくつかの一次サンプリング単位に分け、その中からいくつかをランダムに一次サンプルとしてサンプリングする。第二段階は、取られた一次サンプルをいくつかの二次サンプリング単位に分け、この中からいくつかをランダムに二次サンプルとする。なお、三段階以上に分けてサンプリングすることを**多段サンプリング**という

サンプリングの種類

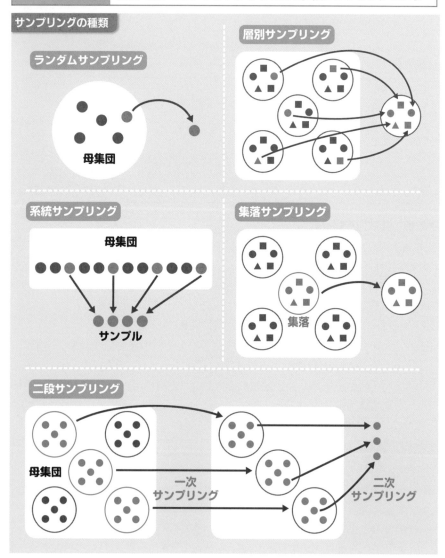

データの取り方・まとめ方

理解度check ☑

問1 データの取り方・まとめ方に関する次の説明文において、正しいものには
○を、正しくないものには×を示せ。

① サンプルを抜き取る際には、抜き取りが簡単にできるように製造順に抜き取ること
が効率的である。 (1)

② 母集団からランダムにサンプルを抜き取る方法の一つとして、JIS Z 9031 がある。
(2)

③ 母集団を層別し、各層から一つ以上のサンプリング単位をランダムに取るサンプリ
ングを層別サンプリングという。 (3)

④ JIS Z 9031 の乱数表は 200 行、20 列である。 (4)

⑤ 20 個入りの製品が 100 箱あった場合に、100 箱からランダムに 5 箱抜いて、そ
れぞれの箱から 4 個を抜き取る方法を 2 段サンプリングという。 (5)

問2 データの取り方・まとめ方に関する次の文章において、◯◯内に入る最
も適切なものを選択肢からひとつ選べ。

① JIS Z 9031 の乱数表で落とした鉛筆の位置が 5 となり、それを起点とした連続 3
個の数字は 520 であった。この結果から (1) 行が導き出せる。

② JIS Z 9031 の乱数表で落とした鉛筆の位置が 4 となり、それを起点とした連続 2
個の数字は 45 であった。この結果から (2) 列が導き出せる。

③ 母集団中のサンプリング単位が、生産順のような何らかの順序で並んでいるとき、
一定の間隔でサンプリング単位を取るサンプリングを (3) サンプリングという。

④ 住んでいる地域ごとに母集団を分割したい場合には、 (4) サンプリングを行
う。

⑤ 母集団からサンプルをサンプリングし、データを得るのは母集団に対する
(5) を行うためである。

【選択肢】
ア．5　イ．20　ウ．21　エ．121　オ．系列　カ．系統　キ．集落
ク．二段　ケ．処置・推定　コ．改善

データの取り方・まとめ方

問1 **(1)** ×   **(2)** ○   **(3)** ○   **(4)** ×   **(5)** ○

(1)　データを取る目的は母集団の情報を入手することなので、ランダムにとることが基本である。

(2)　JIS Z 9031 は、乱数発生及びランダム化の手順を規定したものであり、乱数表が付表に添付されている。

(3)　母集団を幾つかの層に分け、その分けた層からサンプリングする方法である。

(4)　250 行、20 列である。

(5)　二段サンプリングは、二段階に分けてサンプリングを行う。

問2 **(1)** ウ   **(2)** ア   **(3)** カ   **(4)** キ   **(5)** ケ

(1)　520 ／ 250 ＝ 2 余り 20、20 ＋ 1 ＝ 21

(2)　45 ／ 20 ＝ 2 余り 5

(3)　系統的なつながりがある。

(4)　母集団の分割を行うので集落サンプリングを行う。

(5)　母集団の情報を得るためには母集団からサンプルを抜き取り、統計的な判断を下すことで母集団への処置・推定を行う。

正解
10

新 QC 七つ道具

言語データを解析するための新 QC 七つ道具のうち、親和図法、連関図法、系統図法、マトリックス図法の4つについての考え方を学びます。

重要度 ★★

新QC七つ道具

親和図法

　親和図は、混沌とした問題について、**事実、意見、発想を言語データで捉え、**それらの相互の親和性によって統合して、解決すべき問題を明確に表した図です。**親和図法**を用いることで、問題が錯綜していて、いかに取り組むかについて混乱している場合に、多数の事実及び発想などの項目間の類似性が整理され、あるべき姿及び問題の構造を明らかにできます。個々の発想又は項目の類似したものを統合し、最もよく要約又は統合した共通の表題の下にまとめることで、多数の項目を少数の関連グループに整理することができます。作成手順は次の通りです。

①課題を設定する
②原始情報を収集する
③原始情報を吟味して言語データ化する
④類似した2つの言語データを新たな言語データにつくりかえる
⑤類似性のない言語データはそのままにしておく
⑥さらに④⑤の手順を類似の言語データがなくなるまで繰りかえす
⑦言語データをつくり変えた過程を図で表す
⑧相互の関係を矢印で結ぶ
⑨必要事項を記入する（目的、作成日、作成場所、作成者など）

　「電話マナー」に関する現状把握の親和図の例を次に示します。

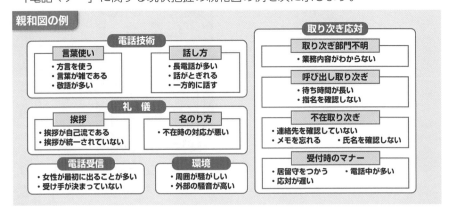

連関図法

連関図法は、「原因−結果」や「目的−手段」などが複雑に絡み合っている場合に、**図を用いてこれらの相互の関係を明らかにすること**で、原因を探索し、目的を達成するための手段を展開する手法です。問題の姿を明らかにする、原因を究明する、解決策を見出す場合に使用します。作成手順は次の通りです。

①問題を設定し、用紙の中央に記載する
②問題の1次原因を設定し、問題の周辺に配置する
③2次原因、3次原因と順次原因を掘り下げて、因果関係を矢印で結ぶ
④因果関係を確認し、原因を追加、修正する
⑤主要原因を絞り込み、色付けなどにより識別する
⑥連関図より読み取った結論を記載する
⑦必要事項を記入する（目的、作成日、作成場所、作成者など）

「なぜ時間外に仕事をするのか」に関する連関図の例を次に示します。

連関図の例

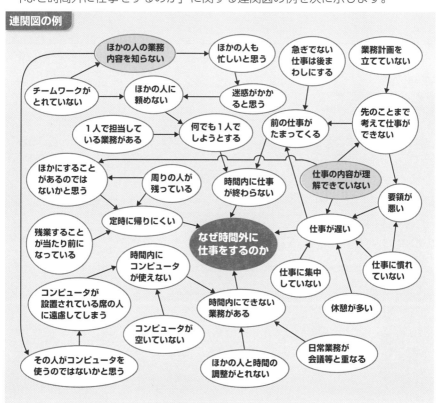

系統図法

　系統図は、**目的を設定し、この目的に到達する手段を系統的に展開した図**です。問題に影響している**要因**間の関係を整理し、目的を果たす最適手段を系統的に追求するために使用します。後述のマトリックス図と組み合わせて、問題解決の手段のウェート付けに使うこともあります。

　系統図の種類には、**方策展開型**（目的と手段の関係を多段に展開し、有効な方策を得る方法）と**構成要素展開型**（対象を構成している要素を「目的−手段」の関係で樹形図に展開する方法に、機能系統図、品質系統図、特性要因系統図がある）があります。作成手順は次の通りです。

---

①問題を設定して、用紙の左端中央に書く
②問題を解決するための第1次手段をその右に列挙する
③第1次手段を第2次目的として、第2次手段をその右に列挙する
④以下多段階に展開し、具体的な実行可能手段を得るまで実施する
⑤上位目的と手段との関係を見直し、その関係及び抜け落ちの有無を確認する
⑥必要事項を記入する（目的、作成日、作成場所、作成者など）

　「リーダーシップを発揮するには」に関する方策展開型系統図の例を次に示します。

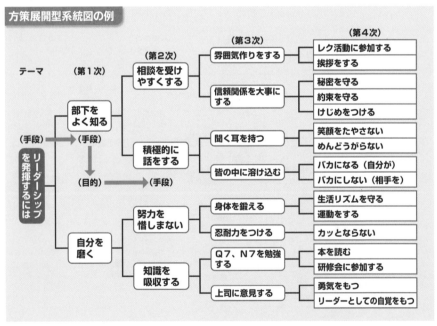

方策展開型系統図の例

マトリックス図法

マトリックス図は、**行に属する要素と列に属する要素によって二元的配置にした図**であり、多元的思考によって問題点を明確にしていくために使用します。特に二元的配置の中から、問題の所在又は形態を探索して、二元的関係の中から問題解決への着想を得たりします。また、要因と結果、要因と他の要因など、複数の要素間の関係を整理するために使用します。

マトリックス図法には、次に示す **L 型**、**T 型**、**Y 型**、**X 型** があります。

L 型 は、A の要素と B の要素の関係を表したものです。

T 型 は、共通項（a_1、a_2・・）をもつ 2 つの L 型マトリックスを組み合わせたものです。

Y 型 は、A の要素と B の要素、B の要素と C の要素、C の要素と A の要素の 3 つの L 型マトリックスを組み合わせたものです。

X 型 は、A の要素と B の要素、B の要素と C の要素、C の要素と D の要素、D の要素と A の要素の 4 つの L 型マトリックスを組み合わせたものです。

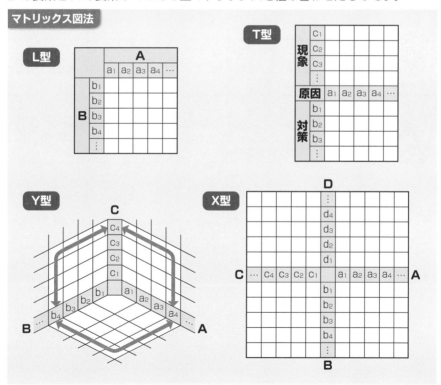

マトリックス図法

作成手順は次の通りです。

①課題を設定する
②検討すべき事象を決めて、行・列に配置する要素を決める
③マトリックスの型を選ぶ
④各軸に配置する要素を決め、各要素を分解して記入する
⑤各要素項目間の関連の有無・度合いを交点に表示する
⑥着眼点を得る
⑦得られた着眼点から結論を得る
⑧必要事項を記入する（目的、作成日、作成場所、作成者など）

「家庭用ポリバケツ」のマトリックス図の例を次に示します。

要求品質	代用特性	外観		性質		
1次	2次	色調	形状	重さ	材質	耐熱性
使いやすい	持ち運びしやすい		○	◎		
	水を入れやすい		○			
	雑巾がすすぎやすい		○			
	水を花に注ぎやすい		○			
デザインがよい	女性に好まれる形	○	◎			
	色合いが現代的	○			△	
丈夫である	お湯で変形しない				○	◎
	蹴っても壊れない		△		○	

15 日目

新 QC 七つ道具

理解度check ☑

問1 新 QC 七つ道具に関する次の文章において、正しいものには○を、正しくないものには×を示せ。

① 混沌とした問題について、事実、意見などの言語データを、それらの相互の親和性によって統合して解決すべき問題を明確に表したものは連関図法である。 (1)

② 系統図には、対象を構成している要素を目的－手段の関係で樹形図に展開する方法として方策展開型がある。 (2)

③ QC サークル活動で原因に対する対策とその効果の関係を明確にするには、T 型マトリックスを用いることができる。 (3)

④ A の要素、B の要素及び C の要素についてそれぞれの関係を示すには、Y 型マトリックスを用いる。 (4)

⑤ 改善活動を活性化するための方策を見出すには系統図を活用する。 (5)

問2 新 QC 七つ道具に関する次の文章において、⎾　⏌内に入る最も適切なものを選択肢からひとつ選べ。

① 親和図法では、個々の発想又は項目の類似したものを ⎾ (1) ⏌ する必要がある。

② 連関図法では、問題の 1 次原因を設定し、⎾ (2) ⏌ の周辺に配置する。

③ 連関図法の矢印は、2 次原因と 3 次原因を結ぶ場合には、矢印は ⎾ (3) ⏌ 原因から ⎾ (4) ⏌ 原因に向かうように記述する。

④ T 型マトリックスは、共通項（a_1、a_2・・）をもつ 2 つの ⎾ (5) ⏌ 型マトリックスを組み合わせたものである。

【選択肢】
ア．分離　イ．問題　ウ．2 次　エ．3 次　オ．原因　カ．L　キ．統合
ク．Y

問1 (1) ×   (2) ×   (3) ×   (4) ○   (5) ○

(1) 設問は親和図法である。

(2) 設問は構成要素展開型のことである。

(3) この場合にはL型マトリックスを用いる。

(4) Y型は、Aの要素とBの要素、Bの要素とCの要素、Cの要素とAの要素の3つのL型マトリックスを組み合わせたものである。

(5) 系統図は、目的を設定し、この目的に到達する手段を系統的に展開する。

問2 (1) キ   (2) イ   (3) エ   (4) ウ   (5) カ

(1) 類似性のある項目を集め、それを統合するとどのような用語になるかを明確にする。

(2) 中心に問題を置いて、その周りに1次原因を置く。

(3)・(4) 原因系から結果系に向かうように矢印を記す。特性要因図と同じ考え方である。

(5) T型マトリックスは、Aの要素とBの要素との関係、Aの要素とCの要素との関係を明確にし、これを組み合わせたものである。

正解
10

統計的方法の
基礎①

統計的方法の基礎である正規分布と二項分布について学びます。それぞれの考え方を理解し、確率の計算ができるようにしましょう。

正規分布

正規分布

　管理された工程で生産される製品の品質特性として、計量的なデータを数多く取り、ヒストグラムを作成し、階級の幅を徐々に狭めていけば、通常滑らかな**度数分布**が得られます。この分布は**連続分布**と呼ばれ、その代表的な分布として**正規分布**があります。

　正規分布の**確率密度関数**は、次式になります。

$$f(x) = \frac{1}{\sqrt{2\pi}\sigma} e^{-\frac{(x-\mu)^2}{2\sigma^2}} \quad (-\infty < x < \infty)$$

　母集団の分布が矩形分布や三角分布など正規分布から外れるものでも、これらの分布から採られた n 個の資料についての平均値の分布は、n が 4 以上の場合には正規分布とみなしても実用上問題ありません。

　正規分布の性質は、その分布の平均 μ と標準偏差 σ で決まるため、$N(\mu、\sigma^2)$ で表せます。この μ や σ のように、その値を指定すれば母集団の分布が確定するような数値を**母数**といいます。正規分布の形状は、下図のように、母平均 μ を中心として左右対称になった釣鐘型形状をしており、その関数 $f(x)$ のグラフの**変曲点**までの距離がちょうど母標準偏差 σ となっています。

正規分布

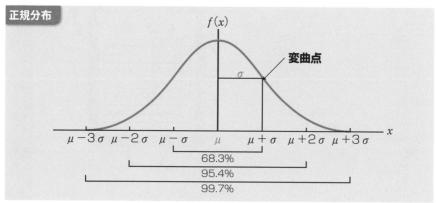

正規分布の確率

正規分布では、前図に示すように μ を中心に $\pm 1\sigma$ の範囲内に 68.3%、$\pm 2\sigma$ の範囲内に 95.4%、$\pm 3\sigma$ の範囲内に 99.7% が入ります。この確率は正規分布表を用いて求めることができます。

正規分布の確率を計算するには、まず得られたデータを**標準化**（規準化）して標準正規分布 $N\,(0、1^2)$ とした上で計算します。標準化とは、**母平均を引いて、母標準偏差で割る**ことによって、平均（$\mu = 0$）、標準偏差（$\sigma = 1$）となるように変換することです。

正規分布表は、K_P が与えられたとき、u が K_P 以上となる確率（P）を与えています。

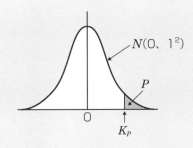

したがって、次式で計算できます。

$$u = (x_0 - \mu)\;/\;\sigma = (x_0 - \bar{x})\;/\;s$$

それでは $N\,(30、5^2)$ で 40 以上の場合の確率はいくらになるでしょうか。
標準化すると次のようになります。

$$u = (x_0 - \bar{x})\;/\;s = (40 - 30)\;/\;5 = 2.0$$

正規分布表（別冊 P.20）の $K_P = 2.0$ の数値をみると、0.0228 の数値があります。

K_P	*=0	1	2	3	4	5	6	7	8	9
0.0*	.5000	.4960								
·										
·										
·										
2.0*	.0228	.0222								

したがって、確率は 2.28% です。

【例1】 平均 $\mu = 20$、標準偏差 $\sigma = 7$ の正規分布で、x の値が 34 より大きくなる確率はいくらになるか。

$$k = \frac{34 - \mu}{\sigma} = \frac{34 - 20}{7} = 2.00$$

$$k = 2.00 \rightarrow P = 0.0228 = 2.28\%$$

0.0228

20 = μ
34 = $\mu + 2\sigma$

【例2】 平均 $\mu = 10$、標準偏差 $\sigma = 0.5$ の正規分布で、$x \leqq 9.04$ となる確率はいくらになるか。

$$k = \frac{9.04 - \mu}{\sigma} = \frac{9.04 - 10}{0.5} = -1.92$$

$$|k| = 1.92 \rightarrow P = 0.0274 = 2.74\%$$

0.0274

9.04 = $\mu - 1.92\sigma$
10 = μ

【例3】 平均 $\mu = 10$、標準偏差 $\sigma = 0.5$ の正規分布で、$9.05 \leqq x \leqq 11.01$ となる確率はいくらになるか。

$$k = \frac{11.01 - \mu}{\sigma} = \frac{11.01 - 10}{0.5} = 2.02$$

$$k = 2.02 \rightarrow P = 0.0217$$

$$k = \frac{9.05 - \mu}{\sigma} = \frac{9.05 - 10}{0.5} = -1.90$$

$$|k| = 1.90 \rightarrow P = 0.0287$$

$$P = 1 - 0.0217 - 0.0287$$
$$\quad = 0.9496 = 94.96\%$$

1 − 0.0217 − 0.0287

0.0287

0.0217

9.05 = $\mu - 1.90\sigma$
10 = μ
11.01 = $\mu + 2.02\sigma$

二項分布

二項分布

二項分布とは、1回の試行である事象の実現する確率が P であるとき、試行を独立に n 回繰り返し、この事象が x 回実現する確率が（1）の式で表せる分布のことです。したがって、不適合品を全体の P だけ含む母集団から、大きさ n のサンプルを抜き取ったときのサンプル中に含まれる不適合品の分布は、二項分布 $B(n、P)$ に従います。P は**母不良率**です。

$$P(x) = {}_nC_xP^x(1-P)^{n-x} \quad \cdots\cdots (1)$$

$$P(x) = \frac{n!}{x!(n-x)!} P^x(1-P)^{n-x}$$

なお、$nP \geqq 5$ かつ $n(1-P) \geqq 5$ ならば $\mu = nP$、$\sigma = \sqrt{nP(1-P)}$ の正規分布に従います。

いろいろな二項分布

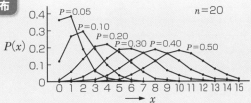

【例4】コインを1回投げて表の出る確率を $P = 0.5$ とする。コインを5回投げて4回以上表が出る確率はいくらになるか。

4回出る確率は次の通りです。

$$P(x) = \frac{n!}{x!(n-x)!} P^x(1-P)^{n-x}$$

$$= \{5 \times 4 \times 3 \times 2 \times 1 / 4 \times 3 \times 2 \times 1(5-4)\} \times 0.5^4(1-0.5)^{(5-4)}$$

$$= 5 \times (0.5)^5 = 0.156$$

5回出る確率を同様に計算すると、

$$(0.5)^5 = 0.031$$

よって、4回以上表が出る確率は

$$0.156 + 0.031 = 0.187 \quad となります。$$

重要度 ★★★

期待値と分散の加法性

期待値と分散

　母集団における**確率変数**（x）の平均がどの程度になるのかを、x の平均の**期待値**といい、$E(x)$ で表します。同じく確率変数（x）の**分散**についても x の分散といい、$V(x)$ で表します。2つ以上の部品の組立工程で、製品の平均や分散を管理する際には、複数の特性値の和や差の平均やばらつきが問題になります。取り上げる部品がともに1つずつで、部品同士が独立の場合には、期待値と分散は次の式で計算できます。なお、x と y は確率変数です。

$$E(x + y) = E(x) + E(y)$$
$$E(x - y) = E(x) - E(y)$$
$$V(x + y) = V(x) + V(y)$$
$$V(x - y) = V(x) + V(y)$$

　部品同士が独立でない場合には、次の式で計算できます。

$$E(ax + b) = aE(x) + b$$
$$E(ax + by) = aE(x) + bE(y)$$
$$V(ax + b) = a^2 V(x)$$
$$V(ax + by) = a^2 V(x) + 2abC(x、y) + b^2 V(y)$$

　$C(x、y)$ は**共分散**といい、独立の場合は $C(x、y) = 0$ ですので、

　$V(ax + by) = a^2 V(x) + b^2 V(y)$　で計算します。

【例5】特性値が和の場合で、部品 A と部品 B を組み立てる工程があり、A は N $(10、2^2)$、B は $N(20、4^2)$ の正規分布に従っている。この2つの部品を組み立てた場合の期待値と分散はいくらか。

$$E(x + y) = E(x) + E(y) = 10 + 20 = 30$$
$$V(x + y) = V(x) + V(y) = 2^2 + 4^2 = 20$$

問1 統計的方法の基礎に関する次の文章において、正しいものには○を、正しくないものには×を示せ。

① 正規分布は、平均値を中心に左右対称の釣鐘状の形をした分布である。 [(1)]

② 正規分布では、±3σ の範囲内に 99.4% が入る。 [(2)]

③ 正規分布の性質は、その分布の平均 μ と標準偏差 σ で決まるため、$N(\mu、\sigma)$ で表せる。 [(3)]

④ 不適合品を全体の P だけ含む母集団から大きさ n のサンプルを抜き取ったときのサンプル中に含まれる不適合品の分布は二項分布 $B(n、P)$ に従う。 [(4)]

⑤ 二項分布は、$nP \geq 10$ ならば $\mu = nP$、$\sigma = \sqrt{nP(1-P)}$ の正規分布に従う。 [(5)]

問2 統計的方法の基礎に関する次の文章において、[ ] 内に入る最も適切なものを選択肢からひとつ選べ。

① 正規分布の性質は、その分布の [(1)] と標準偏差で決まる。

② $N(50、10^2)$ に従うとき、x が 50 以下の値をとる確率は [(2)] %である。また、x が 80 以上または 20 以下の値をとる確率は [(3)] %である。

③ x_1 が $N(\mu_1、\sigma_1{}^2)$、x_2 が $N(\mu_2、\sigma_2{}^2)$ に従うとき、互いに独立であるとすると、$x_1 - x_2$ は、正規分布 $N([(4)]、[(5)])$ に従う。

【選択肢】
ア．ばらつき　イ．平均　ウ．0.26　エ．0.13　オ．30　カ．50
キ．$\mu_1 - \mu_2$　ク．$\sigma_1{}^2 - \sigma_2{}^2$　ケ．$\sigma_1{}^2 + \sigma_2{}^2$

問1 **(1)** ○　　**(2)** ×　　**(3)** ×　　**(4)** ○　　**(5)** ×

(1) ヒストグラムを作成し、データの数を多くするにともなって、階級の幅を徐々に狭めていけば、相対度数分布の極限として通常滑らかな度数分布が得られる。

(2) 99.7％である。

(3) $N(\mu、\sigma^2)$ である。

(4) 二項分布は、$P(x) = {}_nC_x P^x (1 - P)^{n-x}$ で定義される確率分布である。

(5) $nP \geq 5$ かつ $n(1 - P) \geq 5$ である。

問2 **(1)** イ　　**(2)** カ　　**(3)** ウ　　**(4)** キ　　**(5)** ケ

(1) 正規分布は $N(\mu、\sigma^2)$ で表せる。μ は平均である。

(2) 正規分布なので平均値から左半分は50％である。

(3) $k = (80 - 50) / 10 = 3.0 \Rightarrow 0.0013 = 0.13\%$　$k = (20 - 50) / 10 = -3.0$ $\Rightarrow 0.13\%$　$0.13 + 0.13 = 0.26$

(4) $E(x_1 - x_2) = E(x_1) - E(x_2) = \mu_1 - \mu_2$

(5) $V(x_1 - x_2) = V(x_1) + V(x_2) = \sigma_1{}^2 + \sigma_2{}^2$

正解
10

統計的方法の基礎②

統計的方法の基礎であるポアソン分布、統計量の分布
（χ^2分布、t分布、F分布）の考え方と確率計算を学び
ます。確率分布や確率変数の性質や用語についても理解
しておきましょう。

ポアソン分布

17日目
30

統計的方法の
基礎②

ポアソン分布

ポアソン分布は、製品中に発見される不適合数、例えばガラス瓶の気泡の数、機械の故障回数などの分布です。平均として m なる不適合数をもつ母集団から x 個なる不適合が発生する確率は、次式のポアソン分布に従います。

$$P(x) = m^x e^{-m} / x!$$

m が小さいときは、二項分布と同様に右にスソを引く歪んだ分布になります。**$m \geqq 5$ ならば、$\mu = m$、$\sigma = \sqrt{m}$ の正規分布**に従います。

ポアソン分布は、二項分布において n を大きく P を小さな値として nP が m となる場合と考えることができます。したがって、二項分布で $P \leqq 0.10$ ならば x の分布は近似的に $m = nP$ となるポアソン分布として取り扱えます。

ポアソン分布では、**何を 1 単位とするか**（布 $1m^2$ 当たりなど）**を決めることが大切**です。ポアソン分布は、極めて確率の小さい事象が、多数回の試行の結果から生じてくるものと考えることができるので、稀現象の確率分布ともいわれます。

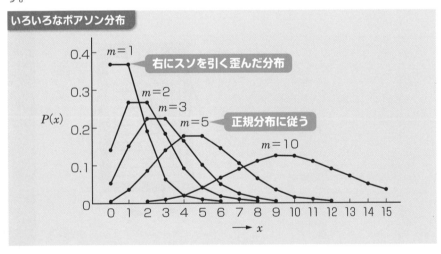

いろいろなポアソン分布

重要度　★★★

統計量の分布

統計量の分布

　個々のデータは正規分布 $N(\mu, \sigma^2)$ に従ってばらついています。この集団から n 個のデータをサンプリングして求めた平均 $\bar{x}$ の分布は、$N(\mu, \sigma^2/n)$ になることが知られています。これは、**分散の加法性**を使って導き出せます。このことは、サンプルサイズ n が増加するとき、$\bar{x}$ の分布の中心位置は変化しませんがばらつきが小さくなります。つまり、この結果を標準化した次式が標準正規分布 $N(0, 1^2)$ に従うことを意味しています。

$$u = \frac{\bar{x} - \mu}{\sqrt{\dfrac{\sigma^2}{n}}}$$

　下図は、x の分布と $\bar{x}$ の分布を示しています。$\bar{x}$ の分布の標準偏差が $\dfrac{\sigma}{\sqrt{n}}$ になっていることに注意してください。

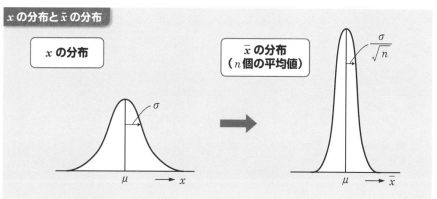

x の分布と $\bar{x}$ の分布

x の分布

$\bar{x}$ の分布
（n 個の平均値）

σ

$\dfrac{\sigma}{\sqrt{n}}$

$\mu \longrightarrow x$

$\mu \longrightarrow \bar{x}$

（1）χ^2 分布（カイ 2 乗分布）

　平方和 S を母分散 σ^2 で割ったものである S/σ^2 は、**自由度 $n-1$ の χ^2 分布に従います**。これはもとの母集団分布として仮定している正規分布の母平均や母分散がどのようなものであっても、S/σ^2 **の分布は同じものになる**ことを示して

います。この分布は、分散の検定で用いられ、確率分布が χ^2 分布表として与えられています。

(2) t 分布

n 個のデータ、x_1、…、x_n が独立に $N(\mu, \sigma^2)$ に従うとき、$t = (\bar{x} - \mu) \bigg/ \sqrt{\dfrac{\sigma^2}{n}}$ に従う分布のことを、自由度 ϕ $(n-1)$ の **t 分布**といいます。

t 分布は、0 を中心とした左右対称の分布で**自由度**によって形が変わり、自由度 ϕ $(n-1)$ が∞のときは正規分布に一致します。

この t 分布は、平均値に関する検定や推定で用いられます。

(3) F 分布

F 分布は 2 つの χ^2 分布に従う確率変数をそれぞれの自由度で割ったものの比を示すので、2 つの自由度があります。この分布も F 分布表が与えられ、分散の比較で用いられます。

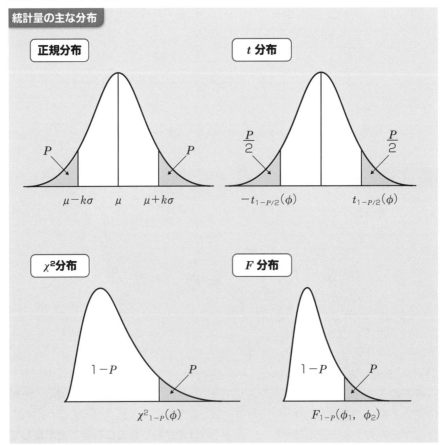

統計量の主な分布

正規分布

t 分布

χ^2分布

F 分布

期待値と分散

期待値

確率変数の**期待値**とは、確率変数の平均値と解釈するとよいです。

n 個のデータ、x_1、x_2、…、x_n の平均値は、

$$\bar{x} = \frac{1}{n} \sum_{i=1}^{n} x_i$$

です。n 個のデータに同じ値のものがあり、x_1 が c_1 個、x_2 が c_2 個、…、x_n が c_n 個となっている場合の平均値は、

$$\bar{x} = \frac{1}{n} \sum_{i=1}^{n} x_i c_i = \sum_{i=1}^{n} x_i (c_i / n)$$

で表せます。右式の c_i / n は、x_i の相対度数を表しています。

大きさ n の母集団が、x_1 が c_1 個、x_2 が c_2 個、…、x_n が c_n 個と構成されていて、そこからのランダムサンプルを x とすれば、$x = x_1$ となる確率は $f_1 = c_1 / n$……、$x = x_n$ となる確率は

$$f_n = c_n / n$$

となります。この場合、確率変数 X の平均値は $\Sigma \boldsymbol{x_i f_i}$ となります。

そこで、離散的な確率変数 X の期待値を

$$E(X) = \sum_{i=1} x_i f_i$$

と定義します。期待値は確率変数の分布の平均、すなわち分布の中心の位置を示しています。期待値は確率変数ではなく、一定の値をもつ定数です。確率分布の平均（ X の期待値）を**母平均**と呼び、母平均を μ の記号で表すことも多いです。

X の関数 $g(X)$ の期待値も、$g(x_i)$ となる確率が f_i であるので、同様に

$$E\{g(X)\} = \sum_{i=1} g(x_i) f_i$$

と定義されます。なお、期待値には次のような性質があります。

x、y を確率変数、a、b を定数とするとき、次の式が成り立ちます。

$$E(ax + b) = aE(x) + b$$
$$E(ax + by) = aE(x) + bE(y)$$

分散

確率分布で中心の位置に次いで重要な情報には、**ばらつき**があります。ばらつきは期待値 μ からの偏差 $(x - \mu)$ について調べればよく、$(x - \mu)$ の期待値は $E(x - \mu) = 0$ になるので、$(x - \mu)^2$ が用いられます。この $E\{(x - \mu)^2\}$ を x **の分散**といい、$V(x)$ で表します。

$$V(x) = E\{(x - \mu)^2\} = E(x^2) - \mu^2$$

となります。

また、分散の性質として $V(ax + b) = a^2 V(x)$ があり、標準偏差 $D(x)$ は次のようになります。

$$D(x) = \sqrt{V(x)} = \sqrt{E\{(x - \mu)\}^2}$$

次に示す分布の期待値と標準偏差は、以下のようになります。

①平均値 $\bar{x}$ の分布

期待値　　$E(\bar{x}) = \mu$

標準偏差　$D(\bar{x}) = \sigma / \sqrt{n}$

②メジアン Me の分布

期待値　　$E(\mathrm{Me}) = \mu$

標準偏差　$D(\mathrm{Me}) = m_3 \sigma / \sqrt{n}$

m_3 は試料の大きさや分布の形によって決まります。

③平方和 S の分布

期待値　　$E(S) = (n - 1) \sigma^2$

標準偏差　$D(S) = \sqrt{2(n - 1)} \sigma^2$

④分散 s^2 の分布

期待値　　$E(s^2) = \sigma^2$

標準偏差　$D(s^2) = \sqrt{2 / (n - 1)} \sigma^2$

⑤標準偏差 s の分布

期待値　　$E(s) = c_4 \sigma$

標準偏差　$D(s) = c_5 \sigma$

⑥範囲 R の分布

n	c_4	c_5	d_2	d_3	m_3
2	0.798	0.603	1.128	0.853	1.000
3	0.886	0.463	1.693	0.888	1.160
4	0.921	0.389	2.059	0.880	1.092
5	0.940	0.341	2.326	0.864	1.197
6	0.952	0.308	2.534	0.848	1.135
7	0.959	0.282	2.704	0.833	1.214

期待値　　$E(R) = d_2\sigma$
標準偏差　$D(R) = d_3\sigma$

係数の値

　ここで、$N(50、2^2)$ からなる母集団から抜き取った $n = 4$ 個のデータから求めた統計量平均値 $\bar{x}$、メジアン Me、平方和 S、分散 s^2、標準偏差 s、範囲 R の期待値と標準偏差を求めてみます。

①平均値 $\bar{x}$ の分布

期待値　　$E(\bar{x}) = \mu = 50$
標準偏差　$D(\bar{x}) = \sigma / \sqrt{n} = 2 / \sqrt{4} = 1.0$

②メジアン Me の分布

期待値　　$E(\text{Me}) = \mu = 50$
標準偏差　$D(\text{Me}) = m_3\sigma / \sqrt{n} = 1.092 \times 2 / \sqrt{4} = 1.092$

③平方和 S の分布

期待値　　$E(S) = (n-1)\sigma^2 = (4-1) \times 2^2 = 12$
標準偏差　$D(S) = \sqrt{2(n-1)}\sigma^2 = \sqrt{2(4-1)}2^2 = 9.798$

④分散 s^2 の分布

期待値　　$E(s^2) = \sigma^2 = 2^2 = 4$
標準偏差　$D(s^2) = \sqrt{2/(n-1)}\sigma^2 = \sqrt{2/(4-1)}2^2 = 3.266$

⑤標準偏差 s の分布

期待値　　$E(s) = c_4\sigma = 0.921 \times 2 = 1.842$
標準偏差　$D(s) = c_5\sigma = 0.389 \times 2 = 0.778$

⑥範囲 R の分布

期待値　　$E(R) = d_2\sigma = 2.059 \times 2 = 4.118$
標準偏差　$D(R) = d_3\sigma = 0.880 \times 2 = 1.760$

重要度 ★★

大数の法則と
中心極限定理

大数の法則

　大数の法則とは、サンプルの大きさが大きくなればなるほど推定の精度が良くなることを示す定理です。

　x_1、x_2、$\cdots$、x_n が互いに独立に同一の分布に従い、$E(x_i) = \mu$、$V(x_i) = \sigma^2$ とします。このときのサンプルの大きさ n を大きくすれば、平均 $\bar{x}$ は母平均 μ に収束します。

中心極限定理

　中心極限定理は、母集団の分布が正規分布でなくても、サンプルの大きさが大きければ標本平均は正規分布に近似的に従うことを示しています。しかし、実際には、元の分布の形にもよりますが、サンプルの大きさが $n = 10 \sim 20$ 程度ならば正規分布と考えて良いといわれています。

　この定理は、任意の分布に従う確率変数の和が正規分布に近似できることです。すなわち、x_i は互いに独立に、同一の分布に従い、$E(x_i) = \mu$、$V(x_i) = \sigma^2$ とすると、$\Sigma x_i \sim N(n\mu、n\sigma^2)$ が成立します。これが中心極限定理です。

　これを平均に変形すると、$\bar{x} \sim N(\mu、\sigma^2 / n)$ になります。

　なお、中心極限定理は離散分布についても成立します。

統計的方法の基礎②

理解度check ☑

問1 統計的方法の基礎に関する次の文章において、正しいものには○を、正しくないものには×を示せ。

① ガラス瓶の気泡の数、機械の故障回数は二項分布である。

　　　(1)

② 正規分布 $N(\mu、\sigma^2)$ から n 個のデータをサンプリングして求めた平均の分布は、$N(\mu、\sigma^2/n)$ になる。

　　　(2)

③ 平方和 S を母分散 σ^2 で割ったものである S/σ^2 は自由度 n の χ^2 分布に従う。

　　　(3)

④ $x-\mu$ の期待値は、$V(x) = E\{(x-\mu)^2\} = E(x^2) + \mu^2$ になる。

　　　(4)

⑤ 平方和 S の分布で期待値は、$E(S) = (n-1)\sigma^2$ になる。

　　　(5)

問2 統計的方法の基礎に関する次の文章において、⬚内に入る最も適切なものを選択肢からひとつ選べ。

① 二項分布で ⬚(1)⬚ ならば x の分布は近似的に $m = nP$ となるポアソン分布として取り扱える。

② t 分布で自由度 ϕ $(n-1)$ が ⬚(2)⬚ の場合には、正規分布に一致する。

③ ⬚(3)⬚ 分布は 2 つの ⬚(4)⬚ 分布に従う確率変数をそれぞれの自由度で割ったものの比を示すので、2 つの自由度がある。

④ サンプルの大きさが大きくなればなるほど推定の精度が良くなることを示す定理を ⬚(5)⬚ という。

【選択肢】
ア. 0　イ. ∞　ウ. t　エ. χ^2　オ. F　カ. 大数の法則
キ. 中心極限定理　ク. $P \leqq 0.10$　ケ. $P \geqq 0.10$

解答解説 ☑

問1 (1) × (2) ○ (3) × (4) × (5) ○

(1) 不適合数の分布になるのでポアソン分布である。

(2) $\bar{x}$ の分布は、$N(\mu、\sigma^2 / n)$ である。

(3) 自由度は $n-1$ である。

(4) $E(x^2) - \mu^2$ になる。

(5) $E(S) = (n-1)\sigma^2$ である。

問2 (1) ク (2) イ (3) オ (4) エ (5) カ

(1) $P \leqq 0.10$ ならば x の分布は近似的に $m = nP$ となるポアソン分布として取り扱える。

(2) 自由度 $\phi(n-1)$ が ∞ のときは正規分布に一致する。

(3) F 分布は2つの χ^2 分布に従う確率変数をそれぞれ自由度で割ったものの比を示す。

(4) F 分布は2つの χ^2 分布の比を取る。

(5) $x_1、x_2、\cdots、x_n$ が互いに独立に同一の分布に従い、$E(x_i) = \mu$、$V(x_i) = \sigma^2$ としたときのサンプルの大きさ n を大きくすれば、平均 $\bar{x}$ は母平均 μ に収束する。

正解
10

計量値データに基づく検定・推定①

計量値データに基づく検定と推定のうち、1つの母分散に関する検定・推定及び1つの母平均に関する検定・推定についての考え方を学びます。手順に従って繰り返し学習しましょう。

検定・推定

検定

　日常業務の中には、K（勘）K（経験）D（度胸）によってデータに基づかない判断を得ることがありますが、それでは事実を正しく把握することはできません。そこで少ないデータに基づいて統計的手法を活用して、客観的に判断しようとする方法として**検定・推定**があります。

　検定とは、「データの分布の母平均は 20.0 である」、「工程変更後の品質特性の母平均は、変更前と一致している」というように、**母平均の分布に関する仮定（仮説）を統計的に検証する方法のこと**です。統計的な検定は**仮説検定**ともいわれ、データそのものを検証するのではなく、データに関する仮説を検証します。

　工程改善を行った結果について判断を出すときは、例えば、「改善後の製品重量の平均は、改善前のものと変わらない」と仮定した場合、この仮定を**帰無仮説**といい H_0 の記号で表します。これに対して、「改善後の製品重量の平均は、改善前のものとは変わった」と仮定した場合、この仮定を**対立仮説**といい、H_1 の記号で表します。

　そこで、「改善後の製品重量の平均は、改善前のものと変わらない」と仮定して、「改善後の製品重量の平均は、改善前のものとは変わった」と判断できる確率は、どの程度なのかを考えます。この判断基準に用いる確率を**有意水準**、**危険率**、**第1種の過誤**などといい、記号 α で表します。すなわち、有意水準は、**本当は帰無仮説が正しいのに正しくないと判断する確率**で、誤った判断をする危険率ということになります。このため、この α を**あわてものの誤り**ともいいます。

　逆に、**帰無仮説が正しくないときに正しいとしてしまう確率**を**第2種の過誤**といい、これを記号 β で表します。すなわち、β は対立仮説が正しいのにそれを見逃してしまう確率で、**ぼんやりものの誤り**ともいいます。α を小さくすれば β は大きくなり、β を小さくすると α が大きくなるという関係があります。一般に、α は 0.05 が用いられます。ただし、あわてものの誤りをおかすことによる損失が非常に大きい場合には、$\alpha = 0.01$ を採用する場合もあります。

　検定では、対立仮説が正しいときにそれを検出することができることが重要で

す。この確率は $1 - \beta$ となり、これを**検出力**といいます。仮説の正誤の判断と真実の関係を次の表に示します。

仮説の正誤の判断と真実の関係

真実 \ 判断	H_0 が正しい	H_1 が正しい
H_0 が真	$1 - \alpha$	α（あわてものの誤り）
H_1 が真	β（ぼんやりものの誤り）	$1 - \beta$（検出力）

次に、下の図に示す平均値の分布の帰無仮説の採択域及び棄却域（$\alpha = 0.05$）で考えてみます。

帰無仮説の採択域と棄却域

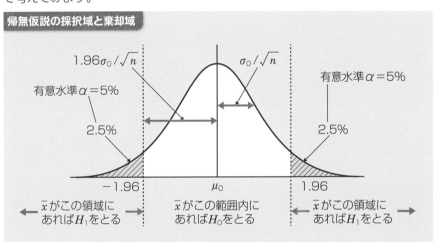

$N(\mu_0,\ \sigma_0^2)$ なる母集団と同じかどうかを判断するため、不明の母集団から取られた n 個の試料の平均値 $\bar{x}$ の値が斜線部分に落ちたとき、次の判断をします。

①この2組の母集団の平均値は同じであるが、試料として起こりにくいことがたまたま起きた。

②この2組の母集団の平均値は異なるため、斜線部分に $\bar{x}$ の値が落ちたとき μ_0 では起こりがたいことが起きた。

μ が 1.96 以上になれば「母平均は異なる」と判定しますが、本当は母平均が異なっていないにもかかわらず「異なる」と誤った判定をする場合には、このあわてて誤った判定をする確率は前表からもわかるように5%です。

検定には**両側検定**と**片側検定**があり、母分散が既知の場合、母平均の検定の棄却域を示します。

両側検定では、**帰無仮説 H_0（$\mu = \mu_0$）に対して対立仮説 H_1（$\mu \neq \mu_0$）が成立しないと考える**ため、上側と下側の両方に棄却域を設定します。

片側検定では、**帰無仮説 H_0（$\mu = \mu_0$）に対して対立仮説 H_1（$\mu > \mu_0$ または $\mu < \mu_0$）が成立しない**ということを考えるため、片側に棄却域を設定します。

両側検定と片側検定の採択域と棄却域

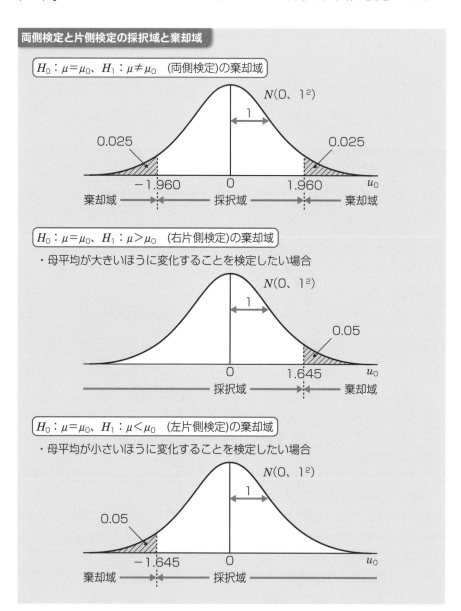

$H_0 : \mu = \mu_0$、$H_1 : \mu \neq \mu_0$　（両側検定）の棄却域

$N(0、1^2)$

0.025　0.025

-1.960　0　1.960　u_0

棄却域　採択域　棄却域

$H_0 : \mu = \mu_0$、$H_1 : \mu > \mu_0$　（右片側検定）の棄却域

・母平均が大きいほうに変化することを検定したい場合

$N(0、1^2)$

0.05

0　1.645　u_0

採択域　棄却域

$H_0 : \mu = \mu_0$、$H_1 : \mu < \mu_0$　（左片側検定)の棄却域

・母平均が小さいほうに変化することを検定したい場合

$N(0、1^2)$

0.05

-1.645　0　u_0

棄却域　採択域

検定は、次の手順で行います。

手順❶：帰無仮説を立てる

例えば、「母平均は、ある基準値と変わらない」というように設定する

$H_0 : \mu = \mu_0$

手順❷：対立仮説を立てる

例えば、「母平均は、ある基準値と異なる」というように設定する

$H_1 : \mu \neq \mu_0$

手順❸：有意水準を決める

ふつうは$\alpha = 0.05$を用います。

手順❹：統計量を計算するデータをもとに、統計量u_0を計算する

$$u_0 = \frac{\bar{x} - \mu_0}{\sqrt{\dfrac{\sigma_0^2}{n}}}$$

手順❺：判定する

統計量と判定基準を比較して、判定する

$H_1 : \mu \neq \mu_0$の場合には、棄却域は$|u_0| \geq u(\alpha)$となります。なお、有意水準5%の場合には、$u(0.05) = 1.960$です。

推 定

推定とは、分布の母数を推定することです。母平均や母標準偏差などを定量的に知りたい場合には、推定という手段により推測することができます。推定用の統計量を特に推定量といいます。

「母平均は、○○という値である」というように１つの値で推測する方法を**点推定**といい、「母平均は、○○～○○の区間内の値である」というように、区間で示す方法を**区間推定**といいます。

点推定では、一般にはμの推定量を$\hat{\mu}$で表します。推定量も確率変数なので、それぞれの確率分布に従っています。$\hat{\mu}$の期待値$E(\hat{\mu})$については次の式が成り立ち、$\delta = E(\hat{\mu}) - \mu$を$\hat{\mu}$の**かたより**といいます。

かたよりδが0、すなわち$\hat{\mu}$の期待値がμに一致する推定量を**不偏推定量**、かたよりのないことを**不偏性**といいます。

区間推定では、μを推定する区間（μ_L、μ_U）を信頼区間、μ_Lを信頼下限、μ_Uを信頼上限、μ_Lとμ_Uを合わせて信頼限界といいます。

なお、95%の信頼区間の考え方を次に示します。

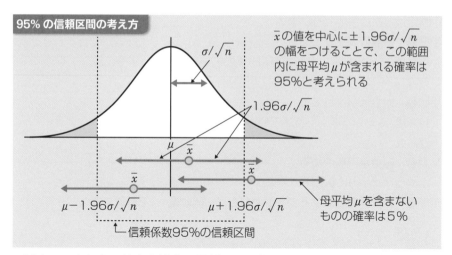

$\bar{x}$の値を中心に±1.96σ/$\sqrt{n}$ の幅をつけることで、この範囲 内に母平均μが含まれる確率は 95％と考えられる

1.96σ/$\sqrt{n}$

σ/$\sqrt{n}$

μ

$\bar{x}$

$\bar{x}$

$\bar{x}$

$\mu-1.96σ/\sqrt{n}$

$\mu+1.96σ/\sqrt{n}$

母平均μを含まない ものの確率は5％

└ 信頼係数95％の信頼区間

　以上のことから、検定と推定の関係は、母集団に関する推測を行うためには、得られたデータから統計的な検定を行い、その結果に基づいて点推定、区間推定を求めて判断をすることになります。

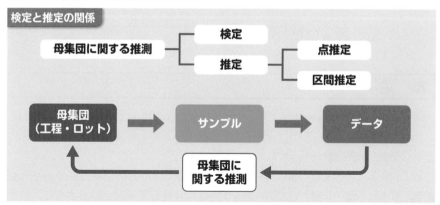

　また、検定・推定には、平均値と分散に関する場合があります。それぞれ分散が既知の場合と未知の場合で適用する分布に相違があるので、次の表に基づいて検討する必要があります。

	平均の場合	分散の場合
分散が既知	正規分布	χ^2分布
分散が未知	t分布	F分布

重要度 ★★★

1つの母分散に関する
検定・推定

1つの母分散に関する検定・推定

　正規分布に従うサンプルサイズ n のデータを取るとき、母分散に関する情報は平方和 $S = \sum_{i=1}^{n} (x_i - \bar{x})^2$ や分散 $V = \dfrac{S}{n-1}$ に含まれています。母分散については、

n 個のデータが互いに独立に正規分布 $N(\mu、\sigma^2)$ に従うとき、$\chi^2 = \dfrac{S}{\sigma^2}$ は自由度 $\phi = n-1$ の χ^2 分布（カイ2乗分布）に従うことが知られているので、これを利用します。

　χ^2 分布では平方和 S や分散 V は、負の値にならないので、分布は 0 を下限として右にスソを引いた形になります。χ^2 分布を図に示します。

χ^2 分布

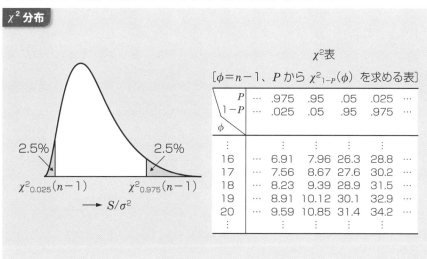

χ^2表

[$\phi = n-1$、P から $\chi^2_{1-P}(\phi)$ を求める表]

P	...	.975	.95	.05	.025	...
$1-P$	...	.025	.05	.95	.975	...
ϕ						
⋮		⋮	⋮	⋮	⋮	
16	...	6.91	7.96	26.3	28.8	...
17	...	7.56	8.67	27.6	30.2	...
18	...	8.23	9.39	28.9	31.5	...
19	...	8.91	10.12	30.1	32.9	...
20	...	9.59	10.85	31.4	34.2	...
⋮		⋮	⋮	⋮	⋮	

2.5%　　　2.5%

$\chi^2_{0.025}(n-1)$　　$\chi^2_{0.975}(n-1)$

$\longrightarrow S/\sigma^2$

　χ^2 は左右非対称なので、確率表は上側確率で与えられています。上側確率が α となる χ^2 の値を、$\chi^2(\phi、\alpha)$ で表します。したがって、下側確率 α となる χ^2 の値は、$\chi^2(\phi、1-\alpha)$ で表します。

検定・推定は、次の手順で行います。

手順❶：仮説の設定

H_0：$\sigma^2 = \sigma_0^2$、H_1：$\sigma^2 \neq \sigma_0^2$（両側検定の場合）

H_0：$\sigma^2 = \sigma_0^2$、H_1：$\sigma^2 > \sigma_0^2$（右片側検定の場合）

H_0：$\sigma^2 = \sigma_0^2$、H_1：$\sigma^2 < \sigma_0^2$（左片側検定の場合）

手順❷：有意水準の決定

$\alpha = 0.05$

手順❸：平方和 S の計算

手順❹：検定統計量 χ_0^2 の計算

大きさ n のデータから計算した平方和 S を用いて次の式で求める

$$\chi_0^2 = \frac{S}{\sigma_0^2}$$

手順❺：検定の実施

χ_0^2 を用いて H_0 を検定する

H_1：$\sigma^2 \neq \sigma_0^2$ の場合、$\chi_0^2 \geq \chi^2 (n-1、\alpha/2)$ 又は $\chi_0^2 \leq \chi^2 (n-1、1-\alpha/2)$ ならば有意となり、H_0 は棄却される。すなわち、H_1 が正しいと判断される

H_1：$\sigma^2 > \sigma_0^2$ の場合、$\chi_0^2 \geq \chi^2 (n-1、\alpha)$ ならば有意となり、H_0 は棄却される。すなわち、H_1 が正しいと判断される

H_1：$\sigma^2 < \sigma_0^2$ の場合、$\chi_0^2 \leq \chi^2 (n-1、1-\alpha)$ ならば有意となり、H_0 は棄却される。すなわち、H_1 が正しいと判断される

手順❻：点推定

母分散の点推定は分散 V を用いて次式で求める

$$\hat{\sigma}^2 = V = \frac{S}{n-1}$$

手順❼：区間推定

σ^2 の信頼区間は検定と同じように、$\chi^2 = S/\sigma^2$ が χ^2 分布に従うので、

$Pr\{\chi^2(n-1、1-\alpha/2) < S/\sigma^2 < \chi^2(n-1、\alpha/2)\}$ となる。これを変形すると、$Pr\{S/\chi^2(n-1、\alpha/2) < \sigma^2 < S/\chi^2(n-1、1-\alpha/2)\}$ が成立するので、信頼率 $1-\alpha$ の信頼限界は次のようになる。

$\sigma_U^2 = S/\chi^2(n-1、1-\alpha/2)$

$\sigma_L^2 = S/\chi^2(n-1、\alpha/2)$

以上の手順を踏まえて、演習問題を解いてみましょう。

◆演習問題1

工場で生産されるある製品の収量は、過去の長期にわたる安定した実績から、平均82.0kg、標準偏差4.0kgであった。最近製造法の一部を変更し、その結果次の10ロットのデータが得られた。従来のものと新しい製造法によるものとで、収率のばらつきに差があるでしょうか。

82、89、81、90、84、83、88、80、85、90 (kg)

①仮説の設定

$H_0: \sigma^2 = \sigma_0^2$

$H_1: \sigma^2 \neq \sigma_0^2$

②有意水準の決定

$\alpha = 0.05$

③平方和 S の計算

$S = 129.6$

④検定統計量 χ_0^2 の計算

$\chi_0^2 = \dfrac{S}{\sigma_0^2} = 129.6 / 4.0^2 = 8.10$

⑤検定の実施

χ_0^2 分布から自由度（$n-1 = 10-1 = 9$）で両側確率5%の χ_0^2 の値を求める。下側2.70、上側19.02となる。

$\chi_0^2 = 8.10 > \chi^2 (9、0.975)$ なので有意でない。したがって、新旧製造法で収率のばらつきに差があるとはいえない。

⑥点推定

$\hat{\sigma}^2 = V = \dfrac{S}{n-1} = 129.6 / (10-1) = 14.4 \ (\text{kg}^2)$

⑦区間推定

$\sigma_U^2 = S / \chi^2 (n-1、1-\alpha/2)$
$= 129.6 / \chi^2 (9、0.975) = 129.6 / 2.70 = 48.0$

$\sigma_L^2 = S / \chi^2 (n-1、\alpha/2)$
$= 129.6 / \chi^2 (9、0.025) = 129.6 / 19.02 = 6.81$

したがって、$6.81 \leqq \sigma^2 \leqq 48.0$ となり、分散の信頼区間は6.81〜48.0kgになります。

1つの母平均に関する検定・推定

1つの母平均に関する検定・推定

正規分布の**母平均 μ** についての検定・推定には、平均値 $\bar{x}$ が用いられます。なぜなら、正規分布では平均値 $\bar{x}$ が、μ についての情報を多く持っているからです。母平均 μ の検定・推定の方法には、母集団の分散 σ^2 が既知であるか、未知であるかによって使い分けが行われます。

σ が既知の場合には、平均値 $\bar{x}$ の分布が $N(\mu、\sigma^2/n)$ であることを利用してこれを規準化し、次の式に従って計算します。

$$u = \frac{\bar{x} - \mu}{\sqrt{\sigma^2/n}} \quad \sim \quad N(0、1^2)$$

σ が未知の場合には、分散 V を σ^2 の代わりに用いて、次の式に従って計算します。

$$t = \frac{\bar{x} - \mu}{\sqrt{V/n}}$$

この t は確率変数であるので、分母もばらつくことになります。したがって、この分布は正規分布ではなく、**t 分布**と呼ばれます。

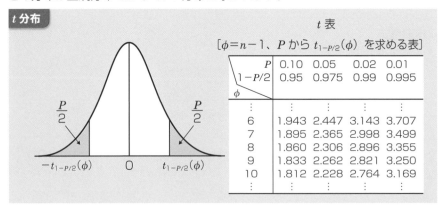

t 分布

t 表

[$\phi = n - 1$、P から $t_{1-P/2}(\phi)$ を求める表]

P $1-P/2$ ϕ	0.10 0.95	0.05 0.975	0.02 0.99	0.01 0.995
⋮	⋮	⋮	⋮	⋮
6	1.943	2.447	3.143	3.707
7	1.895	2.365	2.998	3.499
8	1.860	2.306	2.896	3.355
9	1.833	2.262	2.821	3.250
10	1.812	2.228	2.764	3.169
⋮	⋮	⋮	⋮	⋮

正規分布の母平均の検定は、次の手順で行います。

σが未知の場合

手順❶：帰無仮説 H_0 と対立仮説 H_1 を設定する

帰無仮説は、$H_0 : \hat{\mu} = \bar{x}$ である。対立仮説は問題によって

$H_1 : \mu \neq \mu_0$、$H_1 : \mu > \mu_0$、$H_1 : \mu < \mu_0$ のいずれかになる

手順❷：有意水準αの値を決める

普通はα = 0.05。なお、αの値は、データを取る前に決める

手順❸：データの平均値 $\bar{x}$ と分散 V を用いて t_0 を求める

$$t_0 = \frac{\bar{x} - \mu_0}{\sqrt{V / n}}$$

手順❹：t_0 を用いて H_0 を検定する

$H_1 : \mu \neq \mu_0$ の場合、$|t_0| \geq t(\phi、\alpha)$ ならば有意で H_0 は棄却される。すなわち、H_1 が正しいと判断される

$H_1 : \mu > \mu_0$ の場合、$t_0 \geq t(\phi、2\alpha)$ ならば有意で H_0 は棄却される。すなわち、H_1 が正しいと判断される

$H_1 : \mu < \mu_0$ の場合、$t_0 \leq -t(\phi、2\alpha)$ ならば有意で H_0 は棄却される。すなわち、H_1 が正しいと判断される

手順❺：点推定

$\mu = \bar{x}$

手順❻：区間推定

$$\mu_U = \bar{x} + t(\phi、\alpha)\sqrt{\frac{V}{n}}$$

$$\mu_L = \bar{x} - t(\phi、\alpha)\sqrt{\frac{V}{n}}$$

 A社から納入されている部品の引っ張り強度の母平均は 20.8（N）であったが、最近納入されている部品の引っ張り強度が低下しているように思えたので、データを取ってみたところ次のようになった。母平均が低下しているかを検定・推定することにした。

 19.9、21.0、20.6、18.8、20.3、20.0、20.9、20.7、20.7、19.2

（1）母平均に関する検定

①帰無仮説 H_0 と対立仮説 H_1 の設定と有意水準の決定

 $H_0 : \mu = \mu_0$ （$\mu_0 = 20.8$）

 $H_1 : \mu < \mu_0$

 $\alpha = 0.05$

②平均と分散の計算

 $\bar{x} = 202.1 / 10 = 20.21$

 $\Sigma x = 202.1$、$\Sigma x^2 = 4089.33$

 $S = 4089.33 - (202.1)^2 / 10 = 4.889$

 $V = S / (n-1) = 4.889 / 9 = 0.543$

③検定統計量 t_0 の計算

$$t_0 = \frac{\bar{x} - \mu_0}{\sqrt{V/n}} = \frac{20.21 - 20.8}{\sqrt{0.543/10}} = -2.532$$

④ t 分布表から有意水準 5%（両側確率）の値を求めて、t_0 との比較

 $-t (9、0.01) = -1.833$、$|t_0| < -1.833$

となり、帰無仮説 H_0 は棄却し、H_1 が正しいと判断し、母平均が低下しているといえる

（2）信頼係数 95% で母平均 μ の点推定と区間推定

①点推定を求める

 $\hat{\mu} = \bar{x} = 20.21$

② t 分布表より有意水準 5%（両側確率）の値を求める

 $t (9、0.05) = 2.262$

③信頼限界を求める

$$\mu_U = \bar{x} + t(\phi、\alpha) \sqrt{\frac{V}{n}} = 20.21 + 2.262 \times \sqrt{0.543/10} = 20.74$$

$$\mu_L = \bar{x} - t(\phi、\alpha) \sqrt{\frac{V}{n}} = 20.21 - 2.262 \times \sqrt{0.543/10} = 19.68$$

σが既知の場合

手順❶：帰無仮説 H_0 と対立仮説 H_1 を設定する

帰無仮説は、H_0：$\mu = \mu_0$ である。対立仮説は問題によって

H_1：$\mu \neq \mu_0$、H_1：$\mu > \mu_0$、H_1：$\mu < \mu_0$ のいずれかになる

手順❷：有意水準αの値を決める

普通はα = 0.05。αの値は、データを取る前に決める

手順❸：データの平均値と母分散 σ^2 を用いて u_0 を求める

$$u_0 = \frac{\bar{x} - \mu}{\sqrt{\sigma^2 / n}}$$

手順❹：u_0 を用いて H_0 を検定する

H_1：$\mu \neq \mu_0$ の場合、$|u_0| \geq u(\alpha)$ ならば有意で H_0 は棄却される。すなわち、H_1 が正しいと判断される（両側検定の場合）

H_1：$\mu > \mu_0$ の場合、$u_0 \geq u(2\alpha)$ ならば有意で H_0 は棄却される。すなわち、H_1 が正しいと判断される（右片側検定の場合）

H_1：$\mu < \mu_0$ の場合、$u_0 \leq -u(2\alpha)$ ならば有意で H_0 は棄却される。すなわち、H_1 が正しいと判断される（左片側検定の場合）

手順❺：点推定

$\mu = \bar{x}$

手順❻：区間推定

$$\mu_U = \bar{x} + u(\alpha)\sqrt{\frac{\sigma^2}{n}}$$

$$\mu_L = \bar{x} - u(\alpha)\sqrt{\frac{\sigma^2}{n}}$$

◆演習問題3

　饅頭の箱詰め作業は従来手作業で行われ、製品重量は平均 252.0g、標準偏差 0.9 で安定していた。最近、自動機を使っての箱詰め作業に切り替え、20 個のサンプルを抜き取って、その平均重量を測定したところ 251.52g であった。標準偏差は変わらないものとして、自動化後の製品重量は従来の平均重量と異なるといえるか。また、自動化後の製品重量の母平均はいくらといえるか。

①仮説の設定と有意水準の決定

　H_0：$\mu = \mu_0$（$\mu_0 = 252.0$）

$H_1 : \mu \neq \mu_0$

$\alpha = 0.05$

②検定統計量 u_0 の計算

$$u_0 = \frac{\bar{x} - \mu_0}{\sqrt{\sigma^2 / n}} = \frac{251.52 - 252.0}{0.9 / \sqrt{20}} = -2.385$$

③ u_0 を用いて H_0 を検定する

$|u_0| > 1.960$　となるので、帰無仮説 H_0 は棄却される。すなわち、H_1 が正しいと判断され、自動化後の製品重量の母平均は、手動作業時の製品重量の母平均とは、異なったといえる。

次に、信頼係数 95% で自動化後の製品重量の母平均 μ の点推定と区間推定を行う。

④点推定を求める

$\mu = \bar{x} = 251.52$

⑤信頼限界を求める

$$\mu_U = \bar{x} + u(\alpha) \sqrt{\frac{\sigma^2}{n}} = 251.52 + 1.960 \times 0.9 / \sqrt{20} = 251.91$$

$$\mu_L = \bar{x} - u(\alpha) \sqrt{\frac{\sigma^2}{n}} = 251.52 - 1.960 \times 0.9 / \sqrt{20} = 251.13$$

計量値データに基づく検定・推定① 理解度check ☑

問1 　1つの母分散及び1つの母平均に対する検定・推定に関する次の文章において、正しいものには○を、正しくないものには×を示せ。

① 　検定では、対立仮説としてあらかじめ両側検定と片側検定のいずれかを採用するかを解析の前に決定する必要がある。　　　　　　　　　　　　　(1)

② 　第1種の過誤 α を小さくすれば、$1-\beta$（検出力）を大きくすることができる。　　　　　　　　　　　　　(2)

③ 　有意水準 α は統計量の計算が終わってから決定すればよい。　　(3)

④ 　1つの母分散に関する検定では、χ^2 分布を使用する。　　(4)

⑤ 　1つの母平均に関する検定の対立仮説では、データの母平均が低くなっているかを検定したい場合には、$H_1 : \mu > \mu_0$ と設定する。　　(5)

問2 　1つの母分散及び1つの母平均に対する検定・推定に関する次の文章において、　　　内に入る最も適切なものを選択肢からひとつ選べ。

① 　1つの母分散に関する検定で、平方和 S が20、標準偏差が2の場合、χ^2 の値は　　(1)　　になる。

② 　1つの母分散に関する母分散の信頼率 $1-\alpha$ の上側信頼限界は　　(2)　　で表せる。

③ 　1つの母平均に関する検定で、データの数9、平均値6.0、母分散4、母平均5.0の場合、u_0 の値は　　(3)　　になる。

④ 　1つの母平均に関する検定で、σ が未知の場合 $H_1 : \mu > \mu_0$ の場合、　　(4)　　ならば有意で H_0 は棄却される。

⑤ 　$\hat{\mu}$ の期待値 $E(\hat{\mu})$ については $E(\hat{\mu}) - $　　(5)　　の式が成り立つ。

> 【選択肢】
> ア．$S / \chi^2 \,(n-1、1-\alpha / 2)$　　イ．$S / \chi^2 \,(n-1、\alpha / 2)$　　ウ．5.0
> エ．10.0　　オ．1.5　　カ．2.0　　キ．$u_0 \geqq t\,(\phi、2\alpha)$　　ク．$u_0 \geqq t\,(\phi、\alpha)$
> ケ．μ　　コ．$\bar{x}$

計量値データに基づく検定・推定①　　解答解説 ☑

問1　(1) ○　　(2) ×　　(3) ×　　(4) ○　　(5) ×

(1) どのような情報を知りたいのかを最初に決めてから検定を行う。

(2) α を小さくすると、$1-\beta$（検出力）は小さくなる。

(3) 有意水準 α は検定の前に決める。

(4) 分散は χ^2 分布に従う。

(5) $H_1 : \mu < \mu_0$ と設定する。

問2　(1) ウ　　(2) ア　　(3) オ　　(4) キ　　(5) ケ

(1) $\chi^2 = S / \sigma^2 = 20 / 2^2 = 5.0$

(2) $\sigma^2_U = S / \chi^2 (n-1、1-\alpha/2)$

(3) $u_0 = \dfrac{\bar{x} - \mu}{\sqrt{\sigma^2 / n}} = (6.0 - 5.0) / \dfrac{2}{3} = 1.5$

(4) $u_0 \geqq t (\phi、2\alpha)$ ならば有意で H_0 は棄却される

(5) $\delta = E(\hat{\mu}) - \mu$ を $\hat{\mu}$ のかたよりという。

正解
10

計量値データに基づく検定・推定②

計量値データに基づく検定と推定のうち、2 つの母分散に関する検定・推定、2 つの母平均に関する検定・推定、及びデータに対応がある場合の検定・推定についての考え方を学びます。手順に従って繰り返し学習しましょう。

2つの母分散に関する
検定・推定

2つの母分散に関する検定・推定

　2つの母分散の比較をする場合、下図の（a）はAもBも母集団は同じような
ばらつきであると考えられるので、2つの母集団の母平均を比較してもそれほど
問題はありません。しかし、（b）のようにばらつきが異なっていると、2つの母
集団の母平均の比較は、母集団のばらつきも考えて行わなければなりません。

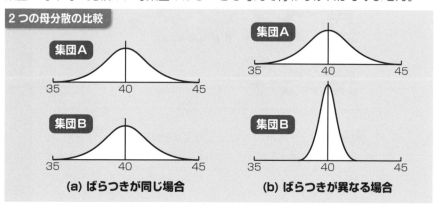

2つの母分散の比較

集団A

集団B

（a）ばらつきが同じ場合

集団A

集団B

（b）ばらつきが異なる場合

　このため、2つの分散の比較では、次の図のようにそれぞれの集団の分散を
求めて行います。このとき、2つの母集団から互いに独立なサンプルから求めら

れた V_1、V_2 について、分散の比である $F = \dfrac{V_1/\sigma_1^2}{V_2/\sigma_2^2}$ が、第1自由度 $\phi_1 (n_1-1)$、

第2自由度 $\phi_2 (n_2-1)$ の F 分布に従うことを利用して検定・推定を行います。

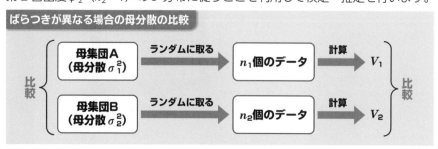

ばらつきが異なる場合の母分散の比較

比較

母集団A
（母分散 σ_1^2）

ランダムに取る

n_1個のデータ

計算

V_1

母集団B
（母分散 σ_2^2）

ランダムに取る

n_2個のデータ

計算

V_2

比較

F分布の形は、分子・分母の自由度で変化し、χ^2分布と同じように負の値を取らないで、次の図に示すように右にスソを引くような形です。

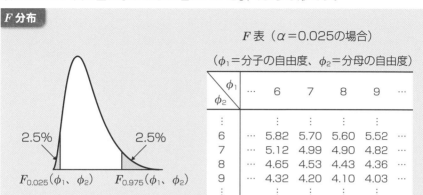

検定・推定の手順を次に示します。

手順❶：仮説の設定

$H_0 : \sigma_1^2 = \sigma_2^2$ 、$H_1 : \sigma_1^2 \neq \sigma_2^2$（両側検定の場合）

$H_0 : \sigma_1^2 = \sigma_2^2$ 、$H_1 : \sigma_1^2 > \sigma_2^2$（右片側検定の場合）

$H_0 : \sigma_1^2 = \sigma_2^2$ 、$H_1 : \sigma_1^2 < \sigma_2^2$（左片側検定の場合）

手順❷：有意水準の決定

$\alpha = 0.05$

手順❸：分散 V_1、V_2 の計算

手順❹：検定推定量 F_0 の計算

$V_1 \geqq V_2$ ならば、$F_0 = V_1 / V_2$（$\phi_1 = n_1 - 1$、$\phi_2 = n_2 - 1$）

$V_1 < V_2$ ならば、$F_0 = V_2 / V_1$（$\phi_1 = n_2 - 1$、$\phi_2 = n_1 - 1$）

右側検定の場合は、$F_0 = V_1 / V_2$（$\phi_1 = n_1 - 1$、$\phi_2 = n_2 - 1$）

左側検定の場合は、$F_0 = V_2 / V_1$（$\phi_1 = n_2 - 1$、$\phi_2 = n_1 - 1$）

手順❺：判定

両側検定の場合は $F_0 \geqq F(\phi_1, \phi_2 ; \alpha / 2)$、右側検定の場合は $F_0 \geqq F(\phi_1, \phi_2 ; \alpha)$、左側検定の場合は $F_0 \leqq F(\phi_1, \phi_2 ; \alpha)$ ならば有意で、帰無仮説 H_0 を棄却します。

手順❻：点推定

$\hat{\sigma}_1^2 / \hat{\sigma}_2^2 = V_1 / V_2$

手順❼：区間推定（信頼率 $1 - \alpha$ の σ_1^2 / σ_2^2 の信頼区間）

$\{1 / F(\phi_1, \phi_2 ; \alpha / 2)\} \cdot V_1 / V_2 \leqq \sigma_1^2 / \sigma_2^2 \leqq F(\phi_2, \phi_1 ; \alpha / 2) \cdot V_1 / V_2$

◆演習問題1

化学薬品の充塡は A・B 両充塡機で行われており、充塡機により充塡量（g）に差があるかどうか知るために充塡機別に充塡量を調べ、次のデータを得たので、充塡量の分散に差があるかどうか検討します。

A：20.8、19.6、20.4、20.0、20.9、20.1、20.6、20.1、20.3、19.9
B：20.3、20.8、20.7、20.9、20.3、20.8、21.0、21.0

①仮説の設定

H_0：$\sigma_A{}^2 = \sigma_B{}^2$（A・B 両充塡機による充塡量の分散に差がない）

H_1：$\sigma_A{}^2 \neq \sigma_B{}^2$（A・B 両充塡機による充塡量の分散に差がある）

②有意水準の決定

$\alpha = 0.05$

③A・B の平方和の計算

$S_A = \Sigma X_A{}^2 - (\Sigma X_A)^2 / n_A = 4110.25 - 41087.29 / 10 = 1.521$

$S_B = \Sigma X_B{}^2 - (\Sigma X_B)^2 / n_B = 3436.76 - 27489.64 / 8 = 0.555$

④分散 V_A、V_B の計算

$V_A = S_A / n_A - 1 = 1.521 / 9 = 0.169$

$V_B = S_B / n_B - 1 = 0.555 / 7 = 0.0793$

⑤検定推定量 F_0 の計算

$F_0 = V_A / V_B = 0.169 / 0.0793 = 2.131$

⑥判定

分子の自由度 $\phi_A = 9$、分母の自由度 $\phi_B = 7$ であるから、片側 2.5％ずつ両側で 5％の F 分布表の限界値を求めると、上側 2.5％の限界値は $F(9、7;0.025) = 4.82$ です。下側 2.5％の限界値は $F(9、7；0.975) = 1 / F(7、9；0.025) = 1 / 4.20 = 0.238$ です。

$F(9、7；0.975) = 0.238 < F_0 = 2.13 < F(9、7；0.025) = 4.82$ となるので、帰無仮説は棄却されず、A・B 両充塡機による充塡量のばらつきに差があるとはいえないという結論が得られます。検定の結果が有意でないので推定を行う必要はないが、ここでは推定を行います。

⑦点推定

$\hat{\sigma}_A{}^2 / \hat{\sigma}_B{}^2 = V_A / V_B = 2.131$

⑧区間推定

$\{1 / F(9、7；0.025)\} \cdot 0.169 / 0.0793 \leq \sigma_A{}^2 / \sigma_B{}^2 \leq \{F(7、9；0.025)\} \cdot 0.169 / 0.0793$、$0.442 \leq \sigma_A{}^2 / \sigma_B{}^2 \leq 8.951$

重要度 ★★★

2つの母平均に関する検定・推定

2つの母平均に関する検定・推定

　A社製、B社製の部品の**引張強度**の母平均に違いがあるのかを調べたいときには、次の図に示すような方法で、2つの母平均に対する検定・推定を行います。ただし、2つの集団はそれぞれ正規分布に従っていて、2つの集団の平均値は互いに独立（他の集団の影響を受けない）であるという前提です。独立でない場合には、データに対応がある場合の検定・推定を行います。

2つの母平均に対する検定・推定の方法

　$\bar{x}_1$、$\bar{x}_2$ が互いに独立であるとすると、$\bar{x}_1 - \bar{x}_2$ の分布は、分散の加法性の考え方を用いると、正規分布 $N\left(\mu_1 - \mu_2,\ \sigma_1^2/n_1 + \sigma_2^2/n_2\right)$ に従います。この分布を標準化すると次のようになり、$\bar{x}_1 - \bar{x}_2$ の分布は、標準正規分布に従います。

$$u = \frac{\bar{x}_1 - \bar{x}_2 - (\mu_1 - \mu_2)}{\sqrt{\dfrac{\sigma_1^2}{n_1} + \dfrac{\sigma_2^2}{n_2}}}$$

　σ_1^2 と σ_2^2 は未知なので t 検定を行いますが、母分散が等しいと考えられる場合と考えられない場合があるので、この条件で検定・推定します。

σ_1^2 と σ_2^2 は未知で、母分散が等しいと考えられる場合

　この場合は、$\sigma_1^2 = \sigma_2^2 = \sigma^2$ となるので、(a) のようになります。

$$u = \frac{\bar{x}_1 - \bar{x}_2 - (\mu_1 - \mu_2)}{\sqrt{\sigma^2\left(\dfrac{1}{n_1} + \dfrac{1}{n_2}\right)}} \qquad \cdots\cdots (a)$$

そこで σ^2 を次のように推定します。

$$\hat{\sigma}^2 = V = \frac{S_1 + S_2}{(n_1 - 1) + (n_2 - 1)}$$

この V を σ^2 の**同時推定量**又は**併合分散**といいます。この式の分子は、2つの集団の平方和の和であり、分母は自由度の和です。この V を (a) に代入すると次の式になり、自由度 $\phi_1 + \phi_2 = (n_1 - 1) + (n_2 - 1) = n_1 + n_2 - 2$ の t 分布に従います。

$$t = \frac{\bar{x}_1 - \bar{x}_2 - (\mu_1 - \mu_2)}{\sqrt{V\left(\dfrac{1}{n_1} + \dfrac{1}{n_2}\right)}}$$

したがって、検定において帰無仮説は $H_0: \mu_1 = \mu_2$ となり、$\mu_1 - \mu_2 = 0$ なので、この場合の検定統計量は、次の式の通りになります。

$$t_0 = \frac{\bar{x}_1 - \bar{x}_2}{\sqrt{V\left(\dfrac{1}{n_1} + \dfrac{1}{n_2}\right)}}$$

σ_1^2 と σ_2^2 は未知で、母分散が等しいかどうかもわからない場合

この場合は、σ_1^2 と σ_2^2 にそれぞれの推定量 $\hat{\sigma}_1^2 = V_1$、$\hat{\sigma}_2^2 = V_2$ を代入すると式 (a) は次のようになり、自由度 ϕ^*（等価自由度）の t 分布に近似的に従います。

$$u = \frac{\bar{x}_1 - \bar{x}_2 - (\mu_1 - \mu_2)}{\sqrt{\dfrac{V_1}{n_1} + \dfrac{V_2}{n_2}}}$$

自由度 ϕ^* は次の式で求めます。この計算は**サタスウェイトの方法**といいます。

$$\phi^* = (V_1 / n_1 + V_2 / n_2)^2 / \{(V_1 / n_1)^2 / \phi_1 + (V_2 / n_2)^2 / \phi_2\}$$

ただし、$\phi_1 = n_1 - 1$、$\phi_2 = n_2 - 1$ です。この場合の検定推定量は次の通りで、**ウェルチの検定**といわれています。

$$t_0 = \frac{\bar{x}_1 - \bar{x}_2}{\sqrt{\dfrac{V_1}{n_1} + \dfrac{V_2}{n_2}}}$$

2つ母平均の差の検定（母分散が等しい場合）は、次の手順で行います。

手順❶：仮説の設定

$H_0: \mu_1 = \mu_2$, $H_1: \mu_1 \neq \mu_2$ （両側検定の場合）

$H_0: \mu_1 = \mu_2$, $H_1: \mu_1 > \mu_2$ （右片側検定の場合）

$H_0: \mu_1 = \mu_2$, $H_1: \mu_1 < \mu_2$ （左片側検定の場合）

手順❷：有意水準の決定

$\alpha = 0.05$

手順❸：平均 $\bar{x}_1$、$\bar{x}_2$ 平方和 S_1、S_2 の計算

手順❹：共通の分散（併合分散を求める）

$$V = s^2 = \frac{S_1 + S_2}{n_1 + n_2 - 2}$$

手順❺：検定統計量 t_0 の計算

$$t_0 = \frac{\bar{x}_1 - \bar{x}_2}{\sqrt{V\left(\dfrac{1}{n_1} + \dfrac{1}{n_2}\right)}}$$

手順❻：判定

$|t_0| > t\,(\phi_1 + \phi_2,\ \alpha)$ ならば有意であり、帰無仮説 H_0 を棄却します。

手順❼：点推定

$$\widehat{\mu_1 - \mu_2} = \bar{x}_1 - \bar{x}_2$$

手順❽：区間推定（信頼率 $1 - \alpha$ の $\mu_1 - \mu_2$ の信頼区間）

$$(\bar{x}_1 - \bar{x}_2) - t\,(\phi_1 + \phi_2,\ \alpha)\sqrt{V\left(\frac{1}{n_1} + \frac{1}{n_2}\right)} \leqq \mu_1 - \mu_2 \leqq$$

$$(\bar{x}_1 - \bar{x}_2) + t\,(\phi_1 + \phi_2,\ \alpha)\sqrt{V\left(\frac{1}{n_1} + \frac{1}{n_2}\right)}$$

ただし、$\phi = n_1 + n_2 - 2 = \phi_1 + \phi_2$

◆演習問題 2

　化学薬品の充填は A・B 両充填機で行われています。充填機により充填量 (g) に差があるかどうかを知るために充填機別に充填量を調べ、次のデータを得たので、充填量に差があるかどうか検討します。

　A：20.8、19.6、20.4、20.0、20.9、20.1、20.6、20.1、20.3、19.9
　B：20.3、20.8、20.7、20.9、20.3、20.8、21.0、21.0

　先ほどの 2 つの母分散の比較を行った演習問題 1 では、有意ではなかったので、$\sigma_1^2 = \sigma_2^2$ と考えて両側検定を行います。

①仮説の設定

　$H_0：\mu_1 = \mu_2$、$H_1：\mu_1 \neq \mu_2$

②有意水準の決定

　$\alpha = 0.05$

③ A・B の平均 $\bar{x}_A$、$\bar{x}_B$ と分散 S_A、S_B の計算

　$\bar{x}_A = 20.270$、$\bar{x}_B = 20.725$、$S_A = 1.521$、$S_B = 0.555$

④共通の分散の計算（併合分散を求める）

$$V = S_A + S_B / n_A + n_B - 2 = 1.521 + 0.555 / 16 = 0.1298$$

⑤検定統計量 t_0 の計算

$$(\bar{x}_A - \bar{x}_B) \Big/ \sqrt{V\left(\frac{1}{n_A} + \frac{1}{n_B}\right)} = (20.270 - 20.725) \Big/ \sqrt{0.1298\left(\frac{1}{10} + \frac{1}{8}\right)} = -2.66$$

⑥判定

$|t_0| = 2.66 > t(16、0.05) = 2.120$　になるので有意となり、帰無仮説 H_0 を棄却します。有意水準 5% で A と B の充填機には差があるといえます。

◆演習問題3

　製品の含有量を調べる方法として A 法と B 法があります。測定結果の母平均に差があるかどうかを調べてみることにしました。分散が同じかどうかわからなかったので等分散の検定をしたところ、有意となり、2つの母分散は異なることがわかりました。この検討を行います。

　A法　3.58、4.02、3.85、3.45、3.73、3.57、3.56、3.64
　B法　3.64、3.59、3.64、3.59、3.58、3.63、3.63、3.62、3.60

①仮説の設定

$H_0: \mu_1 = \mu_2,\ H_1: \mu_1 \neq \mu_2$

②有意水準の決定

$\alpha = 0.05$

③ A・B の平均 $\bar{x}_A$、$\bar{x}_B$ と分散 V_A、V_B の計算

$\bar{x}_A = 3.675$、$\bar{x}_B = 3.613$

$V_A = 0.034$、$V_B = 0.00055$

④検定統計量 t_0 の計算

$$t_0 = (\bar{x}_A - \bar{x}_B) \Big/ \sqrt{\left(\frac{V_A}{n_1} + \frac{V_B}{n_2}\right)}$$

$$= (3.675 - 3.613) \Big/ \sqrt{\left(\frac{0.034}{8} + \frac{0.00055}{9}\right)}$$

$$= 0.944$$

ただし、$\phi^* = (V_A / n_1 + V_B / n_2)^2 / \{(V_A / n_1)^2 / \phi_1 + (V_B / n_2)^2 / \phi_2\} = (0.034 / 8 + 0.00055 / 9)^2 / \{(0.034 / 8)^2 / 7 + (0.00055 / 9)^2 / 8\} = 7.20$

⑤判定

　$t(7.2, 0.05)$ の値は t 表にないが、$t(7, 0.05) = 2.365 > t(7.2, 0.05) > t(8, 0.05) = 2.306$ の関係で検定します。すなわち、$\phi^* = 7.2$ の t 値より小さな $t(8, 0.05) = 2.306$ よりも、さらに t_0 の値は小さいので有意になりません。

重要度 ★★★

データに対応がある
場合の検定・推定

データに対応がある場合の検定・推定

　2つの測定器 A、B で排ガスの成分を測定しているが、A、B に差があると思われるので調査したいなど、2つの測定方法による測定値間に差があるかどうかを調べるために測定をすることがあります。これらのデータでは、測定された製品や試料の特性値の変動が、その試料に関する2つの測定値に共通して影響する可能性が強いと思われます。このように、2つの集団の母平均の差を調べるためのデータが同一対象物に関して組になっており、互いに関係している場合のデータは**対応のあるデータ**といいます。このようなデータは、今までと同じ解析をすると精度良く解析ができないので、**対応のある場合の母平均の差の検定として解析を行う必要があります。**

　検定の手順は、次の通りです。

手順❶：仮説の設定

　$H_0 : \mu_d = 0$、$H_1 : \mu_d \neq 0$　（両側検定の場合）

　$H_0 : \mu_d = 0$、$H_1 : \mu_d > 0$　（右片側検定の場合）

　$H_0 : \mu_d = 0$、$H_1 : \mu_d < 0$　（左片側検定の場合）

手順❷：有意水準の決定

　$\alpha = 0.05$

手順❸：差　$d_i = X_{Aj} - X_{Bj}$　の平均値 $\bar{d}$ と分散 V_d の計算

手順❹：検定統計量 t_0 の計算

$$t_0 = \bar{d} \bigg/ \sqrt{\frac{V_d}{n}}$$

手順❺：判定

　両側検定の場合は、$|t_0| \geq t(\phi、\alpha)$、右片側検定の場合は、$t_0 \geq t(\phi、2\alpha)$、左片側検定の場合は、$t_0 \leq -t(\phi、2\alpha)$ ならば有意で、帰無仮説 H_0 を棄却します。

手順❻：点推定

$$\widehat{\mu_1 - \mu_2} = \bar{d}$$

手順❼ 区間推定（信頼率 $1-\alpha$ の $\mu_1-\mu_2$ の信頼区間）

$$\bar{d}-t(\phi、\alpha)\sqrt{\frac{V_d}{n}}\leqq\mu_1-\mu_2\leqq\bar{d}+t(\phi、\alpha)\sqrt{\frac{V_d}{n}}$$

◆演習問題

　排ガス中の有害成分を、2つの測定器 A・B で測定しており、A・B の測定値に差があると思われるので、8 日間の観測結果について調査したところ次のようになりました。これについて検討します。

測定器	1日目	2日目	3日目	4日目	5日目	6日目	7日目	8日目
A	0.427	0.445	0.419	0.430	0.488	0.376	0.471	0.397
B	0.406	0.428	0.421	0.420	0.475	0.382	0.446	0.396

①仮説の設定

$H_0：\mu_d=0$、$H_1：\mu_d\neq0$

②有意水準の決定

$\alpha=0.05$

③差　$d_i=X_{Aj}-X_{Bj}$　の平均値 $\bar{d}$ と分散 V_d の計算

測定器	1日目	2日目	3日目	4日目	5日目	6日目	7日目	8日目
A-B	0.021	0.017	-0.002	0.010	0.013	-0.006	0.025	0.001

$\bar{d}=0.0099$、$V_d=0.000126411$

④検定統計量 t_0 の計算

$$t_0=\bar{d}\,/\sqrt{\frac{V_d}{n}}=0.0099\,/\sqrt{\frac{0.000126411}{8}}=2.4906$$

⑤判定

$|t_0|\geqq t$（7、0.05）＝2.365 であるので、有意であり、帰無仮説 H_0 を棄却し、A、B の測定値には差があるといえます。

⑥点推定

$\widehat{\mu_1-\mu_2}=\bar{d}=0.0099$

⑦区間推定

$$\bar{d}-t(\phi、\alpha)\sqrt{\frac{V_d}{n}}\leqq\mu_1-\mu_2\leqq\bar{d}+t(\phi、\alpha)\sqrt{\frac{V_d}{n}}$$

$$0.0099-2.365\sqrt{\frac{0.000126411}{8}}\leqq\mu_1-\mu_2\leqq0.0099+2.365\sqrt{\frac{0.000126411}{8}}$$

$0.0005\leqq\mu_1-\mu_2\leqq0.0193$

計量値データに基づく検定・推定② 理解度check ☑

問1 2つの母分散及び2つの母平均に関する検定・推定に関する次の文章において、正しいものには○を、正しくないものには×を示せ。

① 母分散の検定推定量 F_0 は、$V_1 < V_2$ ならば、$F_0 = V_1 / V_2$ になる。 （1）

② 母分散の右側検定の場合は、$F_0 \geq F(\phi_1, \phi_2 ; \alpha)$ ならば有意である。 （2）

③ 平均値の差の検定では、$\sigma_1{}^2$ と $\sigma_2{}^2$ が未知で母分散が等しいと考えられる場合には、t 検定を行う。 （3）

④ データに対応がある場合の検定では、検定統計量 t_0 は、$t_0 = \bar{d} / \sqrt{\dfrac{V_d}{n}}$ で求められる。 （4）

⑤ データに対応がある場合の左片側検定の場合は、$t_0 \leq -t(\phi, \alpha)$ ならば有意である。 （5）

問2 2つの母分散及び2つの母平均に関する検定・推定に関する次の文章において、□□内に入る最も適切なものを選択肢からひとつ選べ。

　A社では新しい部品の製造を行うため、製造条件Aと製造条件Bが部品の強度に及ぼす影響を調査するため実験を行い、実験Aのデータ数11、平均値12.39、実験Bのデータ数10、平均値12.04となった。

手順❶ 仮説の設定

母平均に差があるかどうかが問われているので、$H_0 : \mu_A = \mu_B$、$H_1 :$ （1） とし、有意水準 α を 0.05 とする。

手順❷ 平均値の計算

$\bar{x}_A = 12.39$、$\bar{x}_B = 12.04$

手順❸ 分散 V の計算

$V =$ （2） $/ n_A + n_B - 2 = 1.134$

手順❹ t_0 の計算

$t_0 = (12.39 - 12.04) / \sqrt{1.134(\text{（3）})} = 0.752$

手順❺ 判定

$t_0 = 0.752 < t(\text{（4）}, 0.05) = 2.093$ であるので、有意水準5%で帰無仮説 H_0 は棄却されない。すなわち、 （5） 。

【選択肢】

ア．$\mu_A \neq \mu_B$　イ．$\mu_A > \mu_B$　ウ．$S_A + S_B$　エ．$S_A - S_B$

オ．$1/10 + 1/9$　カ．$1/11 + 1/10$　キ．19　ク．20　ケ．21

コ．製造条件A、Bによって製品の強度は変化する

サ．製造条件A、Bによって製品の強度は変化するとはいえない

計量値データに基づく検定・推定②

 解答解説 ☑

問1 (1) ×　　(2) ○　　(3) ○　　(4) ○　　(5) ×

(1)　$F_0 = V_2 / V_1$

(2)　右側検定の場合は $F_0 \geqq F(\phi_1、\phi_2；\alpha)$ ならば有意。
　　左側検定の場合は $F_0 \leqq F(\phi_1、\phi_2；\alpha)$ ならば有意。

(3)　σ_1^2 と σ_2^2 は未知で、$\sigma_1^2 = \sigma_2^2$ かどうかわからない場合にはウェルチの検定を行う。

(4)　t_0 は平均値 $\bar{d}$ と分散 V_d を用いて、$t_0 = \bar{d} / \sqrt{\dfrac{V_d}{n}}$ で求める。

(5)　$t_0 \leqq - t(\phi、2\alpha)$

問2 (1) ア　　(2) ウ　　(3) カ　　(4) キ　　(5) サ

(1)　両側検定であるので $\mu_A \neq \mu_B$ である。

(2)　$V = s^2 = S_A + S_B / n_A + n_B - 2$

(3)　$t_0 = (\bar{x}_A - \bar{x}_B) / \sqrt{V\left(\dfrac{1}{n_A} + \dfrac{1}{n_B}\right)}$

(4)　$n_A + n_B - 2 = 21 - 2 = 19$

(5)　帰無仮説 H_0 を採用するので、製造条件 A、B によって製品の強度は変化するとはいえない。

正解
10

20日目

30

計数値データに基づく検定・推定①

計数値データに基づく検定と推定のうち、母不適合品率に関する検定・推定、2つの母不適合品率の違いに関する検定・推定についての考え方を学びます。手順に従って繰り返し学習しましょう。

母不適合品率に関する検定・推定

母不適合品率に関する検定・推定

不適合品率 P なる母集団から n 個のサンプルをとったとき、その中に x 個の不適合品が含まれる確率は**二項分布**に従い、その平均個数 μ と標準偏差 σ は次の式のようになります。

$\mu = nP$

$\sigma = \sqrt{nP(1-P)}$

$P \leqq 0.5$ で $nP \geqq 5$、あるいは $P > 0.5$ で $n(1-P) \geqq 5$、すなわち不適合品及び適合品の期待個数がいずれも 5 以上であれば、**二項分布は正規分布に近似して**確率を求めても実用上問題はありません。したがって、計数値のうちで個数などのデータは、**二項分布やポアソン分布に従う**ので、計数値の検定・推定では、データが正規分布に近似していると考えて行います。

手順は、次の通りです。

手順❶：仮説の設定

$H_0 : P = P_0$、$H_1 : P \neq P_0$ （両側検定の場合）

$H_0 : P = P_0$、$H_1 : P > P_0$ （右片側検定の場合）

$H_0 : P = P_0$、$H_1 : P < P_0$ （左片側検定の場合）

手順❷：有意水準の決定

$\alpha = 0.05$

手順❸：サンプル中の不適合品数 x から不適合品率 $p = x / n$ の計算

手順❹：検定統計量 u_0 の計算

$u_0 = (x - n P_0) / \sqrt{nP_0(1-P_0)}$

手順❺：判定

両側検定の場合は、$|u_0| \geqq u(\alpha) = 1.960$、右片側検定の場合は、$u_0 \geqq u(2\alpha) = 1.645$、左片側検定の場合は、$u_0 \leqq -u(2\alpha) = -1.645$ ならば有意であり、帰無仮説 H_0 を棄却します。

手順❻：点推定

$\hat{p} = p = x / n$

手順❼：区間推定（信頼率 $1-\alpha$ の P の信頼区間）

$$p - 1.960\sqrt{\frac{p(1-p)}{n}} \leqq P \leqq p + 1.960\sqrt{\frac{p(1-p)}{n}}$$

◆**演習問題1**

　A工程での不適合品率の発生状況は 7.3% であったので、工程変更を行った結果、250 個の製品中、不適合品数は 9 個でした。工程変更によって不適合品率は減少したといえるかを検討します。

①**仮説の設定**

　$H_0 : P = P_0$、$H_1 : P < P_0$　（左片側検定の場合）

②**有意水準の決定**

　$\alpha = 0.05$

③**不適合品率 $p = x/n$ の計算**

　$x = 9$、$p = 9/250 = 0.036$

④**検定統計量 u_0 の計算**

$$u_0 = (x - nP_0)/\sqrt{nP_0(1-P_0)}$$
$$= (9 - 250 \times 0.073)/\sqrt{250 \times 0.073(1-0.073)} = -2.25$$

⑤**判定**

　$u_0 = -2.25 \leqq -1.645$ であるので、有意であり、帰無仮説 H_0 を棄却し、工程変更により不適合品率は減少したといえます。

⑥**点推定**

　$\hat{p} = p = x/n = 0.036$

⑦**区間推定（信頼率 $1-\alpha = 0.95$ の P の信頼区間）**

$$p - 1.960\sqrt{\frac{p(1-p)}{n}} \leqq P \leqq p + 1.960\sqrt{\frac{p(1-p)}{n}}$$

$$0.036 - 1.960\sqrt{\frac{0.036(1-0.036)}{250}} \leqq P \leqq 0.036 + 1.960\sqrt{\frac{0.036(1-0.036)}{250}}$$

$$0.013 \leqq P \leqq 0.059$$

信頼区間 95% で、新工程の不適合品率の信頼限界は、上側 5.9% で下側で 1.3% です。

2つの母不適合品率の違いに関する検定・推定

2つの母不適合品率の違いに関する検定・推定

2つの母不適合品率の違いに関する検定・推定の考え方は、次の図の通りです。

2つの母不適合品率の違いに関する検定・推定の考え方

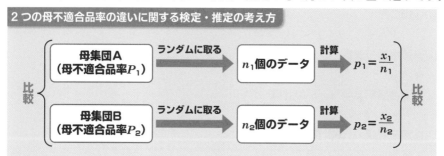

手順は、次の通りです。

手順❶：仮説の設定

$H_0 : P_1 = P_2$、$H_1 : P_1 \neq P_2$　（両側検定の場合）

$H_0 : P_1 = P_2$、$H_1 : P_1 > P_2$　（右片側検定の場合）

$H_0 : P_1 = P_2$、$H_1 : P_1 < P_2$　（左片側検定の場合）

手順❷：有意水準の決定

$\alpha = 0.05$

手順❸：サンプル中の不適合品数 x_1 と x_2 を調べ、不適合品率 p_1、p_2 を計算

$\bar{p} = (x_1 + x_2) / (n_1 + n_2)$

手順❹：検定統計量 u_0 の計算

$$u_0 = (p_1 - p_2) / \sqrt{\bar{p}(1 - \bar{p})\left(\frac{1}{n_1} + \frac{1}{n_2}\right)}$$

手順❺：判定

両側検定の場合は、$|u_0| \geq 1.960$、右片側検定の場合は、$u_0 \geq 1.645$、左片側検定の場合は、$u_0 \leq -1.645$ ならば有意であり、帰無仮説 H_0 を棄却します。

手順❻：点推定

$\widehat{P_1 - P_2} = p_1 - p_2 = x_1 / n_1 - x_2 / n_2$

手順❼：区間推定（信頼率 $1-\alpha$ の P_1-P_2 の信頼区間）

$$(p_1-p_2)-1.960\sqrt{\frac{p_1(1-p_1)}{n_1}+\frac{p_2(1-p_2)}{n_2}} \leqq P_1-P_2 \leqq$$

$$(p_1-p_2)+1.960\sqrt{\frac{p_1(1-p_1)}{n_1}+\frac{p_2(1-p_2)}{n_2}}$$

◆演習問題 2

　AとBの機械で加工した部品について、Aは 350 個中 64 個、Bは 200 個中 22 個の不適合品がありました。機械によって差があるといえるかを検討します。

①仮説の設定

　$H_0：P_A = P_B$、$H_1：P_A \neq P_B$

②有意水準の決定

　$\alpha = 0.05$

③サンプル中の不適合品数 x_A と x_B を調べ、不適合品率 p_A、p_B を計算

　$p_A = 64／350 = 0.183$、$P_B = 22／200 = 0.110$

　$\bar{p} = (x_A+x_B)／(n_A+n_B) = (64+22)／(350+200) = 0.156$

④検定統計量 u_0 の計算

$$u_0 = (p_A-p_B)／\sqrt{\bar{p}(1-\bar{p})\left(\frac{1}{n_A}+\frac{1}{n_B}\right)}$$

$$= (0.183-0.110)／\sqrt{0.156(1-0.156)\left(\frac{1}{350}+\frac{1}{200}\right)} = 2.27$$

⑤判定

　$|u_0| = 2.27 \geqq 1.960$ であり、有意となり、帰無仮説 H_0 を棄却し、AとBの機械では不適合品率に差があるといえます。

⑥点推定

　$\widehat{p_A-p_B} = p_A-p_B = x_A／n_A-x_B／n_B = 0.183 - 0.110 = 0.073$

⑦区間推定（信頼率 0.95 の P_A-P_B の信頼区間）

$$(p_A-p_B)-1.960\sqrt{\frac{p_A(1-p_A)}{n_A}+\frac{p_B(1-p_B)}{n_B}} \leqq P_A-P_B \leqq$$

$$(p_A-p_B)+1.960\sqrt{\frac{p_A(1-p_A)}{n_A}+\frac{p_B(1-p_B)}{n_B}}$$

$$0.073-1.960\sqrt{\frac{0.183(1-0.183)}{350}+\frac{0.110(1-0.110)}{200}} \leqq P_A-P_B \leqq$$

$$0.073 + 1.960 \sqrt{\frac{0.183\,(1-0.183)}{350} + \frac{0.110\,(1-0.110)}{200}}$$

$$0.014 \leqq P_A - P_B \leqq 0.132$$

◆演習問題3

製造ライン A と B の不適合品数の発生状況を比較するためにデータを収集したところ A ラインでは 500 個中 6 個の不適合品、B ラインでは 600 個中 3 個の不適合品が発生していました。B ラインの不適合品率が A ラインよりも低いといえるかを検討します。

①仮説の設定

$H_0 : P_A = P_B$、$H_1 : P_A > P_B$

②有意水準の決定

$\alpha = 0.05$

③サンプル中の不適合品 x_A と x_B を調べ、不適合品率 P_A、P_B を計算

$p_A = 6 / 500 = 0.012$、$p_B = 3 / 600 = 0.005$

$\bar{p} = (x_A + x_B) / (n_A + n_B) = (6+3) / (500+600) = 0.0082$

④検定統計量 u_0 の計算

$$u_0 = (p_A - p_B) / \sqrt{\bar{p}(1-\bar{p})\left(\frac{1}{n_A} + \frac{1}{n_B}\right)}$$

$$= (0.012 - 0.005) / \sqrt{0.0082\,(1-0.0082)\left(\frac{1}{500} + \frac{1}{600}\right)}$$

$$= 1.282$$

⑤判定

右片側検定であるので、**$u_0 = 1.282 < 1.645$ となり、有意でない**ので、B ラインの方が A ラインよりも不適合品率が低いとはいえません。

⑥点推定

$$\widehat{P_A - P_B} = p_A - p_B = x_A / n_A - x_B / n_B = 0.012 - 0.005 = 0.007$$

⑦区間推定（信頼率 0.95 の $P_A - P_B$ の信頼区間）

$$(p_A - p_B) - 1.960 \sqrt{\frac{p_A(1-p_A)}{n_A} + \frac{p_B(1-p_B)}{n_B}} \leqq P_A - P_B \leqq$$

$$(p_A - p_B) + 1.960 \sqrt{\frac{p_A(1-p_A)}{n_A} + \frac{p_B(1-p_B)}{n_B}}$$

$$- 0.004 \leqq P_A - P_B \leqq 0.018$$

問1 母不適合品率及び 2 つの母不適合品率の違いに関する検定・推定に関する次の文章で、正しいものには○を、正しくないものには×を示せ。

① 二項分布を正規分布に近似できるのは、$P \leqq 0.5$ で $nP \geqq 5$ の場合である。

(1)

② 母不適合品率の検定では、検定統計量 u_0 は、$u_0 = (x - nP_0) / \sqrt{P_0(1 - P_0)}$ で求められる。

(2)

③ 母不適合品率の検定の右片側検定の判定は、$u_0 \geqq u(\alpha) = 1.645$ となる。 (3)

④ 2 つの母不適合品率の違いに関する検定の点推定は、$\widehat{P_1 - P_2} = x_1/n_1 - x_2/n_2$ で求めることができる。

(4)

⑤ 2 つの母不適合品率の違いに関する左側検定の場合の対立仮説は $H_1 : P_1 > P_2$ である。

(5)

問2 母不適合品率及び 2 つの母不適合品率の違いに関する検定・推定に関する次の文章において、 内に入る最も適切なものを選択肢からひとつ選べ。

A 社と B 社の納入部品について、A 社は 100 個中 5 個、B 社は 200 個中 7 個の不適合品があった。A 社と B 社に不適合品率に差があるといえるかを検討してみた。

① 仮説の設定と有意水準の決定

$H_0 : P_A = P_B$、$H_1 :$ (1) 、$\alpha = 0.05$

② $\bar{p}$ の計算

$\bar{p} =$ (2)

③ 検定統計量 u_0 の計算

$u_0 =$ (3)

④ 判定

両側検定であり、$u_0 <$ (4) になるので、 (5) 。

【選択肢】
ア. 0.04 イ. 1.960 ウ. 1.645 エ. 0.08 オ. $P_A \neq P_B$ カ. $P_A > P_B$
キ. 有意にならない ク. 有意となる ケ. 0.625 コ. 0.634

問1 (1) ○   (2) ×   (3) ×   (4) ○   (5) ×

(1) 不適合品及び適合品の期待個数がいずれも 5 以上であれば、二項分布は正規分布に近似して確率を求めても実用上問題はない。

(2) $u_0 = (x - n P_0) \big/ \sqrt{n P_0 (1 - P_0)}$

(3) $u_0 \geqq u(2\alpha) = 1.645$

(4) $\widehat{P_1 - P_2} = P_1 - P_2 = x_1 \big/ n_1 - x_2 \big/ n_2$

(5) $H_1 : P_1 < P_2$

問2 (1) オ   (2) ア   (3) ケ   (4) イ   (5) キ

(1) 両側検定

(2) $\bar{p} = (x_A + x_B) \big/ (n_A + n_B) = 12 / 300 = 0.04$

(3) $p_A = 5 / 100 = 0.05$、$p_B = 7 / 200 = 0.035$

$$u_0 = (P_A - P_B) \Big/ \sqrt{\bar{p}(1-\bar{p}) \left(\frac{1}{n_A} + \frac{1}{n_B} \right)}$$

$$= (0.05 - 0.035) \Big/ \sqrt{0.04(1-0.04) \left(\frac{1}{100} + \frac{1}{200} \right)}$$

$$= 0.625$$

(4) 両側検定なので 1.960

(5) 有意にならない。

正解
10

計数値データに基づく検定・推定②

計数値データに基づく検定と推定のうち、母不適合品数に関する検定・推定、2つの不適合品数の違いに関する検定・推定、及び分割表に関する検定・推定についての考え方を学びます。手順に従って繰り返し学習しましょう。

重要度 ★★★

母不適合品数に関する
検定・推定

母不適合品数に関する検定・推定

製品の傷や事故数などの不適合品数 x は、母不適合品数 m とする**ポアソン分布**に従います。このとき、$m \geq 5$ ならば、ポアソン分布は正規分布 $N(m, \sqrt{m})$ に近似できるので、不適合品率と同じように、1 つの不適合品数に関する検定・推定ができます。

手順は次の通りです。

手順❶：仮説の設定

$H_0 : m = m_0$、$H_1 : m \neq m_0$　（両側検定の場合）

$H_0 : m = m_0$、$H_1 : m > m_0$　（右片側検定の場合）

$H_0 : m = m_0$、$H_1 : m < m_0$　（左片側検定の場合）

手順❷：有意水準の決定

$\alpha = 0.05$

手順❸：不適合品の平均値 $\bar{c}$ の計算

$\bar{c} = x / n$

手順❹：検定統計量 u_0 の計算

$$u_0 = (\bar{c} - m_0) / \sqrt{\dfrac{m_0}{n}}$$

手順❺：判定

両側検定の場合は、$|u_0| \geq 1.960$、右片側検定の場合は、$u_0 \geq 1.645$、左片側検定の場合は、$u_0 \leq -1.645$ ならば有意であり、帰無仮説 H_0 を棄却します。

手順❻：点推定

$\hat{m} = \bar{c} = x / n$

手順❼：区間推定（信頼率 $1 - \alpha$ の m の信頼区間）

$$\bar{c} - 1.960 \sqrt{\dfrac{\bar{c}}{n}} \leq m \leq \bar{c} + 1.960 \sqrt{\dfrac{\bar{c}}{n}}$$

◆演習問題1

　A製品の巻取り工程では、1日に平均7.0回の芯線の断線が発生していました。巻取り機の張力を変更した後に10日間測定したところ、平均5.0回の断線が発生していました。張力の変更により、断線回数は低減したかを検討します。

①仮説の設定

$H_0 : m = m_0$、$H_1 : m < m_0$

②有意水準の決定

$\alpha = 0.05$

③不適合品の平均値 $\bar{c}$ の計算

$\bar{c} = 5.0$、$n = 10$

④検定統計量 u_0 の計算

$$u_0 = (\bar{c} - m_0) \diagup \sqrt{\frac{m_0}{n}} = (5.0 - 7.0) \diagup \sqrt{\frac{7.0}{10}} = -2.390$$

⑤判定

$u_0 = -2.390 \leqq -1.645$ なので有意であり、帰無仮説 H_0 を棄却し、張力の変更によって断線が少なくなったといえます。

⑥点推定

$\hat{m} = \bar{c} = 5.0$

⑦区間推定（信頼率0.95の m の信頼区間）

$$\bar{c} - 1.960 \sqrt{\frac{\bar{c}}{n}} \leqq m \leqq \bar{c} + 1.960 \sqrt{\frac{\bar{c}}{n}}$$

$$5.0 - 1.960 \sqrt{\frac{5.0}{10}} \leqq m \leqq 5.0 + 1.960 \sqrt{\frac{5.0}{10}}$$

$$3.61 \leqq m \leqq 6.39$$

2つの不適合品数の 違いに関する検定・推定

2つの不適合品数の違いに関する検定・推定

2つの母不適合品数の比較も2つの不適合品率の差の検定と同じように行います。3つ以上の不適合品数に関する検定は適合度の検定を行います。

手順は次の通りです。

手順❶：仮説の設定

$H_0 : m_1 = m_2$、$H_1 : m_1 \neq m_2$ （両側検定の場合）

$H_0 : m_1 = m_2$、$H_1 : m_1 > m_2$ （右片側検定の場合）

$H_0 : m_1 = m_2$、$H_1 : m_1 < m_2$ （左片側検定の場合）

手順❷：有意水準の決定

$\alpha = 0.05$

手順❸：不適合数を Σc_1、Σc_2 より $\bar{c_1}$、$\bar{c_2}$ の計算

手順❹：$\bar{c}$ の計算

$\bar{c} = \Sigma c_1 + \Sigma c_2 / n_1 + n_2$

手順❺：検定統計量 u_0 の計算

$$u_0 = (\bar{c_1} - \bar{c_2}) \left/ \sqrt{\bar{c} \left(\frac{1}{n_1} + \frac{1}{n_2} \right)} \right.$$

手順❻：判定

両側検定の場合は、$|u_0| \geq 1.960$、右片側検定の場合は、$u_0 \geq 1.645$、左片側検定の場合は、$u_0 \leq -1.645$ ならば有意であり、帰無仮説 H_0 を棄却します。

手順❼：点推定

$\widehat{m_1 - m_2} = \bar{c_1} - \bar{c_2} = x_1 / n_1 - x_2 / n_2$

手順❽：区間推定（信頼率 $1 - \alpha$ の $m_1 - m_2$ の信頼区間）

$$(\bar{c_1} - \bar{c_2}) - 1.960 \sqrt{\left(\frac{\bar{c_1}}{n_1} + \frac{\bar{c_2}}{n_2} \right)} \leq m_1 - m_2 \leq (\bar{c_1} - \bar{c_2}) + 1.960 \sqrt{\left(\frac{\bar{c_1}}{n_1} + \frac{\bar{c_2}}{n_2} \right)}$$

◆演習問題 2

データ投入ミス件数の低減のために研修を行いました。研修前の 10 日間は 80 回のミスがありました。研修後の 20 日間では 100 回のミスがありました。研修によってミス件数が変化したかどうかを検討します。

①仮説の設定

$H_0 : m_1 = m_2$、$H_1 : m_1 \neq m_2$

②有意水準の決定

$\alpha = 0.05$

③不適合数を Σc_1、Σc_2 より $\bar{c}_1$、$\bar{c}_2$ の計算

$\Sigma c_1 = 80$、$\Sigma c_2 = 100$

$\bar{c}_1 = \Sigma c_1 / n_1 = 80 / 10 = 8.0$　$\bar{c}_2 = \Sigma c_2 / n_2 = 100 / 20 = 5.0$

④ $\bar{c}$ の計算

$\bar{c} = \Sigma c_1 + \Sigma c_2 / n_1 + n_2 = 80 + 100 / 10 + 20 = 6.0$

⑤検定統計量 u_0 の計算

$$u_0 = (\bar{c}_1 - \bar{c}_2) / \sqrt{\bar{c}\left(\frac{1}{n_1} + \frac{1}{n_2}\right)} = (8.0 - 5.0) / \sqrt{6.0\left(\frac{1}{10} + \frac{1}{20}\right)} = 3.16$$

⑥判定

$u_0 = 3.16 > 1.960$ なので有意であり、帰無仮説 H_0 を棄却し、研修前後でミスが変化したといえます。

⑦点推定

$\widehat{m_1 - m_2} = \bar{c}_1 - \bar{c}_2 = x_1 / n_1 - x_2 / n_2 = 8.0 - 5.0 = 3.0$

⑧区間推定（信頼率 0.95 の $m_1 - m_2$ の信頼区間）

$$(\bar{c}_1 - \bar{c}_2) - 1.960 \sqrt{\left(\frac{\bar{c}_1}{n_1} + \frac{\bar{c}_2}{n_2}\right)} \leq m_1 - m_2 \leq (\bar{c}_1 - \bar{c}_2) + 1.960 \sqrt{\left(\frac{\bar{c}_1}{n_1} + \frac{\bar{c}_2}{n_2}\right)}$$

$$3.0 - 1.960 \sqrt{\left(\frac{8.0}{10} + \frac{5.0}{20}\right)} \leq m_1 - m_2 \leq 3.0 + 1.960 \sqrt{\left(\frac{8.0}{10} + \frac{5.0}{20}\right)}$$

$$0.99 \leq m_1 - m_2 \leq 5.01$$

重要度 ★★★

分割表に関する
検定・推定

分割表に関する検定・推定

　製品を適合品と不適合品の 2 つのクラスに分類して、いくつかの母集団での不適合品率を比較したり、製品やロットを 1、2、3……等級と 3 つ以上のクラスに分類して各クラスの出現割合についていくつかの母集団で比較したいときは、分割表を用いて検定できます。

　分割表の一般的な形式は次の表のようになります。これを $l \times m$ **分割表**といいます。

$l \times m$ 分割表					
	B_1	B_2	・・・・・	B_m	計
A_1	x_{11}	x_{12}	・・・・・	x_{1m}	$T_1.$
A_2	x_{21}	x_{22}	・・・・・	x_{2m}	$T_2.$
・	・	・		・	・
・	・	・		・	・
A_l	x_{l1}	x_{l2}	・・・・・	x_{lm}	$T_l.$
計	$T._1$	$T._2$	・・・・・	$T._m$	$T..$

　母集団によって出現確率が等しければ、実際に得られた度数 x_{ij} と期待度数 t_{ij} はそれほど変わらないはずです。このため、**この差の大きさを調べることによって、いくつかの母集団の出現確率の違いを検定できます。**

　分割表の検定の手順を次に示します。

手順❶：仮説の設定

　H_0：ある属性によって分類した各クラスの出現確率は母集団によって差がない
　　　（行と列は独立である）

　H_1：ある属性によって分類した各クラスの出現確率は母集団によって差がある
　　　（行と列は独立でない）

手順❷：有意水準の決定

　$\alpha = 0.05$

手順❸：期待度数 t_{ij}、検定統計量 χ_0^2 の計算

$$t_{ij} = T_i. \times T._j / T..$$
$$\chi_0^2 = \Sigma_{i=1}^l \ \Sigma_{j=1}^m \ (x_{ij} - t_{ij})^2 / t_{ij}$$
$$\phi = (l-1)(m-1)$$

手順❹：判定

$\chi_0^2 \geqq \chi^2(\phi、\alpha)$ ならば有意であり、帰無仮説 H_0 を棄却します。

◆演習問題3（2×2分割表における検定）

部品を設備Aで生産し、設備改善を行った結果について分割表を用いて検定することにしました。その時のデータを表に示します。

	改善前	改善後	計
適合品数	286	178	464
不適合品数	64	22	86
計	350	200	550

①仮説の設定

H_0：改善前と改善後の不適合品の出現確率は差がない

H_1：改善前と改善後の不適合品の出現確率は差がある

②有意水準の決定

$\alpha = 0.05$

③期待度数 t_{ij}、検定統計量 χ_0^2 の計算

$t_{11} = T_1. \times T._1 / T.. = 464 \times 350 / 550 = 295.3$

以下同様に計算すると期待度数（t_{ij}）は次のようになります。

期待度数

	改善前	改善後	計
適合品数	295.3	168.7	464.0
不適合品数	54.7	31.3	86.0
計	350.0	200.0	550.0

$$\chi_0^2 = \Sigma_{i=1}^l \ \Sigma_{j=1}^m \ (x_{ij} - t_{ij})^2 / t_{ij}$$
$$= (286-295.3)^2/295.3 + (178-168.7)^2/168.7 + (64-54.7)^2$$
$$/54.7 + (22-31.3)^2/31.3$$
$$= 5.15$$

④判定

$\chi_0^2 = 5.15 > \chi^2(1;0.05) = 3.84$ で有意となり、帰無仮説 H_0 を棄却し、改善前と改善後には差があるといえます。

◆演習問題4（4×3分割表における検定）

塗装工程は日勤、中勤、夜勤の3交替で作業をしています。この3交替の組で不適合品の項目の出方に違いがあるかを検定するため、1週間のデータを収集したところ表のようになりました。

項目	日勤	中勤	夜勤	計
キズ	98	120	82	300
ナガレ	8	15	7	30
ゴミ	23	11	36	70
その他	26	32	42	100
計	155	178	167	500

①仮説の設定

H_0：3交替の組で不適合品の出現確率は差がない

H_1：3交替の組で不適合品の出現確率は差がある

②有意水準の決定

$\alpha = 0.05$

③期待度数 t_{ij}、検定統計量 の計算

$t_{11} = \mathrm{T}_1. \times \mathrm{T}._1 / \mathrm{T}.. = 300 \times 155 / 500 = 93.0$

$t_{12} = 300 \times 178 / 500 = 106.8$

以下同様に計算すると期待度数（t_{ij}）は次のようになります。

期待度数

項目	日勤	中勤	夜勤	計
キズ	93.0	106.8	100.2	300.0
ナガレ	9.3	10.7	10.0	30.0
ゴミ	21.7	24.9	23.4	70.0
その他	31.0	35.6	33.4	100.0
計	155.0	178.0	167.0	500.0

$$\chi_0^2 = \Sigma_{i=1}^l \quad \Sigma_{j=1}^m \quad (x_{ij} - t_{ij})^2 / t_{ij}$$
$$= (98 - 93.0)^2 / 93.0 + \cdots (42 - 33.4)^2 / 33.4$$
$$= 26.02$$

④判定

$\chi_0^2 = 26.02 > \chi^2(6 ; 0.05) = 12.59$ で有意となり、帰無仮説 H_0 を棄却し、作業組によって不適合品の項目の出方に違いがあるといえます。

問1 母不適合品数、2つの不適合品数の違い、及び分割表に関する検定・推定に関する次の文章において、正しいものには○を、正しくないものには×を示せ。

① 製品の傷などの不適合品数 x は、母不適合品数 m とするポアソン分布に従う。

(1)

② ポアソン分布は $m \leq 5$ ならば、正規分布 $N(m, \sqrt{m})$ に近似できる。 (2)

③ 2つの不適合品数の違いに関する検定で、左片側検定の場合の対立仮説は、$H_1: m_1 < m_2$ である。

(3)

④ 分割表は、いくつかの母集団の差の違いを検定できる。 (4)

⑤ 分割表での自由度は、$l = 4$、$m = 3$ の場合には 12 である。 (5)

問2 母不適合品数、2つの不適合品数の違い、及び分割表に関する検定・推定に関する次の文章において、◯◯内に入る最も適切なものを選択肢からひとつ選べ。

① 2つの不適合品数の違いに関する検定の検定統計量 u_0 は (1) で求め、点推定は (2) で求める。

② 母集団によって出現確率が等しい場合には、実際に得られた度数 x_{ij} と (3) の (4) の大きさを調べることでいくつかの母集団の出現確率の違いを検定できる。

③ 分割表の判定では、 (5) ならば有意であり、帰無仮説 H_0 を棄却します。

【選択肢】

ア．$(\bar{c}_1 - \bar{c}_2) \Big/ \sqrt{\bar{c}\left(\dfrac{1}{n_1} - \dfrac{1}{n_2}\right)}$　　イ．$(\bar{c}_1 - \bar{c}_2) \Big/ \sqrt{\bar{c}\left(\dfrac{1}{n_1} + \dfrac{1}{n_2}\right)}$

ウ．$x_1/n_1 - x_2/n_2$　エ．$x_1/n_1 + x_2/n_2$　オ．期待度数 t_{ij}　カ．期待値 t_{ij}

キ．ばらつき　ク．差　ケ．$\chi_0^2 \geq \chi^2(\phi, \alpha)$　コ．$\chi_0^2 \geq \chi^2(\phi, \alpha/2)$

計数値データに基づく検定・推定②

計数値データに基づく検定・推定②

解答解説 ☑

問1 (1) ○ (2) × (3) ○ (4) × (5) ×

(1) 欠点数などはポアソン分布に従う。

(2) $m \geqq 5$

(3) $H_1 : m_1 < m_2$

(4) 母集団の出現確率の違いである。

(5) $3 \times 2 = 6$ である。

問2 (1) イ (2) ウ (3) オ (4) ク (5) ケ

(1)(2) 2つの不適合品率の差の検定と同じような計算を行う。

(3)(4) 母集団によって出現確率が等しければ、実際に得られた度数 x_{ij} と期待度数 t_{ij} はそれほど変わらないはずなので、この差の大きさを調べることによって、いくつかの母集団の出現確率の違いを検定できる。

(5) 差があるかないかを検定しているので、棄却域は α である。

正解
10

QUALITY CONTROL

管理図①

管理図のうち $\bar{X}-s$ 管理図及び X 管理図についての考え方を学びます。どのようなときに用いるか、整理して覚えておきましょう。

管理図①

$\bar{X} - s$ 管理図

$\bar{X} - s$ 管理図は、$\bar{X} - R$ 管理図と同じように長さや重量などの計量値に使用して、R の代わりに標準偏差 s を用います。特に**群の大きさが 10 以上の大きいときに s を用いることが効果的**です。$\bar{X} - s$ 管理図の管理線は次の式により求めます。

$\bar{X}$ 管理図の管理線

$$CL = \bar{\bar{X}}$$
$$UCL = \bar{\bar{X}} + A_3\bar{s}$$
$$LCL = \bar{\bar{X}} - A_3\bar{s}$$

s 管理図の管理線

$$CL = \bar{s}$$
$$UCL = B_4\bar{s}$$
$$LCL = B_3\bar{s}$$

なお、A_3、B_4、B_3 の計数表は **$\bar{X} - s$ 管理図用係数表**を使用します。サンプルの大きさが 10 の場合には、$A_3 = 0.975$、$B_4 = 1.716$、$B_3 = 0.284$ です。

群ごとに $\bar{X}$ と標準偏差 s を計算し、管理図を作成します。作成方法は $\bar{X} - R$ 管理図と同じで R が s に代わるだけです。

s 管理図の作成手順は次の通りです。

手順❶：データの収集

管理対象とする製品・サービスの管理特性を決め、群の大きさと群のデータ数を決めます。データ数が 2500 個程度になるようにします。標準偏差を使用しますので、例えば、毎日 10 個の製品をランダムサンプリングし、25 日間データを取ります。

手順❷：群ごとの標準偏差の計算

$$s = \sqrt{V} = \sqrt{\frac{S}{n-1}}$$

手順❸：標準偏差の総平均値の計算

$$\bar{s} = \Sigma s / k$$

手順❹：s 管理図の管理線の計算

$CL = \bar{s}$

$UCL = B_4\bar{s}$

$LCL = B_3\bar{s}$

次の表に示すデータについての $\bar{X}-s$ 管理図は、次のようになります。

群	データ										$\bar{X}$	s
1	3	5	2	4	8	5	6	8	2	3	4.6	2.22
2	6	3	4	7	2	3	5	6	2	1	3.9	2.02
.												
.												
.												
24	3	2	5	4	7	2	5	6	2	3	3.9	1.79
25	3	5	7	2	6	4	7	8	2	4	4.8	2.15

$\bar{X}-s$ 管理図

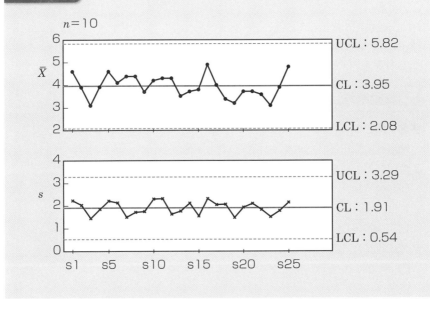

251

X 管理図

X 管理図は次に示す理由で合理的な群分けができない場合には、個々のデータをプロットする X 管理図を使用します。

・群分けに意味がない
・技術的に考えて群を構成しない方がよい（バッチ生産であり、各バッチで1個のデータが得られる場合など）
・データが得られる間隔が非常に長く、群を構成するデータが集まるまでに時間がかかり、異常検出のタイミングが遅れる恐れがある

この X 管理図は、**$\bar{X}-R$ 管理図と組み合わせて用いる方法**と、**Rs（移動平均）から管理限界線を求めて $X-Rs$ 管理図で用いる方法**があります。

$\bar{X}-R$ 管理図と組み合わせて用いる方法

個々のデータを適当に群分けして $\bar{X}-R$ 管理図を作成します。そこで得られた X、R を用いて次の式により X 管理図の限界線を計算します。

$$CL = \bar{X}$$
$$UCL = \bar{X} + E_2\bar{R}$$
$$LCL = \bar{X} - E_2\bar{R}$$
$$E_2 = \sqrt{n}\,A_2$$

Rs（移動平均）から管理限界線を求める方法

移動平均とは、相続くデータについて順にずらして計算した範囲のことです。

$$Rs_1 = |X_1 - X_2|、Rs_2 = |X_2 - X_3|\cdots$$

X 管理図の限界線は次のようになります。

$$CL = \bar{X}$$
$$UCL = \bar{X} + 2.66\bar{R}s$$
$$LCL = \bar{X} - 2.66\bar{R}s$$

Rs 管理図の管理線は次のようになります。

$$CL = \bar{R}s$$
$$UCL = 3.27\bar{R}s$$
$$LCL = 考えない$$

問1 $\bar{X}-s$ 管理図及び X 管理図に関する次の文章で、正しいものには○を、正しくないものには×を示せ。

① $\bar{X}-s$ 管理図は群の大きさが 5 以下の場合に使用すると効果的である。 ☐(1)

② $\bar{X}-s$ 管理図と $\bar{X}-R$ 管理図の精度は同じである。 ☐(2)

③ $\bar{X}-s$ 管理図の UCL は $B_4\bar{s}$ である。 ☐(3)

④ 群分けに意味がない場合には X 管理図を作成するとよい。 ☐(4)

⑤ バッチ生産で、各バッチで 1 個のデータが得られる場合などは X 管理図を作成するとよい。 ☐(5)

問2 $\bar{X}-s$ 管理図及び X 管理図に関する次の文章において、☐内に入る最も適切なものを選択肢からひとつ選べ。

① $\bar{X}-s$ 管理図において、$\bar{X}$ 管理図の管理線は、UCL = ☐(1)、LCL = ☐(2) である。

② $\bar{X}-s$ 管理図において、s 管理図の管理線は、LCL = ☐(3) である。

③ $\bar{X}-Rs$ 管理図は、個々の値 X の管理図と ☐(4) の管理図とを組み合わせて作成したものである。

④ $X-Rs$ 管理図の X 管理図の UCL は ☐(5) になる。

> 【選択肢】
> ア．$\bar{\bar{X}}+A_3\bar{s}$　イ．$\bar{\bar{X}}-A_3\bar{s}$　ウ．$\bar{\bar{X}}-A_4\bar{s}$　エ．$\bar{\bar{X}}+A_4\bar{s}$　オ．標準偏差
> カ．範囲 R　キ．$B_3\bar{s}$　ク．$B_5\bar{s}$　ケ．$\bar{X}+2.66Rs$　コ．$\bar{X}+E_2Rs$

問1 (1) × (2) × (3) ○ (4) ○ (5) ○

(1) 10 以上の場合に使用すると効果的である。

(2) $\bar{X}-s$ 管理図は群の大きさが大きいので、$\bar{X}-R$ 管理図よりも精度が高い。

(3) $\mathrm{UCL} = \mathrm{B}_4\bar{s}$ である。

(4)(5) 合理的な群分けができない場合には、個々のデータをプロットする X 管理図を使用する。

問2 (1) ア (2) イ (3) キ (4) カ (5) ケ

(1)(2) $\mathrm{CL} = \bar{\bar{X}}$、$\mathrm{UCL} = \bar{\bar{X}}+\mathrm{A}_3\bar{s}$、$\mathrm{LCL} = \bar{\bar{X}}-\mathrm{A}_3\bar{s}$

(3) $\mathrm{CL} = \bar{s}$、$\mathrm{UCL} = \mathrm{B}_4\bar{s}$、$\mathrm{LCL} = \mathrm{B}_3\bar{s}$

(4) $Rs_1 = |\mathrm{X}_1-\mathrm{X}_2|$、$Rs_2 = |\mathrm{X}_2-\mathrm{X}_3|$・・・

(5) $\mathrm{CL} = \bar{X}$、$\mathrm{UCL} = \bar{X}+2.66\bar{R}s$、$\mathrm{LCL} = \bar{X}-2.66\bar{R}s$

正解
10

管理図②

計数値の管理図である p 管理図、np 管理図、u 管理図、及び c 管理図についての考え方を学びます。どのようなときに用いるか、整理して覚えておきましょう。

重要度 ★★★

管理図②

p 管理図

p（proportion）**管理図**は、計数値に適用する管理図であり、**不良率に対して用いる**ことができ、群の大きさが一定でなくてもかまいません。なお、群の大きさの目安は、**群ごとに不良個数が 1 〜 5 程度含まれるようにします**。

p 管理図は、次の手順で作成します。

手順❶：データの収集

手順❷：データの群分け

手順❸：群ごとの不良率 p_i の計算

$p_i = (np)_i / n_i$　$(np)_i$ は各群の不良個数、n_i は群の大きさ

手順❹：平均不良率の $\bar{p}$ の計算

$\bar{p} = \Sigma (np)_i / \Sigma n_i$

手順❺：管理限界線の計算

$\mathrm{CL} = \bar{p}$

$\mathrm{UCL} = \bar{p} + 3\sqrt{\dfrac{\bar{p}(1-\bar{p})}{n_i}}$

$\mathrm{LCL} = \bar{p} - 3\sqrt{\dfrac{\bar{p}(1-\bar{p})}{n_i}}$

手順❻　管理図の作成

p 管理図では、**管理限界線**の計算式からもわかるように、群の大きさにより管理限界が異なります。個々の群の大きさの変化が少ない場合には、各群の大きさの平均値（$\bar{n}$）を用いて管理限界線を計算します。なお、各 n_i が $\bar{n}$ の 0.5 〜 1.5 倍程度あれば、群の大きさの変化が少ないと考えてかまいません。個々の群の大きさの変化が少ない場合で、打点が管理限界線の内側で近接し、$\bar{n} < n_i$ の場合には、管理限界線を上の手順❺の式に基づいて再計算し、新しい管理限界線と比較して判断します。

　一方、外側で近接しているときには、そのまま管理限界線の外側の点であると判断します。$\bar{n} > n_i$ の場合には、内側で近接している場合はそのまま内側の点と

判断し、外側の場合には再計算して比較します。

　p 管理図の例を図に示します。

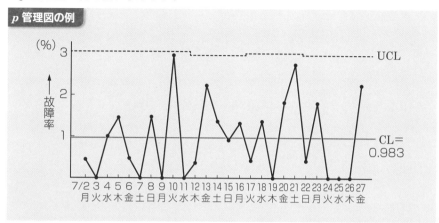

p 管理図の例

◆演習問題 1

　最近 25 日間の製品 A の中間検査の結果は、次のようになりました。p 管理図を作成して工程の状況を調査することにしました。

日	群の数	不適合数	日	群の数	不適合数	日	群の数	不適合数
1	200	3	10	250	4	19	150	2
2	200	1	11	250	3	20	150	1
3	200	5	12	250	2	21	150	4
4	200	1	13	250	7	22	150	3
5	200	8	14	250	9	23	150	6
6	200	6	15	250	5	24	150	5
7	200	4	16	250	2	25	150	0
8	200	2	17	250	8			
9	200	0	18	250	3			

①群ごとの不良率 p_i の計算

　$p_1 = 3／200 = 0.015$、$p_2 = 1／200 = 0.005$　・・・$p_{25} = 0／150 = 0$

②平均不良率 $\bar{p}$ の計算

　$\bar{p} = \Sigma\,(np)_i／\Sigma\,n_i　= 94／5100 = 0.018$

257

③管理限界線の計算

$$\mathrm{CL} = \bar{p} = 0.018$$

$n_i = 200$ の場合

$$\mathrm{UCL} = \bar{p} + 3\sqrt{\frac{\bar{p}(1-\bar{p})}{n_i}} = 0.018 + 0.0282 = 0.0462$$

$n_i = 250$ の場合

$$\mathrm{UCL} = \bar{p} + 3\sqrt{\frac{\bar{p}(1-\bar{p})}{n_i}} = 0.018 + 0.0252 = 0.0432$$

$n_i = 150$ の場合

$$\mathrm{UCL} = \bar{p} + 3\sqrt{\frac{\bar{p}(1-\bar{p})}{n_i}} = 0.018 + 0.0326 = 0.0506$$

$$\mathrm{LCL} = \bar{p} - 3\sqrt{\frac{\bar{p}(1-\bar{p})}{n_i}} = \text{マイナスになるので考えない}$$

④管理図の作成

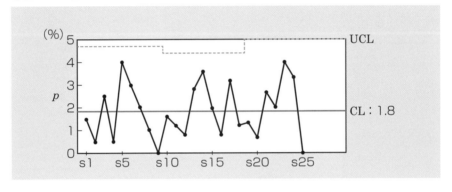

np 管理図

np （number of nonconforming items）管理図は計数値の管理図で、**不良個数について用いることができます**が、**群の大きさが一定であることが前提条件**です。

np 管理図は、次の手順で作成します。

手順❶：データの収集

手順❷：データの群分け

手順❸：平均不良個数 $n\bar{p}$ の計算

$n\bar{p} = \Sigma\,(np)_i / k$、$(np)_i$ は各群の不良個数で、k は群の数です。

手順❹：管理限界線の計算 $\Sigma\,n_i$

$\mathrm{CL} = n\bar{p}$

$\mathrm{UCL} = n\bar{p} + 3\sqrt{n\bar{p}\,(1-\bar{p})}$

$\mathrm{LCL} = n\bar{p} - 3\sqrt{n\bar{p}\,(1-\bar{p})}$

手順❺：管理図の作成

np 管理図の例を図に示します。

np 管理図の例

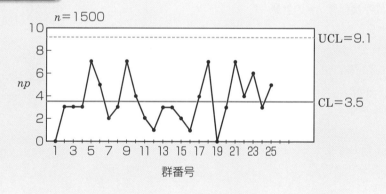

◆演習問題2

A デパートでは、レジ担当の社員から最近レジの故障が出ているとの報告があったので、毎日の故障状況について 27 日間データを取ったところ、表のようになりました。なお、レジの数は 50 台です。

日ごとの故障件数

日	故障件数	日	故障件数	日	故障件数
1	0	10	4	19	1
2	1	11	2	20	3
3	3	12	0	21	1
4	0	13	0	22	0
5	0	14	1	23	0
6	1	15	2	24	2
7	2	16	3	25	0
8	0	17	3	26	3
9	1	18	0	27	2

①平均不良個数 $n\bar{p}$ の計算

$\bar{p} = 32 / (50 \times 27) = 0.024$

$n\bar{p} = \Sigma (np)_i / k = 32 / 27 = 1.19$

②管理限界線の計算

$\mathrm{CL} = n\bar{p} = 1.2$

$\mathrm{UCL} = n\bar{p} + 3\sqrt{n\bar{p}(1-\bar{p})} = 1.2 + 3.25 = 4.45$

$\mathrm{LCL} = n\bar{p} - 3\sqrt{n\bar{p}(1-\bar{p})}$　　マイナスになるので考えない。

③管理図の作成

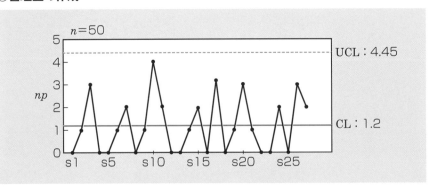

u 管理図

u（count per unit）管理図は計数値の管理図であり、**特性値が欠点の場合に用います。群の大きさが一定でない場合には、単位当たりの欠点数を求めて u 管理図を用います。**群分けは、1個の製品、1検査ロットなどのように技術的な意味があるものにします。また、群ごとの欠点数が 1 〜 5 程度含まれるようにします。個々の群の大きさの変化が少ない場合には、p 管理図と同様に群の大きさの平均値を用いて計算することができます。u 管理図は、次の手順で作成します。

手順❶：データの収集

手順❷：データの群分け

手順❸：群ごとの単位当たりの欠点数 u_i の計算

$u_i = c_i / n_i$　c_i は群に含まれる欠点数、n_i は群の大きさ

手順❹：平均欠点数 $\bar{u}$ の計算

$\bar{u} = \Sigma c_i / \Sigma n_i$

手順❺：管理限界線の計算

$\mathrm{CL} = \bar{u}$

$\mathrm{UCL} = \bar{u} + 3\sqrt{\dfrac{\bar{u}}{n_i}}$

$\mathrm{LCL} = \bar{u} - 3\sqrt{\dfrac{\bar{u}}{n_i}}$

手順❻：管理図の作成

u 管理図の例

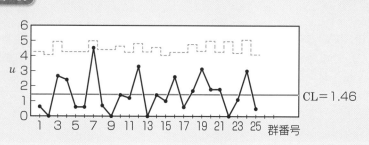

c 管理図

c（count）管理図は計数値の管理図であり、**特性値が欠点数で、群の大きさが一定の場合に用います**。

c 管理図は、次の手順で作成します。

手順❶：データの収集

手順❷：データの群分け

手順❸：平均欠点数 $\bar{u}$ の計算

$\bar{c} = \sum c_i / k$　　c_i は群に含まれる欠点数、k は群の数

手順❹：管理限界線の計算

$\mathrm{CL} = \bar{c}$

$\mathrm{UCL} = \bar{c} + 3\sqrt{\bar{c}}$

$\mathrm{LCL} = \bar{c} - 3\sqrt{\bar{c}}$

手順❺：管理図の作成

c 管理図の例を図に示します。

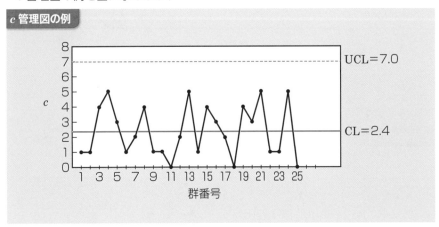

c 管理図の例

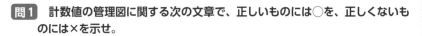

問1 計数値の管理図に関する次の文章で、正しいものには○を、正しくないものには×を示せ。

① 不良率に用いる管理図は p 管理図であり、群の大きさが一定である。 ___(1)___

② 不良個数の管理図では、平均不良個数の計算が必要である。 ___(2)___

③ u 管理図では、特性値が欠点の場合で、群の大きさが一定の場合に用いる。
___(3)___

④ u 管理図では、群ごとの欠点数が 1 ～ 5 程度含まれるようにする。 ___(4)___

⑤ p 管理図では、群の大きさが群の大きさの平均値の 2 倍程度あれば、群の大きさの変化が少ないと考えてよい。 ___(5)___

問2 計数値の管理図に関する次の文章において、___内に入る最も適切なものを選択肢からひとつ選べ。

① p 管理図の群の大きさの目安は、群ごとに不良個数が ___(1)___ 含まれるようにする。

② p 管理図の UCL の計算式は ___(2)___ である。

③ u 管理図の CL の計算式は ___(3)___ である。

④ c 管理図は ___(4)___ が一定の場合に使用する。

⑤ 部品製造課では毎日不良個数を把握しており、これを管理図で管理するには ___(5)___ 管理図を用いる。なお、生産数は 3 日単位で相違している。

【選択肢】
ア．$\bar{p}+3\sqrt{\dfrac{\bar{p}(1-\bar{p})}{n_i}}$　イ．$\bar{p}+3\sqrt{n\bar{p}(1-\bar{p})}$　ウ．$\Sigma c_i / \Sigma n_i$　エ．$\Sigma c_i / n$

オ．1～5 程度　カ．10 程度　キ．群の大きさ　ク．不良率　ケ．p　コ．u

管理図②

解答解説 ✓

問1 (1) ✕　　(2) ○　　(3) ✕　　(4) ○　　(5) ✕

(1)　群の大きさは一定でなくてもよい。

(2)　管理限界線の算出に平均不良個数 が必要である。

(3)　群の大きさが一定の場合は c 管理図である。

(4)　群分けは、1 個の製品、1 検査ロットなどのように技術的な意味があるものにし、群ごとの欠点数が 1 ～ 5 程度含まれるようにする。

(5)　2 倍ではなく 0.5 ～ 1.5 倍程度である。

問2 (1) オ　　(2) ア　　(3) ウ　　(4) キ　　(5) ケ

(1)　群の大きさの目安は、群ごとに不良個数が 1 ～ 5 程度含まれるようにする。

(2)　$\mathrm{CL} = \bar{p}$、$\mathrm{UCL} = \bar{p} + 3\sqrt{\dfrac{\bar{p}(1-\bar{p})}{n_i}}$、$\mathrm{LCL} = \bar{p} - 3\sqrt{\dfrac{\bar{p}(1-\bar{p})}{n_i}}$

(3)　$\mathrm{CL} = \bar{u} = \sum c_i / \sum n_i$

(4)　特性値が欠点数で、群の大きさが一定の場合に用いる。

(5)　不良個数はわかっているが、群の大きさが一定でないので p 管理図を使う。

正解
10

抜取検査

抜取検査の考え方、計数規準型抜取検査、計量規準型抜取検査についての考え方を学びます。それぞれ確率分布の性質を理解し、整理して覚えておきましょう。

抜取検査の考え方

抜取検査の役割

品質保証の観点から、製品実現のプロセスでは、製品が要求事項を満たしているかどうかを判定するための効果的かつ効率的な手段を確立することが大切です。この手段として検査があり、測定機器などを使用して検査対象の製品が仕様に合致しているかどうかを評価します。検査活動を行うことで、製品要求事項に適合しない製品を適切に検出し、後工程に適合した製品をリリースすることで、品質保証が可能になります。これが検査の基本的な役割です。

製品の品質を検証するための検査には、**受入検査**（購入検査）、**中間検査**（工程内・工程間検査）、**最終検査**、**出荷検査**などがあります。製品実現のプロセスの**どの段階で、どのような検査を行うのかを、工程設計の時点で検討することが必要**です。なお、検査の結果は **QC 工程表などで明確にする**ことが大切です。

効果的で効率的な検査方式を採用するためには、次の事項を考慮します。

● 製品の品質実績　　● 生産量
● 新製品への対応　　● 検査にかかるコスト
● 検査機器　　　　　● 検査員の力量　　など

なお、検査プロセスの運営管理を行うために、検査の手順に関する検査規程などを作成します。標準化を図ることで、検査の信頼性を高めることができます。この検査規程には、検査項目、検査単位、検査ロットの形成の方法、ロット中の検査単位の並べ方、試料の抜き取り方、良・不良の判別の基準、合格・不合格の判定方法、検査後のロットの処置、検査記録に関する事項を記述することが効果的です。

抜取検査の種類

検査の種類には、**計数値に関する検査**及び**計量値に関する検査**があります。また、**抜取検査**には、**計数規準型一回抜取検査（JIS Z 9002）**、**計量規準型一回抜取検査（JIS Z 9003、9004）**、**計数値検査のための逐次抜取方式（JIS Z 9009）**、**計量値検査のための逐次抜取方式（JIS Z 9010）**、**選別型抜取検査**、**調整型抜取検査**があります。

　規準型抜取検査とは、生産者及び消費者の要求する検査特性をもつように設計した抜取検査で、**ロットごとの合格・不合格を決定するもの**です。生産者及び消費者の要求する検査特性の考え方は次の通りです。

　生産者は、なるべく合格させたいロットの不適合率の上限 p_0 で不合格となる確率 α（生産者危険）を小さくしたいと考えます。一方、消費者は、なるべく不合格としたいロットの不適合率の下限 p_1 で合格となる確率 β（消費者危険）を小さくしたいと考えます。一般的には、α は 0.05、β は 0.10 の値を使用します。

　選別型抜取検査とは、抜取検査で合格となったロットはそのまま受け入れるが、**不合格となったロットは全数選別する抜取検査**です。そのため、全数検査ができない破壊検査には適用しません。

　調整型抜取検査とは、**製品の品質に応じて検査のサンプル数の増減を行う方式**であり、**なみ検査**、**ゆるい検査**、**きつい検査**があります。この考え方は、過去の検査結果に応じて、品質がよい場合はゆるい検査、品質が悪い場合にはきつい検査を適用します。

　JIS Z 9015 での検査の移行のルールを図に示します。

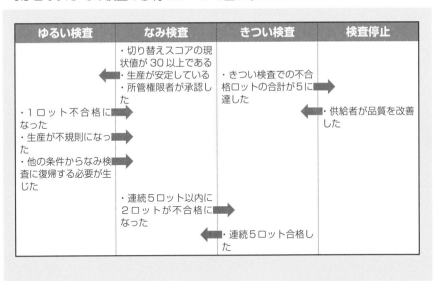

　なみ検査とは、ロットに対する工程平均が、AQL（合格品質水準）より良い場合に生産者に高い合格の確率を保証するようにした抜取検査方式です。**ゆるい検査**とは、対応するなみ検査より小さいサンプルサイズをもつ抜取検査方式を使用します。**きつい検査**とは、対応するなみ検査よりきびしい合格判定基準をもつ抜取検査方式を使用します。

計数抜取検査

計数抜取検査

　計数抜取検査とは、**ロットから n 個のサンプルを抜き取って**、不適合品の個数が r 個以下ならば合格、$r + 1$ 個以上ならば不合格とする検査方式です。この検査方式は超幾何分布によるが、この近似として**二項分布**を用いており、n 個のサンプルに r 個の不適合品がある確率 $P(r)$ は、

$$P(r) = {}_nC_r p^r (1-p)^{n-r}$$

になり、不適合品が r 個以下である累積確率 $P(\leqq r)$ は、

$$P(\leqq r) = \Sigma P(r) = P(0) + P(1) + P(2) + \cdot \cdot \cdot + P(r)$$

となります。

　ここで、n と r を固定すれば、$P(\leqq r)$ は p の関数になります。$P(\leqq r)$ の代わりに $P(p)$ と表記すると、$P(p)$ は図に示すような曲線になり、これを **OC 曲線**（Operating Characteristic Curve：検査特性曲線）といいます。

OC 曲線の例

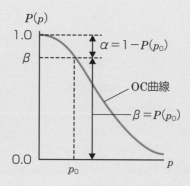

　各検査方式には、その特性を示す OC 曲線があります。この OC 曲線は、**横軸に生産工程の品質水準**を示しており、ロットの平均値又は不適合品パーセントを

とり、縦軸は**この工程からそのロットが合格する確率**をとっています。

　OC曲線から判断できることは、ある抜取検査方式で、ある平均値のロット又はある不良率のロットがどの程度合格と判定されるか、また逆にある一定確率で合格するためには、ロットの平均値又は不良率はどの程度でなければならないかという観点です。

　また、OC曲線の特徴としては、サンプル数 n が同じで、合格判定個数 c が小さくなるとOC曲線が立ってくるので、合格の確率が低くなります。このことは、**合格判定個数が小さくなると検査が厳しいことを表しています。**

計数規準型一回抜取検査 (JIS Z 9002)

　計数規準型一回抜取検査とは、**ロットごとに1回に抜き取った試料中の不良品の個数によって、そのロットの合格・不合格を判定するもの**です。ロットから1回だけ試料をランダムに抜き取り、試料中の検査単位を確認します。これを製品の品質基準と比較して、良品と不良品に区分し、試料中に検出した不良品の総数が合格判定個数以下であれば、そのロットを合格とします。

　p_0 のような良い品質のロットが不合格となる確率 α、p_1 のような悪い品質のロットが合格となる確率 β をそれぞれ小さな値に決め、生産者と購入者が要求する品質保証を同時に満足するように抜取方式を選ぶのが特徴です。断続的な工程からのロット又は大量の製品を一度に購入する場合などに用います。

　検査の手順は次の通りです。

手順❶：品質基準を決める

　検査単位について良品と不良品に分けるための基準を明確に定める

手順❷：p_0、p_1 を決める

　品物を渡す側と受け取る側が合議の上、p_0、p_1 を決める（$p_0 < p_1$）。この際 α は 0.05、β は 0.10 を基準とする。

　p_0、p_1 の値は、生産能力・経済的事情・品質に対する必要な要求又は検査にかかる費用・労力・時間など各取引の実情を考え合わせて決める。

手順❸：ロットを形成する

　同一条件で生産されたロットをなるべくそのまま検査ロットに選ぶ。ロットははなはだしく大きい場合は、小ロットに区切って検査ロットにしてもよい。

手順❹：試料の大きさ n と合格判定個数 c を求める

手順❺：試料を取る

手順❻：試料を調べる

手順❼：合格・不合格の判定を下す

計数値逐次抜取方式

　計数値逐次抜取方式では、不適合がランダムに、また、統計的には独立に発生するという仮定に基づいています。アイテムをランダムに選び、1個ずつ検査して不適合アイテム数（又は不適合数）の累計カウントを計算します。各アイテムの検査後、検査のその段階で、ロットの判定に十分な情報が得られたかどうか、**累計カウントを使用して評価**します。

　検査のある段階で、不満足な品質水準のロットを合格とする危険（消費者危険）が、十分小さいような累計カウントになった場合は、ロットを合格と判定し、そのロットからのサンプリングを終了します。

　一方、検査のある段階で、満足な品質水準のロットを不合格とする危険（生産者危険）が十分小さい累計カウントになった場合は、ロットを不合格と判定し、そのロットからのサンプリングを終了します。

　累計カウントからは、上記のどちらかの決定を下すことができなかった場合には、もう1個のアイテムを検査します。ロットの合格又は不合格の決定ができるような十分なサンプル情報が蓄積されるまで、この手順を繰り返します。この検査は、平均サンプルサイズが小さいという特徴があるので、個々のアイテムの検査費用が、検査の諸経費よりも高い場合に使用すると効率的です。

計量抜取検査

計量抜取検査

計量抜取検査は、ある数のサンプルアイテムを選び、寸法又は特性を測定し、測定値の平均値及びばらつきの計算結果をもとにして、ロットの合格又は不合格を判定するものです。この方式は、計数抜取検査より**サンプルサイズが少なくてすむという利点**があります。また、工程平均、工程のばらつき又はその両方の影響で、品質が悪化の方向にあるかどうかについて、より多くの情報を得ることができるという特徴があります。

計量抜取検査では、計量値が正規分布 $N(\mu, \sigma^2)$ に従うものと仮定しています。

ロットの大きさ N からサンプルの大きさ n を抽出した結果、測定値 x （x_1、x_2、$\cdots x_n$）の平均が $\bar{x}_n$ になったとします。このとき、上限合格判定値を $\bar{X}_u$ として、平均 $\bar{x}_n$ が上限合格判定値 $\bar{X}_u$ 以下であればロットを合格、$\bar{X}_u$ より大きければ不合格と判定するものです。このとき、ロットが合格する確率 $L(p)$ は $N(\mu, \sigma^2/n)$ に従うので次の式になります。

$$L(p) = \int_{-\infty}^{\bar{X}_u} \frac{\sqrt{n}}{\sqrt{2\pi}\,\sigma} e^{-\frac{n(\bar{x}-\mu)^2}{2\sigma^2}} \, \mathrm{d}\bar{x}$$

計量規準型一回抜取検査（JIS Z 9004）

計量規準型一回抜取検査とは、ロットの品質をロットの平均値又は不良率で表した抜取検査です。1回に抜き取った試料中の特性値の平均値に対し、既知の標準偏差を使って計算した合格判定値と比較することによって、ロットの合格・不合格を判定するものです。

計量規準型一回抜取検査には、JIS Z 9003 の**標準偏差既知**でロットの平均値を保証する場合、標準偏差既知でロットの不良率を保証する場合、JIS Z 9004 の**標準偏差未知**で上限又は下限規格値だけ規定した場合があります。

標準偏差既知の場合と標準偏差未知の場合を比較すると、標準偏差既知の場合のほうが著しく試料数が小さいので、検査工数を考慮すると標準偏差既知の場合

を使用したほうが効率的です。このためには、工程の品質情報を把握すると共に、工程の安定化を図ることが大切です。

この検査では、ロットから1回だけ試料をランダムに抜き取り、**試料中の検査単位の品質特性を測定し**、その平均値を算出し、これを合格判定値と比較し、決められた条件に合致していればそのロットを合格とし、条件が合致していなければそのロットを不合格と判定します。

計数規準型一回抜取検査と同様に、なるべく合格させたい良い品質のロットが不合格となる確率α、なるべく不合格とさせたい悪い品質のロットが合格となる確率βをそれぞれ小さな値に決め、生産者と購入者が要求する品質保証を同時に満足するように抜取方式を選ぶのが特徴です。**検査の工数・設備を必要とする場合などで、試料の大きさを小さくしたいときに採用する**とよいです。

また、この検査は計数抜取検査に比べ、品質特性を測定するため、情報を多く手に入れることができるので、試料の大きさが少ないという特徴があります。

計量値逐次抜取方式

計量値逐次抜取方式では、アイテムはランダムに選ばれ、1個ずつ検査します。各アイテムの検査後、**累計余裕値**を計算し、検査のその段階でロットの判定に十分な情報が得られたかどうかを、累計余裕値を使用して評価します。

検査のある段階で、不満足な品質水準のロットを合格とする危険（消費者危険）が、十分小さいような累計余裕値になった場合には、ロットを合格と判定し、そのロットからのサンプリングを終了します。

一方、検査のある段階で、満足な品質水準のロットを不合格とする危険（生産者危険）が、十分小さいような累計余裕値になった場合は、ロットを不合格と判定し、そのロットからのサンプリングを終了します。

累計余裕値からは、上記のどちらかの決定を下すことができなかった場合は、もう1個のアイテムを検査します。ロットの合格又は不合格の決定ができるような十分なサンプル情報が蓄積されるまで、この手順を繰り返します。

この検査は、平均サンプルサイズが小さいという特徴があるので、個々のアイテムの検査費用が、検査の諸経費よりも高い場合に使用すると効率的です。

問1 **抜取検査に関する次の文章で、正しいものには○を、正しくないものには×を示せ。**

① 検査は、測定機器などを使用して検査対象の製品が仕様に合致しているかどうかを評価する活動である。 [(1)]

② 規準型抜取検査とは、生産者及び消費者の要求する検査特性をもつように設計した抜取検査で、製品ごとに合格・不合格を決定するものである。 [(2)]

③ なるべく不合格としたいロットの不適合率の下限で合格となる確率を生産者危険という。 [(3)]

④ 横軸に生産工程の品質水準であるロットの平均値又は不適合品パーセントをとり、縦軸にこの工程からそのロットが合格する確率をとったものを OC 曲線という。 [(4)]

⑤ 計数抜取検査は、超幾何分布を仮定している。 [(5)]

問2 **抜取検査に関する次の文章において、[ ]内に入る最も適切なものを選択肢からひとつ選べ。**

① 計数抜取検査とは、ロットから n 個のサンプルを抜き取って、不適合品の個数が r 個以下ならば合格、[(1)]個以上ならば不合格とする検査方式である。この検査方式は超幾何分布によるが、この近似として[(2)]を用いており、n 個のサンプルに r 個の不適合品がある確率 $P(r)$ は、[(3)]になる。

② OC 曲線の特徴としては、サンプル数 n が同じで、合格判定個数 c が[(4)]なると OC 曲線が立ってくるので、合格の確率が低くなる。

③ 計量値の抜取検査は、計数値の抜取検査に比べ、品質特性を測定するため、情報を多く手に入れることができるので、試料の大きさが[(5)]という特徴がある。

【選択肢】
ア．二項分布　イ．正規分布　ウ．${}_nC_r p^r(1-p)^{n-r}$　エ．${}_nC_r p^r(1-p)^{n-r}/n$
オ．$r+1$　カ．$r+2$　キ．小さく　ク．大きく　ケ．少ない　コ．多い

問1 **(1)** ○ **(2)** × **(3)** × **(4)** ○ **(5)** ○

(1) p.264 参照。

(2) ロットごとの合格・不合格を決定する。

(3) 生産者危険ではなく、消費者危険である。

(4) OC 曲線では、ある平均値のロット又はある不良率のロットがどの程度合格と判定されるかが分かる。

(5) ロットの大きさ N、不良率 p のロットからランダムにサンプルの大きさ n のサンプルを抜き取ったとき、そのサンプル中に x 個の不良品が現れる確率 $Pr(x)$ は、次式のようになる。

$$Pr(x) = \frac{_{\text{N}-\text{N}p}C_{n-x} \times {}_{\text{N}p}C_x}{{}_{\text{N}}C_n}$$

問2 **(1)** オ **(2)** ア **(3)** ウ **(4)** キ **(5)** ケ

(1)(2)(3) p.266 参照。

(4) 合格判定個数が小さくなると検査が厳しいことを表している。

(5) 計量値の抜取検査は、ある数のサンプルアイテムを選び、寸法又は特性を測定し、測定値の平均値及びばらつきの計算結果をもとにして、ロットの合格又は不合格を判定するものである。そのため、計数値の抜取検査よりサンプルサイズが少なくてすむという利点がある。

正解
10

実験計画法①

実験計画法の一つである一元配置法について学びます。一つの因子で異なる水準のデータの解析を、手順に従って、繰り返し学習しましょう。

実験計画法の考え方

実験計画法

　製品の設計や製造を行う際には、そのアウトプットが望ましいパフォーマンスになるために、**特性要因図**などで要因と結果の関係を把握して、結果に与える重要な要因を見つけ出し、それらに関する最適な基準を設定することが大切です。

　基準を設定するためには、統計的手法を使って、少ない実験で適切な基準を探し出すことが大切です。このような考え方が**実験計画法**です。

　実験計画法の目的は、どの要因が特性値に影響を与えているのか、もし影響を与えているのであれば、その要因をどのような値（水準）に設定すれば特性値が望ましくなるのかなどを検討することです。

特性値に影響を与える要因

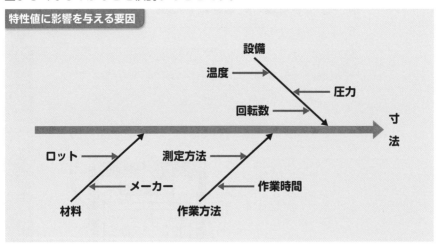

　以上のことから、実験計画法とは、どのように計画的にデータを採取すればよいか、そしてそのデータをどのように解析すればよいかについての**統計的方法論**の総称のことといえます。

計量値データと計数値データ

　データには、**計量値データ**と**計数値データ**があります。計量値データは収集するための時間やコストがかかりますが、計数値データよりも大きな情報が得られます。

　計量値データの分析については、「1つの母分散の検定・推定」や「1つの母平均の検定・推定」を18日目に学習しました。これらの考え方をもとに、3つの母集団を想定し母平均が一様に等しいかどうかの検定や、最適水準における母集団の推定を行う方法として**一元配置法**があります。

　例えば、一元配置法では1つの因子A（例：温度）を取り上げて、3水準（例：20℃、25℃、30℃）を設定して行いますが、これは3つの母集団を設定し、それらの母集団が一様に等しいかどうかを検定し、最適水準の決定と最適水準での母平均の推定を行うことを意味しています。

　一元配置法のほかに、2つの因子A（例：温度）とB（例：速度）を組み合わせる**二元配置法**、母平均が直線関係にある**単回帰分析**などもあります。

　なお、データを取るときには、データに誤差が含まれるように、**必ずランダムな順序にとることが大切**です。

　例えば、3水準の一元配置法で繰り返し2回の実験を行った場合には、6回分のデータが得られますが、A_1を連続して2回のデータを取り、次にA_2、A_3と連続してデータを取るのではなく、6回の実験をランダムにしてデータを取ることが大切です。

繰り返し2回実験でのデータの取り方

因子の水準	データ	
A_1：20℃	①	②
A_2：25℃	③	④
A_3：30℃	⑤	⑥

因子の水準	データ	
A_1：20℃	①	③
A_2：25℃	④	⑥
A_3：30℃	②	⑤

①から⑥は実験の順番

ランダムな実験

一元配置法

一元配置法

　一元配置法では、特性値の平均値に影響を与える可能性のある因子 A を 1 つ選び、l 通りの水準を設定し、それぞれの水準において r 回の繰り返し実験を行います。繰り返しとは、測定のみの繰り返しではなく、水準設定も含めた実験自体の繰り返しを意味しています。その結果、$N = l \times r$ 回の実験を**ランダムな順序で実施**します。つまり、l 個の母集団を想定し、それから r 個のデータを採取するということです。得られたデータの形式を次の表に示します。

一元配置法のデータの形式

因子の水準	データ				A_i 水準のデータ和	A_i 水準の平均
A_1	x_{11}	x_{12}	$\cdots$	x_{1r}	$T_1.$	$\bar{x}_1.$
A_2	x_{21}	x_{22}	$\cdots$	x_{2r}	$T_2.$	$\bar{x}_2.$
A_l	x_{l1}	x_{l2}	$\cdots$	x_{lr}	$T_l.$	$\bar{x}_l.$
					総計 T ($T..$)	総平均 $\bar{\bar{x}}$

　x_{ij} は A_i 水準の j 番目のデータを表します。

　$T_i.$ は A_i 水準のデータの和を表します。なお、"・"はドットと読みます。2 番目の添え字 j を 1 〜 r まで動かして和をとったことを意味しています。

$$T_i. = \sum_1^r x_{ij} = x_{i1} + x_{i2} + \cdots + x_{ij}$$

　T はデータの総合計を表しています。

　$\bar{x}_i.$ は A_i 水準のデータの平均を表します。

$$\bar{x}_i. = T_i. / r = x_{i1} + x_{i2} + \cdots + x_{ij} / r$$

　$\bar{\bar{x}}$ はデータの総平均を表します。

$$\bar{\bar{x}} = T / N$$

　A_i 水準の母集団分布の母平均を μ_i と表し、x_{ij} のデータの構造式を次のように考えます。

$$x_{ij} = \mu_i + \varepsilon_{ij}, \quad \varepsilon_{ij} \sim N(0, \sigma^2), \quad \varepsilon_{ij}：誤差$$

誤差 ε_{ij} は互いに独立に正規分布に従っているので、ランダムな実験を行うことにより、誤差の独立性を保証できます。

前述の式の μ_i を $\mu + a_i$ に置き換えます。μ は μ_1、μ_2、$\cdots$、μ_l の平均で、**一般平均**と呼ばれます。a_i（$= \mu_i - \mu$）は一般平均 μ からのずれ具合を表しており、**因子 A の効果**（A の主効果）と呼ばれます。

したがって、データの構造式を次のように表します。

$$x_{ij} = \mu + a_i + \varepsilon_{ij}$$
$$制約式：\Sigma_{i=1}^{l} \quad a_i = 0$$
$$\varepsilon_{ij} \sim N(0、\sigma^2)$$

a_i は一般平均 μ からのずれ具合なので、上側にずれた場合（$a_i > 0$）と下側にずれた場合（$a_i < 0$）が相殺して、制約式が成り立ちます。どの水準にもずれが生じていないことが帰無仮説であり、次のような考え方になります。

A の効果はない $\Leftrightarrow$ l 個の母集団の母平均 μ_i は一様に等しい

$$\Leftrightarrow a_1 = a_2 = \cdots = a_l = 0$$

解析の手順

一元配置法のデータの形式に示されている $l \times r$ 個のデータはばらついています。この要因には、因子 A の水準が異なる、同じ水準であっても実験誤差によることが考えられます。前者を A 間平方和 S_A、後者を誤差平方和 S_E としてばらつきの大きさを評価し、全体のばらつきを総平方和 S_T とします。

手順❶：グラフの作成（データのグラフ化と集計）

グラフのつくり方及び見方のポイントは、次の通りです。

①横軸に各水準を並べる、②個々のデータをプロットする、③水準ごとの平均 $\bar{x}_i$. を計算してプロットし線で結ぶ、④作成したグラフから、異常値はないか、各水準におけるデータのばらつきはどの程度か、水準により誤差分散に違いがあるか、水準平均は誤差と比べてどの程度違いがあるか、最適な水準はどのあたりかの観点から考察する。

手順❷：平方和の計算

$\text{CT} = T^2 / N$（修正項）

$S_T = \Sigma_{i=1}^{l} \Sigma_{j=1}^{r} x_{ij}^2 - \text{CT}$

$S_A = \Sigma_{i=1}^{l} T_i^2. / r - \text{CT}$

$S_E = S_T - S_A$

手順❸：自由度の計算

$$\phi_T = N - 1$$
$$\phi_A = l - 1$$
$$\phi_E = \phi_T - \phi_A$$

手順❹：分散分析表の作成、最適水準の決定

要因	S	ϕ	V	F_0	$E(V)$
A	S_A	ϕ_A	$V_A = S_A / \phi_A$	V_A / V_E	$\sigma^2 + r\,\sigma^2_A$
E	S_E	ϕ_E	$V_E = S_E / \phi_E$		σ^2
T	S_T	ϕ_T			

分散分析表において、$F_0 \geqq F(\phi_A、\phi_E；0.05)$ ならば有意水準 5％で有意であり、F_0 の右肩に＊印を一つ付ける。更に、$F_0 \geqq F(\phi_A、\phi_E；0.01)$ ならば有意水準 1％で高度に有意であり、F_0 の右肩に＊印を 2 つ付ける。$E(V)$ の σ^2 は、$\varepsilon_{ij} \sim N(0、\sigma^2)$ の誤差の母分散であり、$\sigma^2_A = \Sigma_{i=1}^{l} a_i^2 / \phi_A$ である。

A_i 水準の平均値 $\bar{x}_i.$ をそれぞれ見比べて最適水準を決定する。

手順❺：母平均の点推定

$$\hat{\mu}(A_i) = \widehat{\mu + a_i} = \bar{x}_i.$$

手順❻：母平均の区間推定（信頼率 1 －αの信頼区間）

$$\hat{\mu}(A_i) \pm t(\phi_E、\alpha)\sqrt{\frac{V_E}{r}}$$

手順❼：新たに採取するデータの予測

点推定　　$\hat{x} = \hat{\mu}(A_i) = \bar{x}_i.$

予測区間　$\hat{x} \pm t(\phi_E、\alpha)\sqrt{\left(1 + \frac{1}{r}\right)V_E}$

◆演習問題 1

　製品コスト低減を図るため、材料 A_1、A_2 及び A_3 を使用して、製造したところ次のようなデータが得られました。材料によって特性値の平均が異なるかを検討し、特性値が最大になる材料の母平均を推定することとしました。なお、特性値は高い方がよいです。

材料	データ			
A_1	20	16	19	13
A_2	18	17	24	17
A_3	25	23	21	27

①グラフの作成

・データのグラフ化

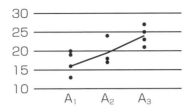

このグラフからわかることは、①各水準での異常値は見当たらない、②水準で特性値が異なるようだ、③特性値が一番大きいのは材料 A_3 のようだ、の3点です。

・データと集計

材料	データ				A_i 水準のデータ和	A_i 水準の平均
A_1	20	16	19	13	$T_1. = 68$	$\bar{x}_1. = 17.0$
A_2	18	17	24	17	$T_2. = 76$	$\bar{x}_2. = 19.0$
A_3	25	23	21	27	$T_3. = 96$	$\bar{x}_3. = 24.0$
					総計 $T = 240$	総平均 $\bar{\bar{x}} = 20.0$

②平方和の計算

$\text{CT} = T^2 / N = 240^2 / 12 = 4{,}800$

$S_\text{T} = \Sigma_{i=1}^{l} \quad \Sigma_{j=1}^{r} \quad x_{ij}^2 - \text{CT} = (20^2 + 16^2 \cdots + 27^2) - 4{,}800 = 188$

$S_\text{A} = \Sigma_{i=1}^{l} \quad T_{i.}^2 / r - \text{CT} = (68^2 + 76^2 + 96^2) / 4 - 4{,}800 = 104$

$S_\text{E} = S_\text{T} - S_\text{A} = 84$

③自由度の計算

$\phi_\text{T} = N - 1 = 11$

$\phi_\text{A} = l - 1 = 2$

$\phi_\text{E} = \phi_\text{T} - \phi_\text{A} = 9$

④分散分析表の作成

要因	S	ϕ	V	F_0	$E(V)$
A	104	2	52	5.59*	$\sigma^2 + 4\sigma_\text{A}^2$
E	84	9	9.3		σ^2
T	188	11			

$F_0 \geq F\ (2、9；0.05)\ = 4.26$ なので A は有意であり、平均値は異なると判断します。

⑤母平均の点推定

$\hat{\mu}\ (A_i) = \widehat{\mu + a_i} = \bar{x}_i.$

A_3 の平均値が一番高いので、この点推定を行うと次のようになります。

$A_3 = 24.0$

⑥母平均の区間推定（信頼率 $1-\alpha$ の信頼区間）

$$\hat{\mu}(A_i) \pm t(\phi_E、\alpha)\sqrt{\frac{V_E}{r}} = 24.0 \pm t(9、0.05)\sqrt{\frac{9.3}{4}} = 24.0 \pm 2.262\sqrt{\frac{9.3}{4}}$$

$$= 27.45、20.55$$

⑦ $\hat{\mu}(A_2)$ と $\hat{\mu}(A_3)$ の差の推定

点推定： $\hat{\mu}(A_2) - \hat{\mu}(A_3) = \bar{x}_2. - \bar{x}_3. = 19.0 - 24.0 = -5.0$

信頼区間　信頼率 95%：

$$\hat{\mu}(A_2) - \hat{\mu}(A_3) \pm t(\phi_E、\alpha)\sqrt{\left(\frac{1}{r_2}+\frac{1}{r_3}\right)V_E}$$

$$-5.0 \pm t(9、0.05)\sqrt{\left(\frac{1}{4}+\frac{1}{4}\right)9.3} = -5.0 \pm 2.262\sqrt{\left(\frac{1}{4}+\frac{1}{4}\right)9.3}$$

$$= -9.88、-0.12$$

データ数が異なる場合の例

①グラフの作成（データのグラフ化は省略）

・データと集計

材料	データ				A_i 水準のデータ和	A_i 水準の平均
A_1	20	16			$T_1. = 36$	$\bar{x}_1. = 18.0$
A_2	18	17	24	17	$T_2. = 76$	$\bar{x}_2. = 19.0$
A_3	25	23	21		$T_3. = 69$	$\bar{x}_3. = 23.0$
					総計 $T = 181$	総平均 $\bar{\bar{x}} = 20.11$

②平方和の計算

$CT = T^2/N = 181^2/9 = 3640.1$

$S_T = \Sigma_{i=1}^{l} \Sigma_{j=1}^{r} x_{ij}^2 - CT = (20^2 + 16^2 \cdots +21^2) - 3640.1 = 88.9$

$S_A = \Sigma_{i=1}^{l} T_i^2./r - CT = (36^2/2 + 76^2/4 + 69^2/3) - 3640.1 = 38.9$

$S_E = S_T - S_A = 50.0$

③自由度の計算

$\phi_T = N - 1 = 8$

$\phi_A = l - 1 = 2$

$\phi_E = \phi_T - \phi_A = 6$

④分散分析表の作成

要因	S	ϕ	V	F_0	$E(V)$
A	38.9	2	19.45	2.33	$\sigma^2 + 2\sigma_{a_1}^2 + 4\sigma_{a_2}^2 + 3\sigma_{a_3}^2$
E	50.0	6	8.33		σ^2
T	88.9	8			

$F(2、6；0.05) = 5.14$ なので A は有意ではなく、平均値は同じといえます。

問1 実験計画法の考え方及び一元配置法に関する次の文章において、正しいものには○を、正しくないものには×を示せ。

① 1因子で3水準（10℃、15℃、20℃）の実験データをとる際には、実験の効率を考えて10℃、15℃、20℃の順番で実験を行うことが必要である。 (1)

② 一元配置法のデータで A_i 水準のデータの和は、$T._i$ で表すことができる。 (2)

③ A_i 水準の母集団分布の母平均を μ_i と表し、x_{ij} のデータの構造式は $x_{ij} = \mu_i + \varepsilon_{ij}$ で表せる。 (3)

④ 実験計画でデータを取得した場合には、これをグラフ化する必要がある。 (4)

⑤ 一元配置法では、実験データ数は水準ごとに同じでなければならない。 (5)

問2 一元配置法の実験に関する次の文章において、____内に入る最も適切なものを選択肢からひとつ選べ。

データと集計

材料	データ	A_i 水準のデータ和	A_i 水準の平均
A_1	3　5	8	
A_2	7　11	18	
A_3	6　8	14	
		総計　40	総平均

平方和の計算

$CT =$ (1) 、 $S_T =$ (2) 、 $S_A =$ (3) 、 $S_E =$ (4)

分散分析表

要因	S	ϕ	V	F_0	$E(V)$
A	(3)	2			
E	(4)	(5)			
T	(2)				

【選択肢】
ア. 3　イ. 266.7　ウ. 4　エ. 25.3　オ. 280.3　カ. 37.3　キ. 12
ク. 10　ケ. 15.2

283

問1 **(1)** × **(2)** × **(3)** ○ **(4)** ○ **(5)** ×

(1) データの誤差が含まれるようにランダムな順番で実験を行う。

(2) $T_i.$ で表す。

(3) $x_{ij} = \mu_i + \varepsilon_{ij}$　である

(4) グラフ化して水準ごとの比較をしてどのような傾向にあるかを判断する。

(5) 同じでなくてもよい。

問2 **(1)** イ **(2)** カ **(3)** エ **(4)** キ **(5)** ア

(1) $CT = T^2 / N = 40^2 / 6 = 266.7$

(2) $S_T = \Sigma_{i=1}^{l}\ \ \Sigma_{j=1}^{r}\ \ x_{ij}^2 - CT = (3^2 + 5^2 \cdot \cdot 6^2 + 8^2) - 266.7 = 37.3$

(3) $S_A = \Sigma_{i=1}^{l}\ \ T_i^2. / r - CT = (8^2 + 18^2 + 14^2) / 2 - 266.7 = 25.3$

(4) $S_E = S_T - S_A = 37.3 - 25.3 = 12$

(5) $\phi_E = \phi_T - \phi_A = 5 - 2 = 3$

正解
10

実験計画法②

実験計画法の一つである二元配置法について学びます。二つの因子でそれぞれ異なる水準のデータの解析を、手順に従って、繰り返し学習しましょう。

二元配置法

二元配置法

　二元配置法とは、実験で取り扱う因子数が２つの場合の実験結果を分析する方法です。分析の基本は一元配置法と同じですが、因子が２つなのでこれらが相互に関係する場合があり、交互作用という考え方が出てきます。交互作用とは、ＡとＢの組み合わせにより結果が変わるというものです。このため、繰り返しのある二元配置法では、交互作用を誤差と分離して求めることができるので、交互作用が予測される場合には、繰り返しのある二元配置実験を行うことが大切です。

　ある特性値に影響を及ぼすと考えられる原因のうち、２つの因子Ａ（l水準）、因子Ｂ（m水準）を選び、各水準の組み合わせ（l、m通り）における繰り返し数をr回とした場合、全部で$l \times m \times r$回の実験を行います。このとき、実験の順序は完全にランダムに行う必要があります。この二元配置法では、$r = 1$の場合を繰り返しのない二元配置法と呼び、$r \geq 2$の場合を繰り返しのある二元配置と呼びます。

　繰り返しのある二元配置法のデータの形式を次の表に示します。

繰り返しのある二元配置法のデータ

因子 A の水準	因子 B の水準			
	B_1	B_2	・・・	B_m
A_1	x_{111} x_{112} $\vdots$ x_{11r}	x_{121} x_{122} $\vdots$ x_{12r}	・・・ ・・・ ・・・	x_{1m1} x_{1m2} $\vdots$ x_{1mr}
A_2	x_{211} x_{212} $\vdots$ x_{21r}	x_{221} x_{222} $\vdots$ x_{22r}	・・・ ・・・ ・・・	x_{2m1} x_{2m2} $\vdots$ x_{2mr}
$\vdots$	$\vdots$	$\vdots$	・・・	$\vdots$
A_l	x_{l11} x_{l12} $\vdots$ x_{l1r}	x_{l21} x_{l22} $\vdots$ x_{l2r}	・・・ ・・・ ・・・ ・・・	x_{lm1} x_{lm2} $\vdots$ x_{lmr}

x_{ijk} は $A_i B_j$ 水準の k 番目のデータを表しています。$A_i B_j$ 水準の母集団の分布の母平均を μ_{ij} と表すとき、一元配置法の場合と同様に、x_{ijk} のデータの構造式は次のように考えることができます。

$$x_{ijk} = \mu_{ij} + \varepsilon_{ijk}、\quad \varepsilon_{ijk} \sim N(0、\sigma^2)\quad \varepsilon_{ijk}：誤差$$

したがって、データの構造式を次のように表します。

$$x_{ijk} = \mu + a_i + b_j + (ab)_{ij} + \varepsilon_{ijk}$$

制約式：$\Sigma_{i=1}^{l}\ a_i = 0、\ \Sigma_{j=1}^{m}\ b_j = 0、\ \Sigma_{i=1}^{l}\ (ab)_{ij} = 0、\ \Sigma_{j=1}^{m}\ (ab)_{ij} = 0$

$\varepsilon_{ijk} \sim N(0、\sigma^2)$

μ は一般平均であり、$l \times m$ 個の μ_{ij} の平均を表します。また、a_i と b_j はそれぞれ因子 A と B の主効果、$(ab)_{ij}$ は交互作用 A × B の効果を表します。

繰り返しのある二元配置法での検定の対象となる帰無仮説は次の 3 つです。

・A の主効果はない $\Leftrightarrow a_1 = a_2 = \cdots = a_l = 0$
・B の主効果はない $\Leftrightarrow b_1 = b_2 = \cdots = b_m = 0$
・交互作用 A × B はない $\Leftrightarrow (ab)_{11} = (ab)_{12} = \cdots = (ab)_{lm}$

解析は次の表に示す AB 二元表を作成します。

AB 二元表 （$T_{ij}.$：$A_i B_j$ 水準のデータ和、$\bar{x}_{ij}.$：$A_i B_j$ 水準の平均）

| 因子 A の水準 | 因子 B の水準 | | | | A_i 水準のデータ和 A_i 水準の平均 |
	B_1	B_2	・・・	B_m	
A_1	$T_{11}.$ $\bar{x}_{11}.$	$T_{12}.$ $\bar{x}_{12}.$	・・・	$T_{1m}.$ $\bar{x}_{1m}.$	$T_{1}..$ $\bar{x}_{1}..$
A_2	$T_{21}.$ $\bar{x}_{21}.$	$T_{22}.$ $\bar{x}_{22}.$	・・・	$T_{2m}.$ $\bar{x}_{2m}.$	$T_{2}..$ $\bar{x}_{2}..$
$\vdots$	$\vdots$	$\vdots$	・・・	$\vdots$	$\vdots$
A_l	$T_{l1}.$ $\bar{x}_{l1}.$	$T_{l2}.$ $\bar{x}_{l2}.$	・・・	$T_{lm}.$ $\bar{x}_{lm}.$	$T_{l}..$ $\bar{x}_{l}..$
B_j 水準のデータ和 B_j 水準の平均	$T_{.1}.$ $\bar{x}_{.1}.$	$T_{.2}.$ $\bar{x}_{.2}.$	・・・	$T_{.m}.$ $\bar{x}_{.m}.$	総計 T 総平均 $\bar{x}$

$T_{i}..$ は A_i 水準のデータの和を表します。x_{ijk} の 2 番目と 3 番目の添え字 j と k を動かして和をとったことを意味しています。

$$T_{i}.. = \Sigma_{j=1}^{m}\ \Sigma_{k=1}^{r}\ x_{ijk}$$

$T_{.j}.$ は B_j 水準のデータの和を表します。x_{ijk} の 1 番目と 3 番目の添え字 i と k を動かして和をとったことを意味しています。

$$T_{.j}. = \Sigma_{i=1}^{l}\ \Sigma_{k=1}^{r}\ x_{ijk}$$

$T_{ij}.$ は A_iB_j 水準のデータの和を表します。x_{ijk} の 3 番目の添え字 k を動かして和をとったことを意味しています。

$$T_{ij}. = \Sigma_{k=1}^{r} \quad x_{ijk}$$

T はデータの総合計を表しています。

$\bar{x}_i..$ は、A_i 水準のデータの平均で $\bar{x}_i.. = T_i../mr$ を表します。

$\bar{x}._{j}.$ は、B_j 水準のデータの平均で $\bar{x}._{j}. = T._{j}./lr$ を表します。

$\bar{x}_{ij}.$ は、A_iB_j 水準のデータの平均で $\bar{x}_{ij}. = T_{ij}./r$ を表します。

$\bar{\bar{x}}$ はデータの総平均で $\bar{\bar{x}} = T/N$ を表します。

解析は次の手順で行います。

手順❶：グラフの作成

実験結果のグラフを作成することでデータのばらつき等を考察できます。

手順❷：平方和の計算

$\text{CT} = T^2/N$（修正項）

$S_\text{T} = \Sigma_{i=1}^{l} \quad \Sigma_{j=1}^{m} \quad \Sigma_{k=1}^{r} \quad x^2_{ijk} - \text{CT}$

$S_\text{A} = \Sigma_{i=1}^{l} \quad T^2_i.. /mr - \text{CT}$

$S_\text{B} = \Sigma_{j=1}^{m} \quad T^2._{j}. /lr - \text{CT}$

$S_\text{AB} = \Sigma_{i=1}^{l} \quad \Sigma_{j=1}^{m} \quad T^2_{ij}. /r - \text{CT}$

$S_\text{A×B} = S_\text{AB} - S_\text{A} - S_\text{B}$

$S_\text{E} = S_\text{T} - (S_\text{A} + S_\text{B} + S_\text{A×B}) = S_\text{T} - S_\text{AB}$

手順❸：自由度の計算

$\phi_\text{T} = N - 1$、$\phi_\text{A} = l - 1$、$\phi_\text{B} = m - 1$、$\phi_\text{A×B} = (l - 1)(m - 1)$

$\phi_\text{E} = \phi_\text{T} - (\phi_\text{A} + \phi_\text{B} + \phi_\text{A×B})$

手順❹：分散分析表の作成、最適水準の決定

要因	S	ϕ	V	F_0	$E(V)$
A	S_A	ϕ_A	$V_\text{A} = S_\text{A}/\phi_\text{A}$	V_A/V_E	$\sigma^2 + mr\,\sigma^2_\text{A}$
B	S_B	ϕ_B	$V_\text{B} = S_\text{B}/\phi_\text{B}$	V_B/V_E	$\sigma^2 + lr\,\sigma^2_\text{B}$
A×B	$S_\text{A×B}$	$\phi_\text{A×B}$	$V_\text{AB} = S_\text{A×B}/\phi_\text{A×B}$	$V_\text{A×B}/V_\text{E}$	$\sigma^2 + r\,\sigma^2_\text{A×B}$
E	S_E	ϕ_E	$V_\text{E} = S_\text{E}/\phi_\text{E}$		σ^2
T	S_T	ϕ_T			

分散分析表において、$F_0 = V_{要因}/V_\text{E} \geqq F(\Phi_{要因}, \phi_\text{E}; \alpha)$ $(\alpha = 0.05、0.01)$ であるかどうかで検定します。

$\sigma^2_\text{A} = \Sigma_{i=1}^{l} \quad a_i^2/\phi_\text{A}$、$\sigma^2_\text{B} = \Sigma_{j=1}^{m} \quad b_j^2/\phi_\text{B}$、

$\sigma^2_\text{A×B} = \Sigma_{i=1}^{l} \quad \Sigma_{j=1}^{m} \quad (ab)_{ij}^2/\phi_\text{A×B}$

F_0 の値が小さい場合には**プーリング**を行いますが、その考え方は次の通りです。

手順❹の分散分析表で A×B について $F_0 \leqq 2$ 又は有意水準 20% 程度で有意ならば、技術的な側面を考慮して A×B を誤差へプールして分散分析表を次のように作り直します。

要因	S	ϕ	V	F_0	$E(V)$
A	S_A	ϕ_A	$V_A = S_A / \phi_A$	$V_A / V_{E'}$	$\sigma^2 + mr\,\sigma_A^2$
B	S_B	ϕ_B	$V_B = S_B / \phi_B$	$V_B / V_{E'}$	$\sigma^2 + lr\,\sigma_B^2$
E'	$S_{E'}$	$\phi_{E'}$	$V_{E'} = S_{E'} / \phi_{E'}$		σ^2
T	S_T	ϕ_T			

$$S_{E'} = S_E + S_{A \times B}, \quad \phi_{E'} = \phi_E + \phi_{A \times B}$$

$A_i B_j$ 水準の平均値 $\bar{x}_{ij}$. を見比べて最適水準を決定します。

手順❺：母平均の点推定

$$\hat{\mu}(A_i B_j) = \overline{\mu + a_i + b_j + (ab)_{ij}} = \bar{x}_{ij}.$$

手順❻：母平均の区間推定

信頼率 $1-\alpha$ の信頼区間を出します。

$$\hat{\mu}(A_i B_j) \pm t(\phi_E, \alpha)\sqrt{\frac{V_E}{r}}$$

◆演習問題 1

プラスチックの強度を改善するため、因子 A を材料、因子 B を焼成温度として繰り返し 2 回の実験を行った結果、次に示すデータが得られました。これを二元配置法で解析をしました。

	B_1	B_2	B_3	B_4
A_1	10.3	11.9	13.3	12.1
	11.4	13.2	12.6	13.4
A_2	12.1	12.9	12.7	13.6
	11.2	11.7	13.9	12.6

①グラフの作成

・データのグラフ化

次ページのグラフから、繰り返しのデータにはばらつきが大きい、B_1~B_4 の各水準の平均値をみると B_1 が小さく、B_3 が大きいことがわかる。A_1 と A_2 では A_2 の方が少し大きいがそれほどの差はない。B_2 水準では、A_1 の方が A_2 より大きいが、B_1、B_3、B_4 水準では A_2 の方が A_1 より大きく、交互作用がみられる。

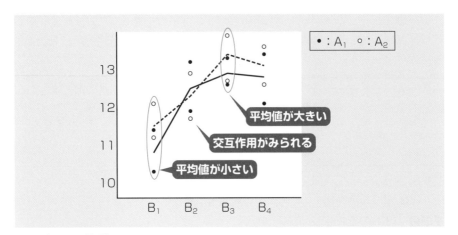

・データと集計

データの合計は次の通りです。

	B_1	B_2	B_3	B_4	Ai 水準の データの和合計
A_1	10.3	11.9	13.3	12.1	98.2
	11.4	13.2	12.6	13.4	
A_2	12.1	12.9	12.7	13.6	100.7
	11.2	11.7	13.9	12.6	
B_j 水準の合計	45.0	49.7	52.5	51.7	198.9

個々のデータの 2 乗は次の通りです。

	B_1	B_2	B_3	B_4	$(Ai)^2$ の合計
A_1	106.09	141.61	176.89	146.41	1213.52
	129.96	174.24	158.76	179.56	
A_2	146.41	166.41	161.29	184.96	1273.37
	125.44	136.89	193.21	158.76	
$(B_j)^2$ の合計	507.9	619.15	690.15	669.69	2486.89

各条件でのデータ計は次の通りです（AB 二元表）。

	B_1	B_2	B_3	B_4	合計
A_1	21.7	25.1	25.9	25.5	98.2
A_2	23.3	24.6	26.6	26.2	100.7
合計	45.0	49.7	52.5	51.7	198.9

各条件でのデータ計の2乗は次の通りです。

	B_1	B_2	B_3	B_4	合計
A_1	470.89	630.01	670.81	650.25	2421.96
A_2	542.89	605.16	707.56	686.44	2542.05
合計	1013.78	1235.17	1378.37	1336.69	4964.01

②平方和の計算

$\text{CT} = T^2/N = 198.9^2/16 = 2472.58$

$S_T = \sum_{i=1}^{l} \sum_{j=1}^{m} \sum_{k=1}^{r} x_{ijk}^2 - \text{CT} = 2486.89 - 2472.58 = 14.31$

$S_A = \sum_{i=1}^{l} T_i^2../mr - \text{CT} = (98.2^2 + 100.7^2)/8 - 2472.58 = 0.386$

$S_B = \sum_{j=1}^{m} T^2._j./lr - \text{CT} = (45.0^2 + 49.7^2 + 52.5^2 + 51.7^2)/4 - 2472.58$
$= 8.48$

$S_{AB} = \sum_{i=1}^{l} \sum_{j=1}^{m} T_{ij}^2./r - \text{CT} = (21.7^2 + 25.1^2 + \cdots + 26.6^2 + 26.2^2)$
$/2 - 2472.58 = 9.425$

$S_{A \times B} = S_{AB} - S_A - S_B = 9.425 - 0.386 - 8.48 = 0.559$

$S_E = S_T - (S_A + S_B + S_{A \times B}) = S_T - S_{AB} = 4.885$

③自由度の計算

$\phi_T = N - 1 = 15$

$\phi_A = l - 1 = 1$

$\phi_B = m - 1 = 3$

$\phi_{A \times B} = (l - 1)(m - 1) = 3$

$\phi_E = \phi_T - (\phi_A + \phi_B + \phi_{A \times B}) = 8$

④分散分析表の作成

要因	S	ϕ	V	F_0	$E(V)$
A	0.386	1	0.386	0.632	$\sigma^2 + 8\sigma_A^2$
B	8.48	3	2.827	4.63*	$\sigma^2 + 4\sigma_B^2$
A×B	0.559	3	0.186	0.304	$\sigma^2 + 2\sigma_{A \times B}^2$
E	4.885	8	0.611		σ^2
T	14.31	15			

焼成温度は有意水準5%で有意となり、焼成温度が強度に影響することがわかりました。

$F(1、8) = 5.32 \quad F(3、8) = 4.07$

A×Bが $F_0 \leq 2$ であるので、**プーリング**すると次にようになりました。

$S_{E'} = S_E + S_{A \times B} = 4.885 + 0.559 = 5.444$

$\phi_{E'} = \phi_E + \phi_{A \times B} = 8 + 3 = 11$

要因	S	ϕ	V	F_0	$E(V)$
A	0.386	1	0.386	0.78	$\sigma^2 + 8\sigma^2_A$
B	8.48	3	2.827	5.71*	$\sigma^2 + 4\sigma^2_B$
E´	5.44	11	0.495		σ^2
T	14.31	15			

焼成温度は有意水準 5% で有意となり、焼成温度が強度に影響することがわかりました。$F(1、11) = 4.84$　$F(3、11) = 3.59$

⑤母平均の点推定

B が有意であったので、水準ごとに母平均の推定を行います。

$\hat{\mu}(A_iB_j) = \overline{\mu + a_i + b_j + (ab)_{ij}} = \overline{x}_{ij\cdot}$

$\hat{\mu}(._1.) = \overline{x}._1. = 11.25$

$\hat{\mu}(._2.) = \overline{x}._2. = 12.425$

$\hat{\mu}(._3.) = \overline{x}._3. = 13.125$

$\hat{\mu}(._4.) = \overline{x}._4. = 12.925$

⑥母平均の区間推定

信頼率 95% の信頼区間は次の通りです。

$$\hat{\mu}(A_iB_j) \pm t(\phi_E、\alpha)\sqrt{\frac{V_E}{r}}$$

B が有意であるので次式で計算します（プーリングの前で計算します）。

$$\hat{\mu}(B_j) \pm t(8、0.05)\sqrt{\frac{0.611}{2}} = \hat{\mu}(B_j) \pm 2.306 \times 0.553$$

$$= \hat{\mu}(B_j) \pm 1.275$$

$\hat{\mu}(._1.) = 12.53、9.975$

$\hat{\mu}(._2.) = 13.70、11.15$

$\hat{\mu}(._3.) = 14.40、11.85$

$\hat{\mu}(._4.) = 14.20、11.65$

⑦結論

B_3 が一番好ましい結果となりました。材料はどちらでもよいですが、コストなどを考えて決めることにしました。

実験計画法②　理解度check ☑

問1　二元配置法に関する次の文章において、 ◯◯内に入る最も適切なものを選択肢からひとつ選べ。

　母数因子と考えられる因子 A（3 水準）、B（4 水準）を取り上げて、ランダムな順序で繰り返し 2 回の実験を行い、次のような結果が得られた。この結果を解析せよ。

　データの構造式は ◯(1)◯ と考えられる。グラフ化したところ特に異常が認められなかったので、実験は、管理状態にあり、誤差も ◯(2)◯ とみなしてよい。分散分析表を作成したところ次のようになった。

分散分析表

要因	S	ϕ	V	F_0	$E(V)$
A	22.73	2	11.36	(7)	
B	(3)				$\sigma^2 +$ (8) σ^2_{B}
A×B	5.27	(4)			
E	14.03	(5)	(6)		
T	46.56				

　因子 A の検定をするため、F_0 と ◯(9)◯ を比較したところ有意となった。
　因子 A の母平均の点推定では、A_1 の母平均は、$\hat{\mu}(\mathrm{A}_1) = 4.38$ と推定された。
区間推定は次のようになる。

$$4.38 \pm t\,(12、0.05)\sqrt{\frac{V_E}{\boxed{(10)}}}$$

【選択肢】
ア．$x_{ijk} = \mu + \mathrm{a}_i + \mathrm{b}_j + (\mathrm{ab})_{ij} + \varepsilon_{ijk}$　　イ．$x_{ijk} = \mu + \mathrm{a}_i + \mathrm{b}_j + \varepsilon_{ijk}$
ウ．不偏等分散　エ．等分散　オ．4.53　カ．5.6　キ．6　ク．12
ケ．1.17　コ．10.71　サ．9.71
シ．$F(\phi_{\mathrm{A}}、\phi_{\mathrm{E}}；0.05)$　ス．$F(\phi_{\mathrm{E}}、\phi_{\mathrm{A}}；0.05)$　セ．2　ソ．4

問1 (1) ア　　(2) エ　　(3) オ　　(4) キ　　(5) ク

(6) ケ　　(7) サ　　(8) キ　　(9) シ　　(10) セ

(1) 交互作用が考えられる。

(2) 等分散とみなしてよい。

(3) $S_B = 46.56 - (22.73 + 5.27 + 14.03) = 4.53$

(4) $\phi_{A \times B} = (l - 1)(m - 1) = (3 - 1) \times (4 - 1) = 6$

(5) $\phi_E = \phi_T - (\phi_A + \phi_B + \phi_{A \times B}) = (24 - 1) - (2 + 3 + 6) = 12$

(6) $V_E = S_E / \phi_E = 14.03 / 12 = 1.17$

(7) $V_A / V_E = 11.36 / 1.17 = 9.71$

(8) $\sigma^2 + lr\sigma_B^2 = \sigma^2 + 3 \times 2\sigma_B^2$

(9) 分子が ϕ_A、分母が ϕ_E の F 検定である。

(10) $\hat{\mu}(A_i B_j) \pm t(\phi_E、\alpha)\sqrt{\dfrac{V_E}{r}} = 4.38 \pm t(12、0.05)\sqrt{\dfrac{V_E}{2}}$

正解
10

相関分析

相関に関する検定の、符号検定、系列相関の検定（大波の相関の検定、小波の相関の検定）について学びます。それぞれ手順に従って、繰り返し学習しましょう。

重要度 ★★★

相関分析

相関分析

相関分析とは、対になってランダムで連続的に変化する 2 つの測定値区間の強さを評価するための相関係数を求めて、有意性を検討することです。特に変量が 2 つの場合の解析方法を**単相関分析**、3 つ以上の変量の場合の解析方法を**重相関分析**といいます。

相関に関する検定には相関分析のほか、符号検定表を利用する**符号検定**と、**系列相関（大波の相関、小波の相関）の検定**があります。

符号検定

符号検定は次の手順で行います。

手順❶：仮説の設定（両側検定）

H_0：相関がない（無相関）

H_1：相関がある

手順❷：有意水準の決定

$\alpha = 0.05$

手順❸：散布図の作成

散布図上の点を**左右上下に同数に分ける**ために、$\tilde{x}$ 線と $\tilde{y}$ 線を引きます。両メジアン線で区切られた 4 つの象限内に入った打点数を数えて、n_{I}（右上：第 I 象限）、n_{II}（左上：第 II 象限）、n_{III}（左下：第 III 象限）、n_{IV}（右下：第 IV 象限）とします。

手順❹：基本統計量の計算

$N = n_{\mathrm{I}} + n_{\mathrm{II}} + n_{\mathrm{III}} + n_{\mathrm{IV}}$

手順❺：検定推定量の計算

正の相関（$n_+ = n_{\mathrm{I}} + n_{\mathrm{III}}$）と負の相関（$n_- = n_{\mathrm{II}} + n_{\mathrm{IV}}$）を求めて小さいほうの値を n_0 とします。

$n_0 = \min \{ n_+ = n_{\mathrm{I}} + n_{\mathrm{III}}, \ n_- = n_{\mathrm{II}} + n_{\mathrm{IV}} \}$

手順❻：棄却域の設定

（図中）

$\tilde{y}$

| 第 II 象限 | 第 I 象限 |

$\tilde{x}$

| 第 III 象限 | 第 IV 象限 |

符号検定表より、棄却域（R）を設定します。

$R : |n_0| \leqq n$ （N、0.05）

手順❼：判定

$R : |n_0| \leqq n$ （N、0.05）ならば、$\alpha = 0.05$ で、帰無仮説（H_0）を棄却し、対立仮説（H_1）を採択します。

$R : |n_0| > n$ （N、0.05）ならば、$\alpha = 0.05$ で、帰無仮説（H_0）を棄却できないので、帰無仮説（H_0）を採択します。

系列相関の検定（大波の相関の検定）

系列相関の検定は、無相関である場合には、折れ線グラフを利用して、**メジアン線**の片側に半分の確率で打点します。すなわち、$H_0 ; P = 1 / 2$ の検定を行います。大波の相関は、散布図だけでなく折れ線グラフで行うものですが、小波の相関は工程の小さな変動の解析に用いるものであり、相関の検定ではありません。

大波の相関の検定は、2 変数データを同列の折れ線グラフとそれぞれのメジアン線を引いて、符号検定と同じような考え方で行います。メジアン線よりも打点が**上側であれば＋、下側であれば−**として、お互いの積を求めます。つまり、積が＋ならば符号検定における散布図の第Ⅰ象限と第Ⅲ象限、−ならば第Ⅱ象限と第Ⅳ象限を意味します。なお、この検定はデータの時系列の関係がなくてもかまいません。

大波の相関の検定は、次の手順で行います。

手順❶：仮説の設定（両側検定）

H_0：相関がない（無相関）

H_1：相関がある

手順❷：有意水準の決定

$\alpha = 0.05$

手順❸：折れ線グラフとメジアン線の作成

説明変数（x_i）と目的変数（y_i）について折れ線グラフを作成し、それぞれ $\tilde{x}$ 線と $\tilde{y}$ 線を引きます。メジアン線より上の点は＋、下の点は−、メジアン線上の点は 0 として符号化し、説明変数（x_i）と目的変数（y_i）の符号の積を求めます。

手順❹：基本統計量の計算

符号の積の数（0 は除く）を数えてデータ数を次式で求めます。

$N = n_+ + n_-$

手順❺：検定推定量の計算

符号の積の＋と−の数を計算し、小さい方の値を検定推定量（n_0）にします。

$$n_0 = \min\{n_+、n_-\}$$

手順⑥：棄却域の設定

符号検定表より、棄却域（R）を設定します。

$R：|n_0| \leqq n$（N、0.05）

手順⑦：判定

$R：|n_0| \leqq n$（N、0.05）ならば、$\alpha = 0.05$ で、帰無仮説（H_0）を棄却し、対立仮説（H_1）を採択します。

$R：|n_0| > n$（N、0.05）ならば、$\alpha = 0.05$ で、帰無仮説（H_0）を棄却できないので、帰無仮説（H_0）を採択します。

◆演習問題 1

次に示すデータについて大波の相関の検定を行います。

No	X	Y	No	X	Y	No	X	Y
1	30	36	11	25	27	21	12	15
2	17	22	12	18	16	22	7	9
3	13	13	13	25	30	23	20	23
4	7	5	14	7	9	24	13	16
5	12	7	15	21	23	25	12	8
6	11	7	16	12	9	26	10	12
7	4	8	17	8	10	27	14	11
8	4	6	18	12	9	28	15	13
9	2	3	19	14	15	29	13	10
10	5	7	20	8	11	30	10	7

①仮説の検定（両側検定）

H_0：相関がない（無相関）

H_1：相関がある

②有意水準の決定

$\alpha = 0.05$

③折れ線グラフとメジアン線の作成

上記データの折れ線グラフとメジアン線を作成します。

X のメジアン　12.0

Y のメジアン　10.5

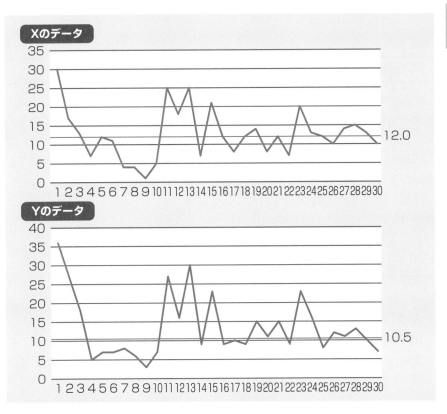

互いの積を求めます。

No	1	2	3	4	5	6	7	・	・	・	・	・	28	29	30
x	+	+	+	−	0	・	・	・	・	・	・	・	+	+	−
y	+	+	+	−	−	・	・	・	・	・	・	・	+	−	−
$x \times y$	+	+	+	+	0	・	・	・	・	・	・	・	+	−	+

④基本統計量の計算

$N = n_+ + n_- = 22 + 3 = 25$

⑤検定推定量の計算

$n_0 = \min\{ n_+ 、 n_- \} = \min\{22 、 3\} = 3$

⑥棄却域の設定

符号検定表より、棄却域（R）を設定します。

$R : |n_0| \leqq n (N 、 0.05) = 7$

⑦判定

$R : 3 < n(N、0.05) = 7$ となり、$\alpha = 0.05$ で、帰無仮説 (H_0) を棄却し、対立仮説 (H_1) を採択します。x と y には相関があるといえます。

系列相関の検定 (小波の相関の検定)

小波の相関の検定は、2変量データの増減変動をみることで、工程の小さな変動の解析をすることができます。なお、折れ線グラフは書く必要はありません。ある点と次の点を比較し、増加していれば＋、減少していれば－とし、大波の相関の検定と同じように互いの符号の積を求めます。この検定はデータに時系列の関係が影響しますので、データの大きさで並び替えることはできません。

小波の相関の検定は次の手順で行います。

手順❶：仮説の設定 (両側検定)

H_0：工程に小変動がない (無相関)

H_1：工程に小変動がある

手順❷：有意水準の決定

$\alpha = 0.05$

手順❸：符号の積を求める

説明変数 (x_i) と目的変数 (y_i) について時系列に並べ、前のデータである説明変数 (x_{i-1}) と目的変数 (y_{i-1}) を比較し増加である間隔は＋、減少である間隔は－、変化がない場合には 0 として符号化し、説明変数 (x_i) の間隔の符号と目的変数 (y_i) の間隔の符号の積を求めます。

手順❹：基本統計量の計算

符号の積の数 (0 は除く) を数えてデータ数を次式で求めます。

$N = n_+ + n_-$

手順❺：検定推定量の計算

符号の積の＋と－の数を計算し、小さいほうの値を検定推定量 (n_0) にします。

$n_0 = \min\{n_+、n_-\}$

手順❻：棄却域の設定

符号検定表より、棄却域 (R) を設定します。

$R : |n_0| \leqq n\ (N、0.05)$

手順❼：判定

$R : |n_0| \leqq n\ (N、0.05)$ ならば、$\alpha = 0.05$ で、帰無仮説 (H_0) を棄却し、対立仮説 (H_1) を採択します。

$R : |n_0| > n\ (N、0.05)$ ならば、$\alpha = 0.05$ で、帰無仮説 (H_0) を棄却できないので、帰無仮説 (H_0) を採択します。

相関分析

問1 相関分析に関する次の文章において、正しいものには○を、正しくないものには×を示せ。

① 相関分析とは、対になってランダムかつ連続的に変化する2つの測定値区間の強さを評価するための相関係数を求め、有意性を検討することである。 (1)

② 相関分析には変量の数にかかわらず単相関分析で対応できる。 (2)

③ 符号検定表を利用する検定として、符号検定と系列相関（大波の相関、小波の相関）の検定がある。 (3)

④ 小波の相関は散布図だけでなく折れ線グラフで行うものである。 (4)

⑤ 大波の相関は、データに時系列の関係が影響するので、データの大きさで並び替えることはできない。 (5)

問2 相関分析に関する次の文章において、 内に入る最も適切なものを選択肢からひとつ選べ。

① 符号検定は、 (1) 検定を行う。

② 符号検定では散布図を用いるが、その散布図上には (2) を引く。

③ 大波の相関では、説明変数 (x_i) と目的変数 (y_i) について (3) を作成する。

④ 大波の相関の検定推定量の計算では、符号の積の＋と－の数を計算し、 (4) 方の値を検定推定量 (n_0) にする。

⑤ 小波の相関では、 (5) ならば、$\alpha = 0.05$ で、帰無仮説 (H_0) を棄却し、対立仮説 (H_1) を採択する。

【選択肢】
ア. 片側 イ. 両側 ウ. $\bar{x}$ 線と $\bar{y}$ 線 エ. $\bar{x}$ 線と $\bar{y}$ 線 オ. 折れ線グラフ
カ. 散布図 キ. 大きい ク. 小さい ケ. $R : |n_0| > n \ (N、0.05)$
コ. $R : |n_0| \leq n \ (N、0.05)$

問1 (1) ○　　(2) ×　　(3) ○　　(4) ×　　(5) ×

(1) p.296 参照

(2) 変量が 3 つ以上の場合には重相関分析を用いる。

(3) p.296 参照

(4) 説明文は大波の相関についてである。

(5) 大波の相関は並び替えができるが、小波の相関は並び替えることはできない。

問2 (1) イ　　(2) ウ　　(3) オ　　(4) ク　　(5) コ

(1) 相関の有無についての検定であるので、両側検定である。

(2) 散布図上の点を左右上下に同数に分けるために、$\tilde{x}$ 線と $\tilde{y}$ 線を引く。

(3) 大波の相関の検定は、2 変量データを同列の折れ線グラフとそれぞれのメジアン線を引く。

(4) p.297 参照

(5) 棄却域に落ちれば有意となる。

正解
10

単回帰分析①

直線関係を意味する、単回帰式の推定の考え方について学びます。回帰係数、回帰直線の推定を、手順に従って、繰り返し学習しましょう。

単回帰式の推定

単回帰式

　回帰分析とは、目的変数（y）を説明し、あるいは予測するための説明変数（x）との関係式を求めてその精度を評価し、これを応用する手法です。特に、説明変数（x）と目的変数（y）に関する直線関係を取り扱う場合を、**単回帰分析**といいます。説明変数（x）と目的変数（y）が対であるデータ（x_i、y_i）について解析を行う場合に、お互いの相関関係を式（$y = a + bx$）で表現できれば、目的変数を最適な水準に設定できます。この相関関係は、直線関係を意味しているので、次のモデルを適用します。

$$y_i = a + b\,x_i + \varepsilon_i$$

　ただし、ε_i は $N(0、\sigma^2)$ に従います。

　この ε_i は直線関係からのずれの部分を示しており、**誤差**（残差）と呼ばれます。また、**説明変数は独立変数ともいいます**。a と b は直線を規定する母数であり、a を定数項（切片）、b を回帰係数（傾き）といいます。

単回帰式の推定

　回帰分析の目的は、y と x についての何組かのデータから、母数 a と b を推定し、上式のモデルの検証及び誤差 ε_i の大きさを評価することです。この結果をもとに、目的変数（y）のねらいの値にするための、説明変数（x）のねらい値の設定と、目的変数（y）の変動を管理するための説明変数（x）の管理水準の決定をすることができます。

　n 組のデータが（x_1、y_1）、（x_2、y_2）・・・（x_i、y_i）である場合には、次の式のモデルになります。

$$y_i = \hat{y}_i + \varepsilon_i = a + b\,x_i + \varepsilon_i$$

　ただし、誤差 ε_i に関しては次の仮定が満たされていることが必要です。
　・$E(\varepsilon_i) = 0$　：**普遍性**

- $V(\varepsilon_i) = \sigma^2$ ：**等分散**性
- $Cov(\varepsilon_i,\ \varepsilon_j) = 0、 (i \neq j)$：**独立**性
- $\varepsilon_i \sim N(0、\ \sigma^2)$ ：**正規**性

回帰モデルは次のようになります。

回帰モデル

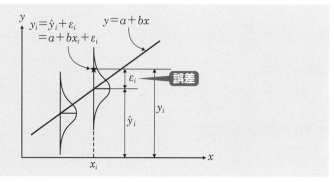

目的変数（$\hat{y}_i$）の平方和 $S(y、y)$ は、次式のようになります。

$$
\begin{aligned}
S(y、y) &= \Sigma (y_i - \bar{y})^2 \\
&= \Sigma \{(y_i - \hat{y}_i) + (\hat{y}_i - \bar{y})\}^2 \\
&= \Sigma \{\varepsilon_i + (\hat{y}_i - \bar{y})\}^2 = \Sigma \varepsilon_i^2 + \Sigma (\hat{y}_i - \bar{y})^2 \\
&= S_e（誤差平方和）+ S_R（回帰による平方和） \\
S_R &= \{S(x、y)\}^2 / S(x、x)
\end{aligned}
$$

回帰による平方和（S_R）は、目的変数（y_i）の変動のうち、回帰直線によって説明できる部分であり、誤差平方和 S_e は回帰直線では説明できない残りの部分を表しています。このため、データに対して、直線を当てはめたことに統計的な意味があったかどうかを判断するために、回帰による平方和（S_R）の誤差平方和（S_e）に対する相対的な大きさを用いることができます。この2つの平方和の比（$F = S_R / S(y、y)$）は総平方和 $S(y、y)$ のうち、回帰直線によって説明される変動の割合を示しており、**寄与率** r^2（r は相関係数）と呼ばれます。

このときの平方和の自由度は次のようになります。

$$
\begin{aligned}
&S(y、y) \text{ の自由度} \phi_{yy}：n - 1 \\
&S_R \text{ の自由度} \phi_R \quad\quad：1 \\
&S_e \text{ の自由度} \phi_e \quad\quad：n - 2
\end{aligned}
$$

回帰係数の検定は、次の手順で行います。

手順❶：仮説の設定

$H_0 : b = 0$

$H_1 : b \neq 0$

手順❷：検定推定量（t_0）の算出

次の式により検定推定量（t_0）を算出します。

$$t_0 = b \left/ \sqrt{\dfrac{V_e}{S(x、x)}} \right.$$

手順❸：判定

t 表より棄却域 R を設定し、両方を比較して、判定します。なお、自由度は、$\phi_e = n - 2$ を用います。

手順❹：回帰係数の推定

点推定：$\hat{b}$

区間推定：$\hat{b} \pm t\,(\phi、0.05) \sqrt{\dfrac{V_e}{S(x、x)}}$

手順❺：回帰直線の推定

点推定：$y_i = \hat{a} + \hat{b}\,x_i$

区間推定：$y_i = \hat{a} + \hat{b}\,x_i \pm t\,(\phi、0.05) \sqrt{\left(\dfrac{1}{n} + \dfrac{(x_i - \bar{x})^2}{S(x、x)}\right) V_e}$

推定値の区間予測は、回帰係数（b）や回帰直線（$y = a + bx$）に対する 95％信頼区間の推定には次の式を用います。

$$y_i = \hat{a} + \hat{b}\,x_i \pm t\,(\phi、0.05) \sqrt{\left(1 + \dfrac{1}{n} + \dfrac{(x_i - \bar{x})^2}{S(x、x)}\right) V_e}$$

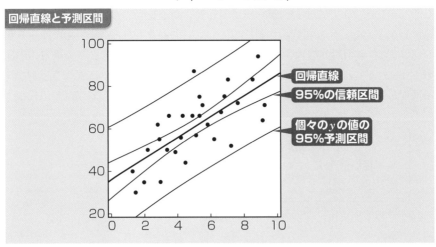

回帰直線と予測区間

回帰直線

95％の信頼区間

個々の y の値の
95％予測区間

28 日目

単回帰分析①

理解度check ✓

問1 単回帰式の推定に関する次の文章において、正しいものには○を、正しくないものには×を示せ。

① 単回帰分析では、説明変数 (x) と目的変数 (y) に関する直線関係を取り扱う。

〔　(1)　〕

② 単回帰分析のモデルは、$y_i = a + bx_i$　である。

〔　(2)　〕

③ 単回帰分析の誤差に関しては、$E(\varepsilon_i) = 0$　の等分散性が成り立つ。

〔　(3)　〕

④ 目的変数 ($\hat{y}_i$) の平方和 $S(y、y)$ は、$\Sigma(y_i - \bar{y})^2$ である。

〔　(4)　〕

⑤ $S(y、y)$ の自由度 ϕ_{yy} は $n - 2$ である。

〔　(5)　〕

問2 単回帰分析に関する次の文章において、〔　〕内に入る最も適切なものを選択肢からひとつ選べ。

① 単回帰分析におけるモデル $y_i = a + bx_i + \varepsilon_i$ での a と b は直線を規定する母数であり、a を定数項（切片）、b を〔　(1)　〕という。

② 回帰分析の目的の一つに、目的変数 (y) の変動を管理するための説明変数 (x) の〔　(2)　〕の決定をすることがある。

③ 単回帰分析のモデルの誤差に関しては、普遍性、等分散性、〔　(3)　〕、正規性が満たされる必要がある。

④ 目的変数 ($\hat{y}_i$) の平方和 $S(y、y)$ は、〔　(4)　〕で表すことができる。

⑤ 検定推定量は、〔　(5)　〕で計算する。

【選択肢】

ア．管理水準　イ．自由度　ウ．回帰係数　エ．推定値

オ．S_e（誤差平方和）＋ S_R（回帰による平方和）

カ．S_e（誤差平方和）－ S_R（回帰による平方和）

キ．独立性　ク．相関性　ケ．$t_0 = b \Big/ \sqrt{\dfrac{V_e}{S(x、x)}}$　コ．$t_0 = b \Big/ \sqrt{\dfrac{V_e}{S(y、y)}}$

問1 (1) ○ (2) × (3) × (4) ○ (5) ×

(1) 単回帰分析は、$y = a + bx$ の関係を取り扱う。

(2) $y_i = a + bx_i + \varepsilon_i$、ただし、$\varepsilon_i$ は $N(0, \sigma^2)$ に従う。

(3) $E(\varepsilon_i) = 0$ は普遍性であり、$V(\varepsilon_i) = \sigma^2$ が等分散性である。

(4) $S(y, y) = \Sigma(y_i - \bar{y})^2$

(5) $n - 1$ である。

問2 (1) ウ (2) ア (3) キ (4) オ (5) ケ

(1) b は傾きを表す。

(2) 目的変数を得るために説明変数を制御することができる。

(3) 独立性とは $Cov(\varepsilon_i, \varepsilon_j) = 0$ のことである。

(4) $S(y, y) = \Sigma(y_i - \bar{y})^2 = \Sigma(y_i - \hat{y}_i)^2 + \Sigma(\hat{y}_i - \bar{y})^2$
$= S_e$（誤差平方和）$+ S_R$（回帰による平方和）

(5) 仮説の検定は、$H_0 : b = 0$ であるので、$t_0 = b \Big/ \sqrt{\dfrac{V_e}{S(x, x)}}$ となる。

正解
10

単回帰分析②

分散分析表による検定（回帰分析）と回帰診断についての考え方を学びます。分散分析表による検定と回帰診断を、手順に従って、繰り返し学習しましょう。

重要度 ★★★

分散分析表による検定（回帰分析）

分散分析表による検定

分散分析表による検定を行う場合、まず次に示すデータの構造式を考えます。

$$y_i = a + b\,x_i + \varepsilon_i$$

ただし、ε_i は $N(0,\ \sigma^2)$ に従います。

作成した散布図をみて大きく飛び離れた点はないか、**説明変数（x）**の変化に対して**目的変数（y）**の中心位置やばらつきの度合いがどのように変化しているのかを確認します。検定は次の手順で行います。

手順❶：仮説の設定

H_0：説明変数（x）と目的変数（y）に直線関係がない

H_1：説明変数（x）と目的変数（y）に直線関係がある

手順❷：有意水準の決定

$\alpha = 0.05$

手順❸：基本統計量の計算

平方和と回帰による変動を計算します。

$$S(x,\ x) = \Sigma(x_i - \bar{x})^2 = \Sigma x_i^2 - (\Sigma x_i)^2 / n$$
$$S(y,\ y) = \Sigma(y_i - \bar{y})^2 = \Sigma y_i^2 - (\Sigma y_i)^2 / n$$
$$S(x,\ y) = \Sigma x_i y_i - (\Sigma x_i)(\Sigma y_i) / n$$
$$S_R = \{S(x,\ y)\}^2 / S(x,\ x)$$
$$S_e = S(y,\ y) - S_R$$

手順❹：自由度の計算

$$\phi_R = 1,\ \ \phi_e = n - 2$$

手順❺：分散分析表の作成

要因	S	ϕ	V	F_0	$E(V)$
回帰 R	S_R	ϕ_R	$V_R = S_R / \phi_R$	V_R / V_e	$\sigma^2 + b^2 S(x,\ x)$
残差	S_e	ϕ_e	$V_e = S_e / \phi_e$		σ^2
T	$S(y,\ y)$	$\phi_T = n - 1$			

手順⑥：棄却域の設定

F 表より、棄却域 R を設定します。

$R : |F_0| \geq F\,(\phi_R、\ \phi_e、\ 0.05)$

手順⑦：判定

検定推定量 F_0 と棄却域 R の比較をします。

$R : |F_0| \geq F\,(\phi_R、\ \phi_e、\ 0.05)$ ならば有意水準 5% で有意であり、帰無仮説を棄却し、対立仮説を採用します。

$R : |F_0| < F\,(\phi_R、\ \phi_e、\ 0.05)$ ならば有意水準 5% で有意でないので、帰無仮説を棄却できないので、帰無仮説を採用します。

手順⑧：回帰係数の推定

点推定：$\hat{b} = \dfrac{S(x、y)}{S(x、x)}$

区間推定：$\hat{b} \pm t\,(\phi_e、0.05)\sqrt{\dfrac{V_e}{S(x、x)}}$

手順⑨：回帰直線の推定

点推定：$y_i = \hat{a} + \hat{b}\,x_i$

区間推定：$y_i = \hat{a} + \hat{b}\,x_i \pm t\,(\phi_e、0.05)\sqrt{\left(\dfrac{1}{n} + \dfrac{(x_i - \bar{x})^2}{S(x、x)}\right)V_e}$

手順⑩：推定値の区間予測

$y_i = \hat{a} + \hat{b}\,x_i \pm t\,(\phi_e、0.05)\sqrt{\left(1 + \dfrac{1}{n} + \dfrac{(x_i - \bar{x})^2}{S(x、x)}\right)V_e}$

◆演習問題1

次のデータを使用して回帰分析をします。

X	Y	X	Y	X	Y	X	Y	X	Y
30	36	4	8	25	30	14	15	12	8
17	22	4	6	7	9	8	11	10	12
13	13	2	3	21	23	12	15	14	11
7	5	5	7	12	9	7	9	15	13
12	7	25	27	8	10	20	23	13	10
11	7	18	16	12	9	13	16	10	7

まず、散布図を作成します。

次のページの散布図をみて、大きく飛び離れた点はないか、ばらつきの度合いがどのように変化しているか確認します。

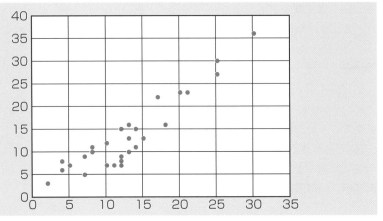

ここでは特に、異常な点はなさそうです。

検定に当たって、まずデータの構造式を考えます。

$$y_i = a + b x_i + \varepsilon_i 、 \varepsilon_i \sim N (0、 \sigma^2)$$

①仮説の設定

H_0：特性 (x) と特性 (y) に直線関係がない

H_1：特性 (x) と特性 (y) に直線関係がある

②有意水準の決定

有意水準$\alpha = 0.05$

③基本統計量の計算

平方和と回帰による変動を計算します。

$$S (x、x) = \Sigma (x_i - \bar{x})^2 = \Sigma x_i^2 - (\Sigma x_i)^2 / n = 1266.3$$

$$S (y、y) = \Sigma (y_i - \bar{y})^2 = \Sigma y_i^2 - (\Sigma y_i)^2 / n = 1817.37$$

$$S (x、y) = \Sigma x_i y_i - (\Sigma x_i) (\Sigma y_i) / n = 1403.1$$

$$S_R = \{S(x、y)\}^2 / S (x、x) = 1554.68$$

$$S_e = S (y、y) - S_R = 262.69$$

④自由度の計算

$$\phi_R = 1$$

$$\phi_e = n - 2 = 28$$

⑤分散分析表の作成

要因	S	ϕ	V	F_0	$E(V)$
回帰 R	1554.68	1	1554.68	165.71*	$\sigma^2 + 1.23S (x、x)$
残差	262.69	28	9.382		σ^2
T	1817.37	29			

⑥**棄却域の設定**

F 表より、棄却域 R を設定します。

$R : |F_0| \geqq F$（ϕ_R、ϕ_e、0.05）

⑦**判定**

検定推定量 F_0 と棄却域 R の比較をします。

$R : |F_0| \geqq F$（ϕ_R、ϕ_e、0.05）$= F$（1、28、0.05）$= 4.20$ なので有意水準 5% で有意であり、帰無仮説を棄却し、対立仮説を採用します。

⑧**回帰係数の推定**

点推定：$\hat{b} = \dfrac{S(x、y)}{S(x、x)} = \dfrac{1403.1}{1266.3} = 1.11$

区間推定：$\hat{b} \pm t$（ϕ_e、0.05）$\sqrt{\dfrac{V_e}{S(x、x)}} = 1.286、0.934$

⑨**回帰直線の推定**

点推定：$y_i = \hat{a} + \hat{b}x_i = -0.839 + 1.11x_i$

区間推定：$y_i = \hat{a} + \hat{b}x_i \pm t$（$\phi_e$、0.05）$\sqrt{\left(\dfrac{1}{n} + \dfrac{(x_i - \bar{x})^2}{S(x、x)}\right) V_e}$

⑩**推定値の区間予測**

$y_i = \hat{a} + \hat{b}x_i \pm t$（$\phi_e$、0.05）$\sqrt{\left(1 + \dfrac{1}{n} + \dfrac{(x_i - \bar{x})^2}{S(x、x)}\right) V_e}$

回帰直線と予測区間

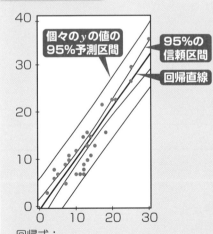

個々の y の値の95%予測区間
95%の信頼区間
回帰直線

項目	横軸	縦軸
変数名	X	Y
データ数	30	30
最小値	2	3
最大値	30	36
平均値	12.7	13.2
標準偏差	6.61	7.92
相関係数	0.925	
回帰定数	−0.839	

回帰式：
Y＝−0.838664＋1.108031X

29日目 / 30

単回帰分析②

回帰診断

残差

推定された回帰式が、適正なものであるかどうかを確認する場合、係数の有意性の確認だけでなく、**残差も確認する必要があります**。これを**回帰診断**といいます。

残差 ε_i とは、実測値 y_i と予測値 $(\hat{y_i})$ との差です。実測値は観察値、予測値は理論値とすることもあります。

$$\varepsilon_i = y_i - \hat{y_i}$$

ただし、誤差 ε_i に関しては次の過程が満たされていることが必要です。

・$E(\varepsilon_i) = 0$	：普遍性
・$V(\varepsilon_i) = \sigma^2$	：等分散性
・$Cov(\varepsilon_i、\varepsilon_j) = 0、(i \neq j)$	：独立性
・$\varepsilon_i \sim N(0、\sigma^2)$	：正規性

残差に関して次の事項を検討する必要があります。
- 残差が正規分布に従っているかどうか
- 残差と説明変数は独立しているか
- 残差と目的変数の予測値は無関係かどうか
- 残差の時間的変化にくせがあるかどうか
- 残差が極めて大きいデータがないかどうか

残差を求める方法

残差を求めるためには、次のような方法があります。
①残差について**ヒストグラム**を作成するか、残差の**正規確率プロット**を行う
②残差と説明変数の**散布図**を作成する
③残差と目的変数の予測値の**散布図**を作成する
④時間順に残差を並べた時の**系列プロット**（折れ線グラフ）を作成する
⑤標準化残差を計算し、絶対値が３以上の場合には**はずれ値**と判断する

これらの方法をもとに、次の内容を確認してから回帰に関する残差を検討します。

①説明変数（x_i）を横軸に目的変数（y_i）を縦軸にした散布図を作成し、相関、周期性、異常値の有無を確認する

②回帰直線を算出し、作成した散布図に書き込む

③回帰分析を行い、分散分析表から説明変数（x）と目的変数（y）に関して直線関係の有無を確認する

④回帰に関する推定を行い、回帰係数、回帰直線の点推定、区間推定や推定値の予測区間を求めて、散布図に書き込む

以上を確認したうえで、回帰に関する残差を次の手順で検討します。

手順❶：標本数 n を計算する

説明変数（x_i）の値を回帰式（$y = a + bx$）の x に代入して予測値（理論値）$\hat{y}_i$ を求め、実測値（観察値）y_i との差より残差 ε_i を標本数 n だけ計算します。

$\varepsilon_i = y_i - \hat{y}_i$

手順❷：補助表を作成する

分散分析表の残差分散 V_e を利用し、求めた残差 ε_i を除して標準化残差 ε_{si} を標本数 n だけ計算し、残差 ε_i の小さい順位に並び替えて補助表を作成します。

$\varepsilon_{si} = \varepsilon_i \, / \sqrt{V_e}$

手順❸：ヒストグラムを作成する

残差 ε_i についてヒストグラムを作成し、分布の形が正規分布しているかを確認します。

手順❹：散布図①を作成する

残差 ε_i を横軸に、説明変数（x_i）を縦軸にした散布図を作成し、相関、周期性、異常値の有無を確認します。

手順❺：散布図②を作成する

残差 ε_i を横軸に、目的変数（y_i）の予測値（$\hat{y}_i$）を縦軸にした散布図を作成し、相関、周期性、異常値の有無を確認します。

手順❻：時系列（折れ線グラフ）を作成する

データに時系列情報がある場合には、横軸に目的変数の予測値（$\hat{y}_i$）、縦軸に残差 ε_i を並べた時系列（折れ線グラフ）を作成し、増減変動、周期性の有無を確認します。

この場合の残差の見方の例を次に示します。

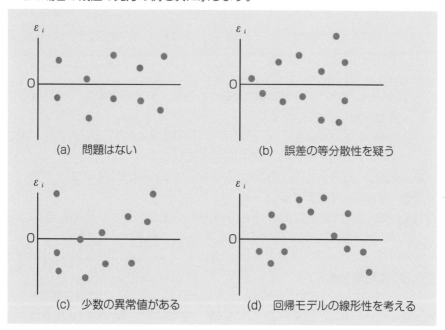

(a) 問題はない

(b) 誤差の等分散性を疑う

(c) 少数の異常値がある

(d) 回帰モデルの線形性を考える

手順❼：標準化残差 ε_{si} の確認（はずれ値と判断した場合再検討する）

　計算した標準化残差 ε_{si} の絶対値が 3 以上であれば、はずれ値と判断してデータから抜いて以上の検討を再度行います。

◆演習問題2

311ページで使用した演習問題1を検討します。

①データの計算結果

X	Y	予測値	残差	標準化残差
30	36	32.461	3.539	1.155
17	22	18.031	3.969	1.296
13	13	13.591	-0.591	-0.193
7	5	6.931	-1.931	-0.63
12	7	12.481	-5.481	-1.79
11	7	11.371	-4.371	-1.427
4	8	3.601	4.399	1.436
4	6	3.601	2.399	0.783
2	3	1.381	1.619	0.529
5	7	4.711	2.289	0.747
25	27	26.911	0.089	0.029
18	16	19.141	-3.141	-1.026
25	30	26.911	3.089	1.009
7	9	6.931	2.069	0.676
21	23	22.471	0.529	0.173
12	9	12.481	-3.481	-1.137
8	10	8.041	1.959	0.64
12	9	12.481	-3.481	-1.137
14	15	14.701	0.299	0.098
8	11	8.041	2.959	0.966
12	15	12.481	2.519	0.822
7	9	8.069	2.069	0.676
20	23	21.361	1.639	0.535
13	16	13.591	2.409	0.787
12	8	12.481	-4.481	-1.463
10	12	10.261	1.739	0.568
14	11	14.701	-3.701	-1.208
15	13	15.811	-2.811	-0.918
13	10	13.591	-3.591	-1,172
10	7	10.261	-3.261	-1.065

③残差 ε_i のヒストグラムの作成

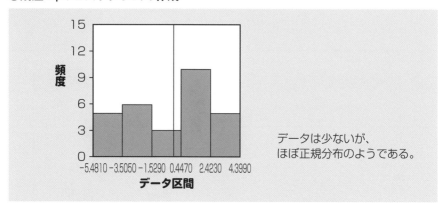

データは少ないが、
ほぼ正規分布のようである。

④残差 ε_i を横軸に、説明変数 (x_i) を縦軸にした散布図の作成

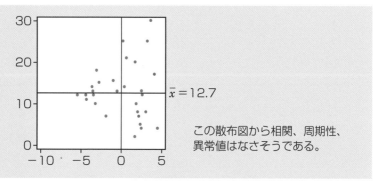

$\bar{x} = 12.7$

この散布図から相関、周期性、
異常値はなさそうである。

⑤残差 ε_i を横軸に、目的変数 (y_i) の予測値 ($\hat{y}_i$) を縦軸にした散布図の作成

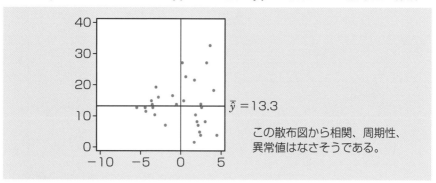

$\bar{y} = 13.3$

この散布図から相関、周期性、
異常値はなさそうである。

（⑥時系列の作成はここでは行わない）

⑦標準化残差 ε_{si} の確認

3以上のものがなく、はずれ値はないので、これで解析は終了する。

問1 回帰分析と回帰診断に関する次の文章において、 ⬚ 内に入る最も適切なものを選択肢からひとつ選べ。

検定に当たって、次に示すデータの構造式を考える。$y_i = a + bx_i + \varepsilon_i$、ただし、$\varepsilon_i$ は ⬚(1) に従う。作成した散布図をみて大きく飛び離れた点はないか、⬚(2) の変化に対して ⬚(3) の中心位置や ⬚(4) がどのように変化しているのかを確認する。

x、y が対になったデータの分析を行ったところ、次の値が求められた。

$n = 15$、$\Sigma x = 150$、$\Sigma y = 240$、$S_{xx} = 4$、$S_{yy} = 9$、$S_{xy} = 5$

これをもとに分散分析は次のようになった。

要因	S	ϕ	V	F_0	$E(V)$		
回帰 R	(5)			(8)	$\sigma^2 +$	(9)	$S(x, x)$
残差	(6)	(7)			σ^2		
T							

平方和の比は $S_R / S_T = 0.69$ となり、これは総平方和のうち回帰直線によって説明される変動の割合であり、⬚(10) と呼ばれる。

【選択肢】

ア．$N(\mu, \sigma^2)$　イ．$N(\mu, \dfrac{\sigma^2}{x})$　ウ．説明変数 (x)　エ．目的変数 (y)

オ．ばらつきの度合い　カ．平均値の度合い　キ．6.25　ク．4.75

ケ．13　コ．14　サ．2.25　シ．2.75　ス．29.48　セ．32.05　ソ．1.56

タ．寄与率　チ．正規性

解答解説 ☑

問1 (1) チ   (2) ウ   (3) エ   (4) オ   (5) キ
     (6) シ   (7) ケ   (8) ス   (9) ソ   (10) タ

(1) 誤差は正規性に従う。

(2)(3) 説明変数（x）の値で目的変数（y）が変化する。

(4) ばらつきの度合いである。

(5) $S_R = \{S(x、y)\}^2 / S(x、x) = 5^2 / 4 = 6.25$

(6) $S_e = S(y、y) - S_R = 9 - 6.25 = 2.75$

(7) $\phi_e = n - 2 = 15 - 2 = 13$

(8) $V_e = S_e / \phi_e = 2.75 / 13 = 0.212$、$F_0 = V_R / V_e = 6.25 / 0.212 = 29.48$

(9) $\hat{b} = S(x、y) / S(x、x) = 5 / 4 = 1.25$、$b^2 = 1.56$

(10) 寄与率である。

正解

10

信頼性工学

信頼性工学の考え方と手法を学びます。それぞれの用語の定義、信頼性モデルの直列系と並列系の信頼度の違いを理解しましょう。

重要度 ★★

品質保証の観点からの 再発防止・未然防止

再発防止・未然防止

製品・サービスは、仕様書などで設定した期間中については、その品質特性を維持する必要があります。そのために、製品・サービスの信頼性を確保します。

信頼性とは、**アイテムが与えられた条件のもとで、与えられた期間、要求機能を遂行できる能力のこと**です。この能力を果たすためには設計段階で信頼性を考慮した設計を行う必要があり、過去の設計やクレームから得られた情報を活用することが大切です。

設計段階での検証、デザインレビュー、試作評価などでの問題やクレームが発生した場合には**再発防止**をし、次の設計を行う際には、これらの情報を活用します。

また、問題が発生しないようにするためには、問題発生の**未然防止**を行うことが大切です。このためには、**FMEA**（Failure Mode and Effect Analysis：故障モード・影響解析）や **FTA**（Fault Tree Analysis：故障の木解析）を設計段階で積極的に採用することで品質保証を行うことができます。

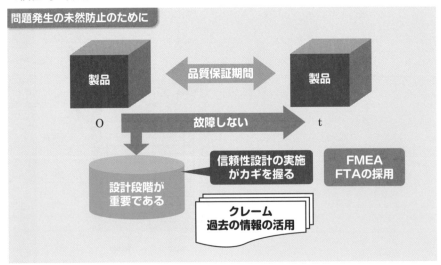

問題発生の未然防止のために

製品　品質保証期間　製品

O　故障しない　t

設計段階が重要である

信頼性設計の実施がカギを握る

FMEA FTAの採用

クレーム 過去の情報の活用

重要度　★★★

耐久性・保全性・設計信頼性

耐久性・保全性

　耐久性とは、与えられた使用及び保全条件で、**限界状態に到達するまで、要求機能を実行できるアイテムの能力**です。保全性とは、与えられた使用条件で、規定の手順及び資源を用いて保全が実行されるとき、**アイテムが要求機能を実行できる状態に保持されるか、又は修復される能力のこと**です。

　保全性と耐久性を合わせた広義の信頼度として、**アベイラビリティ**があります。アベイラビリティは、MTBF／（MTBF＋MTTR）を用いることも多いです。また、動作時間／（動作時間＋停止時間）で表す場合もあります。

信頼性特性値

　信頼性特性値には、信頼度、MTTF、B_{10} ライフ、故障率及び MTBF があります。

（1）信頼度

　信頼度は、一定期間（t_0）故障なく正常に機能を果たす確率で、次の式で表せます。

$$R(t) = P(T > t)$$
$$= \int_t^\infty f(x)\,dx、\ f(t)：故障までの時間の密度関数$$
$$F(t) = P(T \leq t) = 1 - R(t)$$

　$F(t)$ は不信頼度関数で、確率変数 T の分布関数と同じであり、単調非減少です。

信頼度

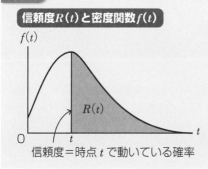

信頼度 $R(t)$ と密度関数 $f(t)$

信頼度＝時点 t で動いている確率

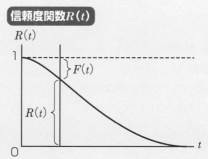

信頼度関数 $R(t)$

（2）MTTF（mean time to failure：平均故障時間）

MTTF は、故障までの平均時間です。

$$\mathrm{MTTF} = E(t) = \int_0^\infty tf(t)\,\mathrm{dt}$$

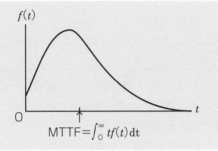

（3）B_{10} ライフ

B_{10} ライフとは、全体の 10% が故障するまでの時間を示しており、信頼度 90% となる時間です。次の式で表せます。

$$\int_0^{B_{10}\text{ライフ}} f(t) = 0.10$$

信頼度と B_{10} ライフの関係は次式で表せます。

$$R\ (B_{10}\ \text{ライフ}) = \int_{B_{10}\text{ライフ}}^\infty f(t) = 0.90$$

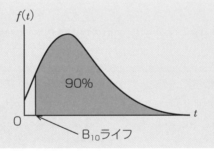

（4）故障率

①修理系の場合

修理により機能を回復する修理系は、時間（0、t）の故障率を $N(t)$ とすると、これは確率変数になります。単位時間当たりの故障発生確率は次の式で表せます。

$$\lambda\ (t) = \lim_{\Delta t \to 0} (1 / \Delta t)\ P\ \{N\ (t + \Delta t) - N\ (t)\} \geqq 1$$

故障率 λ は次の式で表せます。

> 故障率 λ ＝一定時間内の故障回数／一定時間

②非修理系の場合

故障率は次の式で表せます。

> 故障率＝一定時間内のサンプル１個当たりの故障回数／一定時間

故障率の時間的変化は、次の３つの基本パターンに分類できます。

❶ DFR(decreasing failure rate) 型

　設計・製造上の欠陥などのため初期に故障率が高く、時間とともに欠陥をもつものが取り除かれて比較的故障率の低いものが残る場合にみられる

❷ CFR(constant failure rate) 型

　時間によらず故障率が一定であり、その故障は偶発的であるため予測不可能である。この故障率の逆数のことを、平均故障時間間隔（mean time between failure :MTBF）という

❸ IFR(increasing failure rate) 型

　時間とともに故障率が増加するもので、機械部品の磨耗や劣化による故障にみられる

以上のように、単純な部品や簡単なシステムの故障パターンは、３つの基本パターンに分類可能ですが、多くの構成要素からなる複雑なシステムの故障パターンは図に示す **bath-tub 曲線**になるといわれています。

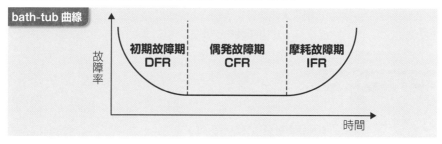

bath-tub 曲線

（5）MTBF

MTBF は次の式で表せます。

> $MTBF = 1／λ$

これは、一定時間／一定時間内の故障回数のことであり、修理後、次の故障が発生するまでの時間（故障間隔）の平均を表しています。

信頼性モデル

信頼性設計・信頼性配分

　信頼性設計では、信頼性の配分と予測が重要な要素です。**信頼性配分**とは、商品企画の段階で決められた信頼性の目標値を、構想設計段階で明確にした構成要素に配分することです。

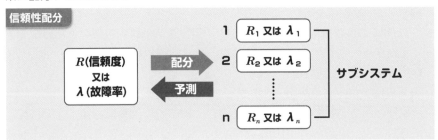

信頼性モデル

　信頼性の配分と予測を定量的に行うためには、製品やシステム、これらを構成している要素の信頼性の関係を調査することが大切です。これは**システムの信頼性**と呼ばれ、この解析モデルを**信頼性モデル**といいます。

　システムが n 個の要素で構成されている場合には、どの一つが故障してもシス

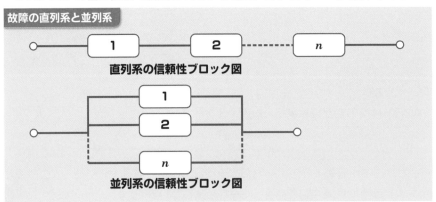

テムの故障に結び付く**直列系**と、直ちにはシステムの故障には結びつかないことがある冗長系である**並列系**に分類されます。

（1）直列系の信頼度

直列系は、**システムが機能するためには、すべての構成要素が決められた機能を果たすことが必要**なので、システムの信頼度は、各要素間の信頼度の積になり、次の式で表せます。

$$R = R_1 \times R_2 \cdots \times R_n$$

故障率は各要素の故障回数の総和になり、次式で表せます。

$$\lambda = \lambda_1 + \lambda_2 + \cdots + \lambda_n$$

◆演習問題1

サブシステムの信頼度が次に示すデータであった。このシステムの直列系の信頼度は次の通りである。

$$R_1 = 0.98、R_2 = 0.99、R_3 = 0.99$$

$$R = R_1 \times R_2 \times R_3 = 0.960$$

サブシステム故障率が次に示すデータであった。このシステムの故障率は次の通りである。

$$\lambda_1 = 0.01、\lambda_2 = 0.03、\lambda_3 = 0.01$$

$$\lambda = \lambda_1 + \lambda_2 + \lambda_3 = 0.01 + 0.03 + 0.01 = 0.05$$

（2）並列系の信頼度

並列系は、**少なくとも一つの要素が機能を果たしていればシステムとしての機能を果たすことができます**ので、すべての要素が故障したときにシステムとしての故障になります。したがって、信頼度のかわりに不信頼度を使用すると、不信頼度は各構成要素の不信頼度の積に、次の式で表せます。

$$F = F_1 \times F_2 \times \cdots \times F_n$$

$$R = 1 - F$$

$$= 1 - F_1 \times F_2 \times \cdots \times F_n$$

$$= 1 - (1 - R_1) \times (1 - R_2) \times \cdots \times (1 - R_n)$$

◆演習問題2

サブシステムの信頼度が次に示すデータであった。このシステムの並列系の信頼度は次の通りである。

$$R_1 = 0.98、R_2 = 0.99、R_3 = 0.99$$

$$R = 1 - (1 - R_1) \times (1 - R_2) \times (1 - R_3)$$

$$= 1 - (1 - 0.98) \times (1 - 0.99) \times (1 - 0.99)$$

$$= 0.999998$$

重要度 ★★★

信頼性データのまとめ方と解析

ノンパラメトリック法・パラメトリック法

信頼性データを統計的手法により解析して信頼性特性値に関する情報を得る方法として、ヒストグラムや算術平均パラメーター（母数）を仮定しない**ノンパラメトリック法**などと、ワイブル解析パラメーターを仮定する**パラメトリック法**などがあります。

ノンパラメトリック法では、例えば、電子部品の寿命データからヒストグラムを作成し、故障率と信頼度を求めることができます。この例は、$n = 50$ のデータ分析の度数表から故障率と信頼度を計算することができます。

ノンパラメトリック法による計算例

級番号	級の境界値	チェック	度数 f_i	残存数 n_i	条件付き故障率 f_i / n_i	故障率 f_i / n_ih（$1／10^2$ 時間）	信頼度 $n_i／n$
1	10.55〜20.55	///	3	50	0.06	0.006	1.00
2	20.55〜30.55	〼〼、//	7	47	0.15	0.015	0.94
3	30.55〜40.55	〼〼、〼〼/	10	40	0.25	0.025	0.80
4	40.55〜50.55	〼〼、〼〼、///	13	30	0.43	0.043	0.60
5	50.55〜60.55	〼〼、///	8	17	0.47	0.047	0.34
6	60.55〜70.55	〼〼、/	6	9	0.67	0.067	0.18
7	70.55〜80.55	///	3	3	1.00	0.10	0.06

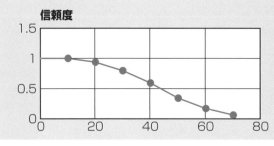

信頼度

信頼性工学

問1 **信頼性工学に関する次の文章において、正しいものには○を、正しくない ものには×を示せ。**

① 与えられた使用及び保全条件で、限界状態に到達するまで、要求機能を実行できる アイテムの能力を保全性という。 ☐(1)

② 信頼度とは、一定期間（t_0）故障なく正常に機能を果たす確率で、
$R(t) = P(T > t) = \int_t^\infty f(x)\,dx$　で表せる。 ☐(2)

③ B_{10} ライフとは、全体の 90% が故障するまでの時間を示しているので、信頼度 10% となる時間である。 ☐(3)

④ 時間によらず故障率が一定であるパターンを CFR 型という。 ☐(4)

⑤ 直列系の信頼度は、$R = R_1 + R_2 + \cdots + R_n$ である。 ☐(5)

問2 **信頼性工学に関する次の文章において、☐内に入る最も適切なものを 選択肢からひとつ選べ。**

① アベイラビリティは、☐(1)☐時間／（動作時間＋停止時間）で計算する。

② MTTF は、☐(2)☐までの平均時間である。

③ 多くの構成要素からなる複雑なシステムの故障パターンは☐(3)☐になるといわ れている。

④ サブシステム故障率が、$\lambda_1 = 0.05$、$\lambda_2 = 0.02$ であった。このときの故障率は ☐(4)☐である。

⑤ サブシステムの信頼度が $R_1 = 0.97$、$R_2 = 0.96$ であった。このシステムの並列 系の信頼度は☐(5)☐である。

> 【選択肢】
> ア．故障　イ．回復　ウ．動作　エ．停止　オ．0.07　カ．0.00005
> キ．bath-tub 曲線　ク．IFR 型　ケ．0.9988　コ．0.9312

信頼性工学

問1 (1) ×　　(2) ○　　(3) ×　　(4) ○　　(5) ×

(1) 説明文は耐久性である。

(2) p. 321 参照

(3) B_{10} ライフとは、全体の 10% が故障するまでの時間を示しているので、信頼度 90% となる時間である。

(4) CFR（constant failure rate）型である。

(5) $R = R_1 \times R_2 \cdot \cdot \cdot \times R_n$

問2 (1) ウ　　(2) ア　　(3) キ　　(4) オ　　(5) ケ

(1) 動作時間である。アベイラビリティ＝ MTBF ／（MTBF + MTTR）でも表せる。

(2) 故障までの平均時間である。MTTF（mean time to failure：平均故障時間）

(3) p. 323 参照

(4) $\lambda = \lambda_1 + \lambda_2 = 0.07$

(5) $R = 1 - (1 - R_1) \times (1 - R_2)$
　　　$= 1 - (1 - 0.97) \times (1 - 0.96)$
　　　$= 0.9988$

正解
10

模擬試験

実際の試験では、約 100 問出題されます。

試験時間は 90 分で、マークシートで解答します。

手法分野と実践分野から出題され、各分野概ね 50％以上、総合得点概ね 70％以上で合格です。

さまざまな問題に慣れるために、ここではやや多めの問題を用意しています。

なお、試験には電卓の持ち込みが可能です。

解答用紙は 345 ページにあります。

次の文章の 内に入るもっとも適当なものを選択肢からひとつ選び、その記号を解答欄にマークせよ。ただし、各選択肢を複数回用いることはない。

回帰分析における目的変数 y_i の平方和は

$$\Sigma (y_i - \bar{y})^2 = \Sigma \varepsilon_i^2 + \Sigma (\hat{y}_i - \bar{y})^2$$

と分解できる。右辺の第 1 項は (1) と呼ばれ、第 2 項は (2) と呼ばれる。

この第 1 項は図の (3) の線分について平方和を求めたものであり、第 2 項は (4) の線分についての平方和を求めたものである。

この平方和を分解して分散分析を行うことができ、回帰による平方和は $S_R =$ (5) として求められ、総平方和は $S_T =$ (6) であり、残差の自由度は $\phi_e =$ (7) である。平方和の比 S_R / S_T は、総平方和のうち回帰直線によって説明される変動の割合を示し、 (8) と呼ばれる。

また、図中の回帰母数である a、b については、$a = \bar{y} - b\bar{x}$ として求められ、$b =$ (9) と求められる。このとき、誤差平方和は (10) になる。

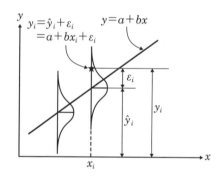

【選択肢】

ア．偏差平方和 　　　　　　イ．誤差平方和 　　　　　　ウ．回帰による平方和

エ．回帰による変動 　　　　オ．回帰からの誤差 　　　　カ．$\{S(x、y)\}^2 / S(x、x)$

キ．$S(x、y) / S(x、x)$ 　　ク．$S(y、y)$ 　　　　　　　ケ．$S(x、y)$

コ．$S(x、x)$ 　　　　　　　サ．寄与率 　　　　　　　　シ．相関係数

ス．ゼロ 　　　　　　　　　セ．最小 　　　　　　　　　ソ．$n-1$

タ．$n-2$

問2

次の文章の ____ 内に入るもっとも適当なものを選択肢からひとつ選び、その記号を解答欄にマークせよ。ただし、各選択肢を複数回用いることはない。

鋼材をカッターを用いて切断する。切断長さを 12.0mm になるように調整した。正しく調整されているかどうかを調べるために、10 本切断して測定し、下記のデータが得られた。正しく調整されているかどうかを手順に従って検定せよ。なお、切断された鋼材の寸法の標準偏差は未知である。

11.9 12.3 11.9 12.2 12.0 12.4 12.1 12.3 12.4 12.2

手順1　仮説の設定と有意水準の決定

仮説は下記の通りとする。

H_0： $\mu = \mu_0$ $(= 12.0)$

H_1： [(11)]

有意水準 α を 0.05 とする。

手順2　検定推定量と棄却域

$t_0 = (\bar{x} - \mu_0) \diagup$ [(12)]

棄却域は、t の自由度 ϕ が [(13)] であるので、

$t_0 \geq t($ [(13)] 、0.05$)$ となる。

手順3　統計量の計算

$t_0 = 2.847$

手順4　検定

$t_0 \geq t($ [(13)] 、0.05$) = 2.262$ であるので、H_0 は [(14)]

手順5　信頼限界

母平均 μ の信頼率 $1 - \alpha$ の信頼限界は次の通りとなる。

$\mu_U = \bar{x} +$ [(15)]

$\mu_L = \bar{x} -$ [(15)]

【選択肢】

ア．8　　　イ．9　　　ウ．10　　　エ．$\mu \neq \mu_0$　　オ．$\mu > \mu_0$　　カ．$\mu < \mu_0$

キ．$\sqrt{\dfrac{\sigma}{n}}$　　ク．$\sqrt{V}$　　ケ．$\sqrt{\dfrac{V}{n}}$　　コ．棄却される　　　サ．棄却されない

シ．$t\,(\phi\,、\alpha)\sqrt{\dfrac{V}{n}}$　　　ス．$\mu\,(\alpha)\sqrt{\dfrac{V}{n}}$

問3 次の文章の □ 内に入るもっとも適当なものを選択肢からひとつ選び、その記号を解答欄にマークせよ。ただし、各選択肢を複数回用いることはない。

化学調味料 A の製造方法は 2 種類あり、方法 1 の方が収量が大きいと思われるので、10 ロットについて調査したところ、表 1 に示すデータであった。下記の手順で検定を行った。

表 1　　　　（単位 kg）

ロット	方法 1	方法 2	差 d_i
1	80.0	78.0	2.0
2	79.3	79.6	− 0.3
3	79.1	78.0	1.1
4	77.4	77.8	− 0.4
5	81.6	81.0	0.6
6	80.1	79.1	1.0
7	80.0	80.0	0
8	81.6	78.3	3.3
9	76.3	75.7	0.6
10	81.9	79.8	2.1

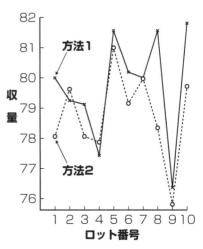

手順 1　仮説の設定と有意水準の決定

仮説は下記の通りとする。

$H_0: \mu_d = 0$

$H_1: \boxed{(16)}$

有意水準 α を 0.05 とする。

手順 2　検定推定量と棄却域

$t_0 = \bar{d} / \boxed{(17)}$

棄却域は、$t_0 \geq t(\boxed{(18)}, \boxed{(19)})$ となる。

手順 3　統計量の計算

表 1 より $\bar{d}$ と V_d を求めて

$t_0 = 2.685$ が得られる。

手順 4　検定

$t_0 = 2.685 > t(\boxed{(18)}, \boxed{(19)}) = 1.833$ となる。

したがって、方法 1 は方法 2 に比べて、収量が $\boxed{(20)}$

【選択肢】

ア．9　　　　イ．18　　　　ウ．19　　　　エ．$\mu_d > 0$　　　　オ．$\mu_d \neq 0$

カ．$\sqrt{\dfrac{V_d}{n}}$　　キ．$\sqrt{\dfrac{V_d}{n-1}}$　　ク．0.05　　　ケ．0.10

コ．大きいといえる　　　　　　サ．大きいとはいえない

問 4　工場 A では、巻き線工程で線切れが 1000m あたり平均 1.2 回であった。このため原因を追究し改善を行った結果、15000m 巻いて 4 回の線切れがあった。改善の効果があるのであれば、他の設備にも改善を行いたいと考えている。[　　]内に入るもっとも適当なものを選択肢からひとつ選び、その記号を解答欄にマークせよ。ただし、同じ選択肢を複数回用いてもよい。

手順 1　仮説の設定と有意水準の決定

　$H_0：m = m_0$

　$H_1：$ (21)

　有意水準 $\alpha = 0.05$

手順 2　不適合品の平均値の計算

　$\bar{C} =$ (22)

手順 3　検定推定量 u_0 の計算

　$u_0 =$ (23) $/$ (24) $=$ (25)

手順 4　判定

　$u_0 \leq$ (26) になったので (27) 。そこで帰無仮説を (28) 。

手順 5　点推定

　$\hat{m} =$ (29)

手順 6　区間推定　信頼率 $1 - \alpha$ の m の信頼区間

　$\bar{C} - 1.960$ (30) $\leq m \leq \bar{C} + 1.960$ (30)

【選択肢】

ア．$m \neq m_0$　　イ．$m > m_0$　　ウ．$m < m_0$　　エ．0.267　　オ．0.08

カ．-0.933　　キ．-1.12　　ク．-3.30　　ケ．-2.12　　コ．-1.645

サ．-1.960　　シ．0.133　　ス．0.283　　セ．有意である　　ソ．有意でない

タ．棄却する　　チ．棄却しない

QC 2級 模擬試験

335

1. つぎの信頼性モデルについてシステムの信頼度 R を計算せよ。

　各構成要素の信頼度 R_i は次の通りである。

　　$R_1 = 0.9$、$R_2 = 0.8$　$R_3 = 0.7$

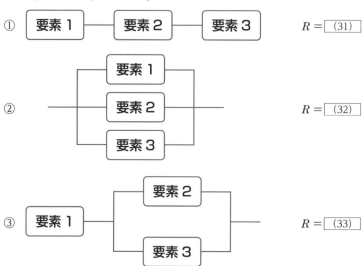

① 要素1 ─ 要素2 ─ 要素3　　　　$R = \boxed{\quad(31)\quad}$

② 要素1 / 要素2 / 要素3　　　　$R = \boxed{\quad(32)\quad}$

③ 要素1 ─ 要素2 / 要素3　　　　$R = \boxed{\quad(33)\quad}$

④ MTBF（平均故障間隔）が 980 時間で MTTR（平均修復時間）が 20 時間のとき、アベイラビリティは $\boxed{\quad(34)\quad}$ になる。

⑤ 信頼度 R が 0.90 の部品を並列に結合して、システムの信頼度を 0.995 以上にするためには、少なくとも $\boxed{\quad(35)\quad}$ つの部品を用いることができる。

【選択肢】

ア. 0.846　イ. 0.786　ウ. 0.402　エ. 0.98　　オ. 0.504　カ. 3　キ. 5　ク. 0.994
ケ. 0.986　コ. 0.680　サ. 0.826

問 6

次の文章の ◯◯◯ 内に入るもっとも適当なものを選択肢からひとつ選び、その記号を解答欄にマークせよ。ただし、**各選択肢を複数回用いることはない。**

機械 A（$\sigma_1{}^2$）と機械 B（$\sigma_2{}^2$）で加工精度（ばらつき）に違いがあるかどうかを調べるために以下の手順で検定を行った。

仮説は次のようになる。

帰無仮説　H_0：◯(36)◯

対立仮説　H_1：◯(37)◯

有意水準は α とする。

統計量と棄却域は次のようになる。

H_0 の棄却域 R は、$V_1 > V_2$ のときは次のようになる。

$R : F_0 = $ ◯(38)◯ $\geqq F(\phi_1、\phi_2；$ ◯(39)◯ $)$

判定の結果次のようになった。

$F_0 < F(\phi_1、\phi_2；$ ◯(39)◯ $)$

すなわち、機械 A と機械 B で加工精度に違いがある ◯(40)◯ 。

【選択肢】

ア．$\sigma_1{}^2 = \sigma_2{}^2$　　イ．$\sigma_1{}^2 \neq \sigma_2{}^2$　　ウ．$\sigma_1{}^2 > \sigma_2{}^2$　　エ．$\sigma_1{}^2 < \sigma_2{}^2$　　オ．V_1 / V_2

カ．V_2 / V_1　　　　キ．α　　　　　ク．$\alpha / 2$　　　　ケ．といえる　　コ．とはいえない

3通りの加工方法で製造した製品の級別判定結果が表のようになった。加工方法によって1級品、2級品、3級品、廃棄品の割合が異なるかどうかを分割表で調べることにした。これに関する次の文章で正しいものには○、正しくないものには×を解答欄にマークせよ。

項目	1級品	2級品	3級品	廃棄品	計
A_1	25	54	15	6	100
A_2	40	25	27	8	100
A_3	28	58	9	5	100
計	93	137	51	19	300

① この検定の帰無仮説は、H_0：製造法により1級品、2級品、3級品、廃棄品の出方に違いがない。 (41)

② 得られたデータは計数値であるので期待度数は計算によって得られた値を整数に丸めたものを用いる。 (42)

③ この場合の1級品の期待度数 A_1、A_2、A_3 の全てが同じになる。 (43)

④ 各加工方法で製造したものの合計が等しくなくても、分割表で検定できる。 (44)

⑤ この分割表による検定をする際に求めた、χ_0^2 の自由度は $\phi = 11$ である。 (45)

次の文章で正しいものには○、正しくないものには×を解答欄にマークせよ。

① 次に示すくじがある。このくじの1本あたりの賞金額の期待値は250円である。 (46)

等級	賞金	本数計
1等	10,000円	1
2等	5,000円	2
3等	1,000円	5
4等	500円	10
はずれ	0円	82

② x と y が互いに独立ならば、$E(x, y) = E(x) \cdot E(y)$ が成り立つ。 (47)

③ x と y を確率変数とするとき、$E(3x + 2y) = 9E(x) + 4E(y)$ となる。 (48)

④ 2つの確率変数 x、y が独立ならば、共分散 $Cov(x, y)$ は1となる。 (49)

⑤ x を確率変数とするとき、$V(3x + 3) = 3V(x) + 3$ となる。 (50)

問9 次の文章で正しいものには○、正しくないものには×を解答欄にマークせよ。

① 標準正規分布は、μ が 0 で σ^2 が 1 の正規分布である。 [　(51)　]

② 検定や推定で用いる u（0.05）は標準正規分布の片側確率 5% の点を示すものである。 [　(52)　]

③ 正規分布 $N(\mu、\sigma^2)$ に従う確率変数が、$\mu \pm 3\sigma$ より外に落ちる割合は、約 1000 回に 50 回程度である。 [　(53)　]

④ x_i が互いに独立で同じ母集団 $\{EN(x_i) = \mu、V(x_i) = \sigma^2\}$ からランダムにサンプリングするとき、$x_1、\cdots、x_n$ の平均値の分散は $V(x) = n\sigma^2$ である。 [　(54)　]

⑤ 正規分布 $N(0、3^2)$ からの大きさ 20 のランダムサンプルから計算された標準偏差 s の期待値は 3 である。 [　(55)　]

問10 次に示したそれぞれの特性を管理図で管理したい。各特性が安定状態のもとで従うもっとも適切な分布名と管理図を選択肢からひとつ選び、その記号を解答欄にマークせよ。ただし、各選択肢を複数回用いてもよい。

特性	分布名	管理図
生産量が一定なスイッチ部品の接点不適合個数（日々管理）	[　(56)　]	[　(57)　]
錠剤の重量、毎日ランダムに 5 個抜き取り測定する（日々管理）	[　(58)　]	[　(59)　]
鉄板一定面積の表面のキズの数（一定面積ごとに管理）	[　(60)　]	[　(61)　]
基板の半田付けの不適合品率、半田付け箇所は一定ではない（基板ごとに管理）	[　(62)　]	[　(63)　]
ワイヤーの引っ張り強度、1 日 1 回測定（日々管理）	[　(64)　]	[　(65)　]

【選択肢】

ア．二項分布　　　　イ．正規分布　　　　ウ．ポアソン分布　　　エ．$\bar{X} - R$ 管理図

オ．X 管理図　　　カ．p 管理図　　　キ．np 管理図　　　ク．u 管理図

ケ．c 管理図

問11

次の文章の ____ 内に入るもっとも適当なものを選択肢からひとつ選び、その記号を解答欄にマークせよ。ただし、各選択肢を複数回用いることはない。

ある液体の成分量の最適値を求めるために、次に示す繰り返し2回の二元配置法を行った。実験はA因子（濃度：単位 mg ／ l）が4水準（10、20、30、40）、B因子（温度：℃）が4水準（50、60、70、80）とし、32回の実験をランダムに行った。その結果次のデータが得られた。これを検討した。

	B_1	B_2	B_3	B_4
A_1	23、25	20、21	16、21	18、20
A_2	20、21	17、17	19、17	21、16
A_3	22、21	16、18	16、15	18、16
A_4	20、20	16、16	16、13	15、14

データの構造式は (66) とする。

分散分析表は次のようになった。

要因	S	ϕ	V	F_0
A	(67)		23.5	(72)
B	118.1		39.4	15.21**
A×B	(68)	(69)	(71)	—
E	41.5	(70)		
T	246.5	31		

結論として、A は (73) 、B は有意となったが、A × B は (74) 。
A × B を (75) にプールして分散分析表を作成した。

【選択肢】

ア. $x_{ijk} = \mu + a_i + b_j + (ab)_{ij} + \varepsilon_{ijk}$　　イ. $x_{ijk} = \mu + a_i + b_j + \varepsilon_{ijk}$

ウ. 68.2　　エ. 70.5　　オ. 12.5　　カ. 16.4　　キ. 8　　ク. 9

ケ. 13　　コ. 16　　サ. 1.82　　シ. 10.03　　ス. 9.07　　セ. 有意

ソ. 有意ではない　　タ. 誤差　　チ. A　　ツ. B

問12

次の文章の　　　内に入るもっとも適当なものを選択肢からひとつ選び、その記号を解答欄にマークせよ。ただし、各選択肢を複数回用いることはない。

① 抜取検査は、全数検査に比べて試験する　(76)　の数が少なくてすむので、多くの品質項目について試験することができる。

② 1つの検査単位で異なる検査項目から2個の欠点が出たとき、不適合品の数は　(77)　と数える。

③ 無試験検査や間接検査を行う場合でも、品物を直接見る検査を完全に放棄してしまうということではなく、チェック検査や工程の　(78)　によって適切な品質情報を把握することが必要である。

④ ロット品質指標の値は、現在の工程能力で実現可能な品質を基準にして、必要な品質保証レベル、　(79)　、悪いロットを合格にしたときの損失などを考慮して決めるのが一般的である。

⑤ 測定精度については、測定対象となっている品質特性の　(80)　に対応して検討しなければならない。

【選択肢】

ア．検査項目　　イ．検査単位　　ウ．1　　エ．2　　オ．分析　　カ．監査

キ．検査費用　　ク．クレーム　　ケ．ばらつき　　コ．かたより

次の文章のうちもっとも適当と思われる新 QC 七つ道具の手法を選択肢から選び、その記号を解答欄にマークせよ。ただし、各選択肢を複数回用いることはない。

① 複雑な要因の絡み合う問題（事象）について、その因果関係を明らかにすることにより、適切な解決策を見出すのに役立つ手法 ⬚(81)

② 問題としている事象の中から対になる要素を見つけ出し、行と列に配置してこの交点から着想のポイントを得て問題解決を効果的に進めていく方法 ⬚(82)

③ 事態の進展とともに、いろいろな結果が想定される問題について、望ましい結果に至るプロセスを定める方法 ⬚(83)

④ 目的・目標を達成するための最適手段・方策を追求していく方法 ⬚(84)

⑤ 最適の日程計画をたて、効率よく進捗を管理 ⬚(85)

【選択肢】

ア．連関図法　　イ．親和図法　　ウ．系統図法　　エ．マトリックス図法

オ．マトリックス・データ解析法　　カ．PDPC 法　　キ．アロー・ダイアグラム法

問14

次の文章の ___ 内に入るもっとも適当なものを選択肢からひとつ選び、その記号を解答欄にマークせよ。ただし、各選択肢を複数回用いることはない。

① 設計品質とは、品質特性に対する品質目標のことであり、一般的に (86) という。

② 顧客の要求事項が満たされている程度に関する顧客の受け止め方のことを (87) という。

③ 受入検査方式には、全数検査、抜取検査、書類検査、無検査があり、検査方式を決める際には、製品の重要度と供給者の (88) を考慮することが必要である。

④ プロセスの結果系を測定する項目のことを (89) 項目という。

⑤ 製品・サービス実現のためのプロセスの活動を示したものに QC 工程表があり、これには、工程管理に必要な作業手順や (90) などが記載されている。

⑥ 工程の安定状態とは、工程の運営管理の結果が目標を達成しており、異常原因によるばらつきでなく、 (91) のみによるばらつきが存在している状態である。

⑦ 官能検査では、品質を文章で表すことが難しいため、見本を用いることにより検査員の判定のかたよりや (92) を改善することができる。

⑧ 品質マネジメントの原則の一つに (93) がある。

⑨ 製造物責任予防の活動に製品安全対策があり、このための方法として、フェールセーフ、冗長設計、 (94) などの方法がある。

⑩ 作業環境管理には、 (95) への影響に関する側面と作業者への影響に関する二つの側面がある。

【選択肢】

ア．顧客満足	イ．管理方法	ウ．ねらいの品質	エ．ばらつき
オ．フールプルーフ	カ．能力	キ．製品	ク．管理
ケ．改善	コ．プロセス	サ．品質保証	シ．偶然原因
ス．顧客満足度	セ．魅力的品質	ソ．品質向上	タ．点検

問15

次の文章の ___ 内に入るもっとも適当なものを選択肢からひとつ選び、その記号を解答欄にマークせよ。ただし、**各選択肢を複数回用いることはない。**

① プロセスで問題が発生した場合には、問題が拡大しないように迅速に __(96)__ を行い、その後、問題の原因を追究し、__(97)__ を行う。

② プロセスを新たに設計する場合には、問題が発生しないようにするために __(98)__ を行う。

③ 問題、課題などをいろいろな手段を使って明確にし、関係者全員が認識できる状態にするために __(99)__ を行う。

④ 提供している製品・サービスに対してお客様がどのように感じているのかについての情報を収集することで、__(100)__ を顕在化することができる。

【選択肢】

ア. 再発防止　　イ. 見える化　　ウ. 計画　　　エ. 未然防止　　オ. 応急対策

カ. 潜在トラブル　キ. 維持向上

模擬試験　解答用紙

問1	(1)		問7	(41)		問13	(81)	
	(2)			(42)			(82)	
	(3)			(43)			(83)	
	(4)			(44)			(84)	
	(5)			(45)			(85)	
	(6)		問8	(46)		問14	(86)	
	(7)			(47)			(87)	
	(8)			(48)			(88)	
	(9)			(49)			(89)	
	(10)			(50)			(90)	
問2	(11)		問9	(51)			(91)	
	(12)			(52)			(92)	
	(13)			(53)			(93)	
	(14)			(54)			(94)	
	(15)			(55)			(95)	
問3	(16)		問10	(56)		問15	(96)	
	(17)			(57)			(97)	
	(18)			(58)			(98)	
	(19)			(59)			(99)	
	(20)			(60)			(100)	
問4	(21)			(61)				
	(22)			(62)				
	(23)			(63)				
	(24)			(64)				
	(25)			(65)				
	(26)		問11	(66)				
	(27)			(67)				
	(28)			(68)				
	(29)			(69)				
	(30)			(70)				
問5	(31)			(71)				
	(32)			(72)				
	(33)			(73)				
	(34)			(74)				
	(35)			(75)				
問6	(36)		問12	(76)				
	(37)			(77)				
	(38)			(78)				
	(39)			(79)				
	(40)			(80)				

キリトリ線

著者略歴

福丸 典芳

1974年鹿児島大学工学部・電気工学科卒業後、日本電信電話公社（現NTT）に入社。2002年に有限会社福丸マネジメントテクノを設立し、企業のマネジメントシステムのコンサルティングおよびISOマネジメントシステム規格の教育などを実施している。また、（一財）日本規格協会の品質マネジメントシステム規格国内委員会の委員などを務めるとともに、QC検定やISO規格の解説など数多くの書籍を出版している。

- ●法改正・正誤等の情報につきましては、下記「ユーキャンの本」ウェブサイト内「追補（法改正・正誤）」をご覧ください。
  https://www.u-can.co.jp/book/information
- ●本書の内容についてお気づきの点は
  ・「ユーキャンの本」ウェブサイト内「よくあるご質問」をご参照ください。
  https://www.u-can.co.jp/book/faq
  ・郵送・FAXでのお問い合わせをご希望の方は、書名・発行年月日・お客様のお名前・ご住所・FAX番号をお書き添えの上、下記までご連絡ください。
  【郵送】〒169-8682 東京都新宿北郵便局 郵便私書箱第2005号
  　　　　ユーキャン学び出版 QC検定資格書籍編集部
  【FAX】03-3378-2232
  ◎より詳しい解説や解答方法についてのお問い合わせ、他社の書籍の記載内容等に関しては回答いたしかねます。
- ●お電話でのお問い合わせ・質問指導は行っておりません。

ユーキャンのQC検定2級　30日で完成！ 合格テキスト&問題集

2020年3月19日　初　版　第1刷発行	編　者　ユーキャンQC検定試験研究会
2021年1月18日　初　版　第2刷発行	発行者　品川泰一
2022年4月6日　初　版　第3刷発行	発行所　株式会社 ユーキャン　学び出版
2023年3月24日　初　版　第4刷発行	〒151-0053
	東京都渋谷区代々木1-11-1
	Tel 03-3378-2226
	発売元　株式会社 自由国民社
	〒171-0033
	東京都豊島区高田3-10-11
	Tel 03-6233-0781（営業部）

印刷・製本　株式会社トーオン

ユーキャンの

QC
30日で完成!

品質管理検定

2検定
級

合格テキスト&問題集

別冊

CONTENTS

取り外して
使えます

模擬試験　解答一覧

	番号	解答		番号	解答		番号	解答
問1	(1)	イ	問7	(41)	○	問13	(81)	ア
	(2)	ウ		(42)	×		(82)	エ
	(3)	オ		(43)	○		(83)	カ
	(4)	エ		(44)	○		(84)	ウ
	(5)	カ		(45)	×		(85)	キ
	(6)	ク	問8	(46)	×	問14	(86)	ウ
	(7)	タ		(47)	○		(87)	ア
	(8)	サ		(48)	×		(88)	カ
	(9)	キ		(49)	×		(89)	ク
	(10)	セ		(50)	×		(90)	イ
問2	(11)	エ	問9	(51)	○		(91)	シ
	(12)	ケ		(52)	×		(92)	エ
	(13)	イ		(53)	×		(93)	ケ
	(14)	コ		(54)	×		(94)	オ
	(15)	シ		(55)	×		(95)	キ
問3	(16)	エ	問10	(56)	ア	問15	(96)	オ
	(17)	カ		(57)	キ		(97)	ア
	(18)	ア		(58)	イ		(98)	エ
	(19)	ケ		(59)	エ		(99)	イ
	(20)	コ		(60)	ウ		(100)	カ
問4	(21)	ウ		(61)	ケ			
	(22)	エ		(62)	ア			
	(23)	カ		(63)	カ			
	(24)	ス		(64)	イ			
	(25)	ク		(65)	オ			
	(26)	コ	問11	(66)	ア			
	(27)	セ		(67)	エ			
	(28)	タ		(68)	カ			
	(29)	エ		(69)	ク			
	(30)	シ		(70)	コ			
問5	(31)	オ		(71)	サ			
	(32)	ク		(72)	ス			
	(33)	ア		(73)	セ			
	(34)	エ		(74)	ソ			
	(35)	カ		(75)	タ			
問6	(36)	ア	問12	(76)	イ			
	(37)	イ		(77)	ウ			
	(38)	オ		(78)	カ			
	(39)	ク		(79)	キ			
	(40)	コ		(80)	ケ			

手法分野 (問1〜問11)	
／	75問
実践分野 (問12〜問15)	
／	25問
合計	
／	100問

＊合格基準
　手法分野……50%（38問）以上
　実践分野……50%（13問）以上
　総合分野……70%（70問）以上

模擬試験　解答解説

【問1】 **(1)** イ **(2)** ウ **(3)** オ **(4)** エ **(5)** カ **(6)** ク **(7)** タ **(8)** サ
(9) キ **(10)** セ （ ➡ p.304-306）

(1)(2) $S(y、y) = \Sigma(y_i - \bar{y})^2 = \Sigma(y_i - \hat{y}_i)^2 + \Sigma(\hat{y}_i - \bar{y})^2$
$= S_e$（誤差平方和）$+ S_R$（回帰による平方和）である。

(3) 誤差平方和 S_e は目的変数（y_i）の変動のうちで、回帰直線では説明できない
残りの部分である。

(4) 回帰による平方和（S_R）は目的変数（y_i）の変動のうちで、回帰直線によっ
て説明できる部分である。

(5) $S_R = \{S(x、y)\}^2 / S(x、x)$ である。

(6) $S_T = S(y、y)$ である。

(7) S_e の自由度 $\phi_e：n - 2$ である。

(8) r^2（r は相関係数）である。

(9)(10) 誤差平方和が最小になるように a と b を求める方法を**最小二乗法**という。
$b = S(x、y) / S(x、x)$、$a = \bar{y} - b\bar{x} = \bar{y} - S(x、y) / S(x、x) \bar{x}$

【問2】 **(11)** エ **(12)** ケ **(13)** イ **(14)** コ **(15)** シ （ ➡ p.212-216）

(11) 正しく調整されているかどうかなので**両側検定**である。

(12) 鋼材の寸法の標準偏差は**未知**である。

(13) $\phi = 10 - 1 = 9$ である。

(14) t_0 の値は**棄却域**である。

(15) 鋼材の寸法の標準偏差は**未知**である。

【問3】 **(16)** エ **(17)** カ **(18)** ア **(19)** ケ **(20)** コ （ ➡ p.227-228）

(16) 大きいかを検定したいので**右片側検定**である。

(17) $t_0 = \bar{d} / \sqrt{\dfrac{V_d}{n}}$ である。

(18)(19) 右片側検定であるので $t_0 \geqq t(\phi、2\alpha)$ である。

(20) t_0 の値は**棄却域**である。

【問4】 (21) ウ (22) エ (23) カ (24) ス (25) ク (26) コ (27) セ
(28) タ (29) エ (30) シ （→p.240-241）

(21) よくなったかどうかを検定する。

(22) $\bar{c} = x / n = 4 / 15 = 0.267$ である。

(23)(24)(25) $u_0 = (\bar{c} - m_0) / \sqrt{\dfrac{m_0}{n}} = (0.267 - 1.2) / \sqrt{\dfrac{1.2}{15}} = -0.933 / 0.283$

$= -3.30$　である。

(26) **左片側**である。

(27) **採択域**である。

(28) 有意なので**棄却**する。

(29) $\hat{m} = \bar{c} = x / n = 0.267$ である。

(30) $\sqrt{\dfrac{\bar{c}}{n}} = \sqrt{\dfrac{0.267}{15}} = 0.133$ である。

【問5】 (31) オ (32) ク (33) ア (34) エ (35) カ （→p.323-328）

(31) $R = R_1 \times R_2 \times R_3 = 0.9 \times 0.8 \times 0.7 = 0.504$ である。

(32) $R = 1 - (1 - R_1) \times (1 - R_2) \times (1 - R_3)$
$= 1 - (1 - 0.9) \times (1 - 0.8) \times (1 - 0.7) = 0.994$ である。

(33) $R = R_1 \times \{1 - (1 - R_2) \times (1 - R_3)\} = 0.9 \times \{1 - (1 - 0.8) \times (1 - 0.7)\}$
$= 0.846$ である。

(34) $980 / (980 + 20) = 0.98$

(35) $1 - (1 - 0.90)^n \geqq 0.995$　で n が最小になるのは **3** である。

【問6】 (36) ア (37) イ (38) オ (39) ク (40) コ （→p.220-222）

(36)(37) ばらつきに違いがあるかどうかなので**両側検定**である。

(38) 検定推定量 F_0 の計算では、**分子**の方が大きい。

(39) 両側検定の場合は $F_0 \geqq F(\phi_1、\phi_2；\alpha / 2)$ である。

(40) F_0 は**採択域**になる。

【問7】 **(41)** ○ **(42)** × **(43)** ○ **(44)** ○ **(45)** × (➡ p.244-246)

(41) H_0：ある属性によって分類した各クラスの出現確率は**母集団**によって差がない（行と列は独立である）。

(42) **期待度数**はそのまま用いる。

(43) $t_{ij} = T_i. \times T._j ／ T.. = 100 \times 93 ／ 300 = 31$ である。

(44) データ数には関係しない。

(45) $\phi = (3 - 1) \times (4 - 1) = 6$ である。

【問8】 **(46)** × **(47)** ○ **(48)** × **(49)** × **(50)** × (➡ p.190、197-199)

(46) $(10000 \times 1 + 5000 \times 2 + 1000 \times 5 + 500 \times 10) ／ (1 + 2 + 5 + 10 + 82) = 300$ である。

(47) **独立**である。

(48) $E(3X + 2Y) = 3E(X) + 2E(Y)$ である。

(49) 共分散 $Cov(X, Y)$ は 0 となる。

(50) $V(3X + 3) = 9V(X)$ である。

【問9】 **(51)** ○ **(52)** × **(53)** × **(54)** × **(55)** ×

(➡ p.186-188、197-199、204-208)

(51) **標準正規分布**は、平均値（μ）が 0、分散（σ^2）が 1 の正規分布のこと。$N(0、1^2)$ である。

(52) 両側確率 5% である。

(53) 50 回でなく **3 回**である。$\mu \pm 3\sigma$ の範囲内は、99.7%。0.3%、つまり 1,000 回に 3 回範囲外となる。

(54) $V(x) = \sigma^2 ／ n$ である。

(55) $E(s) = c_4\sigma$（$c_4 ＜ 1$）で、3 より**小さく**なる。

【問10】 **(56)** ア **(57)** キ **(58)** イ **(59)** エ **(60)** ウ **(61)** ケ **(62)** ア **(63)** カ **(64)** イ **(65)** オ

(➡ p.232-236、240-241、250-252、256-262、271-272)

(56) **計数値**（二項分布）である。

(57) 生産量が一定であるので np **管理図**である。

(58) **計量値**（正規分布）である。

(59) $\bar{X} - R$ 管理図である。

(60) **計数値**（ポアソン分布）である。

(61) 一定面積であるので c **管理図**である。

(62) **計数値**（二項分布）である。

(63) 基板によって相違するので p **管理図**である。

(64) **計量値**（正規分布）である。

(65) 1日1個のデータなので $\bar{X}$ **管理図**である。

【問11】 (66) ア (67) エ (68) カ (69) ク (70) コ (71) サ (72) ス (73) セ (74) ソ (75) タ (➡ p.286-292)

(66) 繰り返し2回の実験であるので**交互作用**を考える。

(67) $23.5 \times 3 = 70.5$ である。

(68) $246.5 - 70.5 - 118.1 - 41.5 = 16.4$ である。

(69) $(4 - 1) \times (4 - 1) = 9$ である。

(70) $31 - (3 + 3 + 9) = 16$ である。

(71) $16.4 / 9 = 1.82$ である。

(72) $V_E = 41.5 / 16 = 2.59$、$23.5 / 2.59 = 9.07$ である。

(73) $F_0 = V_A / V_E \geqq F(\phi_A, \phi_E ; 0.05) = F(3、16 ; 0.05)$ が 3.24 であり採択域となるので、**有意である**。

(74) $A \times B$ の F_0 が、0.70 であり有意ではない。

(75) **誤差**にプールする。

【問12】 (76) イ (77) ウ (78) カ (79) キ (80) ケ
(➡ p.108-109、113、119、150)

(76) 検査単位とは、1個、一定の長さなどのような**検査単位量**のことである。

(77) 不適合品とは、検査項目でいくつもの欠点が出ても不適合品としては**1個**である。

(78) 工程の監査では、**手順通り**に作業が実施されているかを確認する。

(79) 検査には費用が掛かることを考える必要がある。

(80) 製品のばらつきを考慮して**測定精度**を考える。

5

【問13】 (81) ア (82) エ (83) カ (84) ウ (85) キ (➡ p.178-182)

(81) 結果から原因を追究していく。

(82) 行と列の関係を示す。

(83) 問題に対して到達点を考えるため、問題をどのようにクリアするかを考える。

(84) 目的達成のための方策を順次展開する。

(85) 工事などの**進捗管理**に使われる。

【問14】 (86) ウ (87) ア (88) カ (89) ク (90) イ (91) シ (92) エ
(93) ケ (94) オ (95) キ

(➡ p.34、44-46、84、96-100、109、114、129-130)

(86) **設計品質**ともいう。

(87) 顧客がどのように感じているかという考え方である。

(88) 供給者がもっている能力に応じて検査の軽減を図る。

(89) 結果は管理する必要があるので**管理**項目である。

(90) いつ、どこで、だれが、なにをどのようにという視点である。

(91) 異常には**偶然**原因と**異常**原因がある。

(92) 見本があることで検査員の判断のばらつきを低減できる。

(93) 品質マネジメントの原則には、顧客重視、リーダーシップ、人々の積極的参加、プロセスアプローチ、改善、客観的事実に基づく意思決定、関係性管理がある。

(94) いわゆるポカヨケである。

(95) 製品特性に影響がある要因（ダスト、温度など）を考える必要がある。

【問15】 (96) オ (97) ア (98) エ (99) イ (100) カ (➡ p.22-28)

(96) 今の問題をなくす。

(97) 真の原因への対応を行う。

(98) 問題を事前に**予想**する。

(99) 誰もがわかるようにする。

(100) 顧客はトラブルを仕方ないと思っている場合、**組織**に伝えないことがある。

試験直前！　確認ドリル100

赤シートで隠して、[　　　]に当てはまる言葉や数値を答えましょう。

☐ ①原因が不明、あるいは、原因は明らかだが何らかの制約で直接対策がとれない不適合などの望ましくない事象に対して、これらにともなう損失をこれ以上大きくしないために取る対策を[**応急対策**]という。

☐ ②原因の追究方法は、なぜを繰り返すことで原因を特定することができる。これを[**なぜなぜ分析**]という。

☐ ③活動・作業の実施にともなって発生すると予想される問題を、あらかじめ[**計画**]段階で洗い出し、それに対する対策を講じておく活動のことを[**未然防止**]という。

☐ ④問題、課題などを、いろいろな手段を使って明確にし、関係者全員が認識できる状態にすることを[**見える化**]という。

☐ ⑤製品に対する要求事項の中の品質に関するものを[**要求品質**]といい、品質を構成している様々な性質をその内容によって分解し、項目化したものを[**品質要素**]という。

☐ ⑥顧客・社会のニーズを満たすことを目指して計画した製品・サービスの品質要素、品質特性及び品質水準との合致の程度のことを[**ねらいの品質／設計品質**]という。

☐ ⑦製品・サービスの機能が充足されれば顧客に満足を与えるが、不充足であっても仕方がないと受け取られる品質要素のことを[**魅力的品質**]という。

☐ ⑧顧客・サービスに対する暗黙の、又は潜在しているニーズが満たされている程度に関する顧客の受けとめ方のことを[**顧客満足**]という。

☐ ⑨製品・サービスそのものは、[**価値**]の媒体に過ぎず、顧客が満足を感じるのは、製品・サービスに内在する価値そのものである。

☐ ⑩パフォーマンスを向上するために繰り返し行われる活動のことを[継続的改善]という。

☐ ⑪設定してある目標と現実との、対策して克服する必要のあるギャップのことを[問題]といい、設定しようとする目標と現実との、対策を必要とするギャップのことを[課題]という。

☐ ⑫課題達成型QCストーリーで方策の立案・選定のステップの後は、[成功のシナリオの追究]のステップになる。

☐ ⑬製品・サービスを保証するためには、製品企画、設計開発（プロセスの設計開発を含む）、調達、製造、検査などの段階で全社員が[品質保証活動]を継続的に行うことが大切である。

☐ ⑭品質保証体系図とは、製品企画から販売、アフターサービスにいたるまでの開発ステップを[縦軸]に取り、品質保証に関連する設計、製造、販売、品質管理などの部門を[横軸]に取って作成する。

☐ ⑮品質機能展開は、[品質展開]、技術展開、コスト展開、信頼性展開、及び[業務機能展開]で構成されている。

☐ ⑯トラブル予測では、まず過去のトラブルの収集及び不具合モード一覧表の整理を行い、その後で対象プロセスの[細分化]を行う必要がある。

☐ ⑰信頼性解析手法である[FMEA]では、問題点の早期摘出及び未然防止、トップ事象モードにつながる要因の抽出、重点指向による開発期間の短縮、信頼性試験・評価の効率化などを行うことができる。

☐ ⑱品質保証とは、顧客・社会のニーズを満たすことを確実にし、[確認]し、[実証]するために、組織が行う体系的活動のことである。

☐ ⑲マーケティングプロセスで製品・サービスのコンセプトを確立する際には、市場の[区分]、製品・サービス要求事項の明確化、位置付け、市場の[創造]を考慮することが大切である。

⑳保証の網では、[縦]軸に発見すべき不適合（または不具合）、[横]軸にプロセスを取ってマトリックスをつくる。

㉑製品の欠陥又は表示の欠陥が原因で生じた人的・物的損害に対して、製造業者が負うべき賠償責任のことを[**製造物責任**]という。

㉒設計・開発段階及び工程設計段階で予想しなかった又は検討不十分であった品質問題が顕在化する場合があり得るので、問題を早期発見し、迅速な処理を行うため特別な管理体制を取ることを[**初期流動管理**]という。

㉓作業毎に使用設備・冶工具、製造（作業）条件・方法、結果の確認方法、記録の取り方、標準時間・標準原単位などを定めたものを[**作業**]標準という。

㉔インプットをアウトプットに変換するためには、プロセスに[**資源**]、活動、及び[**管理**]に関する要素が必要である。

㉕工程異常とは、プロセスが[**管理**]状態、すなわち、技術的・経済的に好ましい水準における[**安定**]状態にないことである。

㉖プロセスを評価する際には、質的能力、[**量**]的能力、経済的能力が代表的な評価尺度であり、これらを用いることが効果的である。

㉗品質特性が連続量の場合の工程能力調査では、まずデータを収集し、次に$\bar{X} - R$管理図を作成した後で、[**ヒストグラム**]の作成と[**工程能力**]の計算を行う。

㉘変更管理では、変更にともなうトラブルを未然に防止するために、変更の明確化、[**評価**]、承認、文書化、実行、[**確認**]を行い、必要な場合には処置を取る一連の活動を行う必要がある。

㉙検査は、製品・サービスの1つ以上の[**特性値**]に対して、測定、試験、ゲージ合わせ又は見本との照合などを行って、[**規定要求事項**]に適合しているか否かを判定する行為を行うことである。

☐ ㉚検査の方法には、品質が安定していない場合に行う[**全数**]検査、抜取検査、無検査がある。

☐ ㉛測定では、その結果として、測定値から真の値を引いた値である[**誤差**]、測定値の[**母平均**]から真の値を引いた値であるかたより、及びばらつきが発生する。

☐ ㉜[**官能**]検査とは、人間の感覚を用いて[**品質特性**]が規定要求事項に適合しているかを判定する行為のことである。

☐ ㉝方針管理における方針の展開では、上位の重点課題、目標及び[**方策**]を分解・具体化し、下位からの提案を取り込みながら[**すり合わせ**]（上位と下位、関連部門との調整のこと）を行うことが大切である。

☐ ㉞組織を運営管理する上で基本となる要素（品質、コスト、量・納期、安全、人材育成、環境など）について、各々の要素ごとに部門横断的なマネジメントシステムを構築して、これを総合的に運営管理し、組織全体で目的を達成していくための活動を[**機能別**]管理という。

☐ ㉟目標の達成を管理するために評価尺度として選定した項目のことを[**管理項目**]という。

☐ ㊱日常管理では、プロセスが安定した状態を維持できるような活動を行っているが、[**5M1E**]の変化が原因でプロセスに[**異常**]が発生することがある。

☐ ㊲小集団活動は、組織の品質、量・納期、コスト、環境などに関する問題解決や課題達成を行う職場での[**自主的**]な改善活動である。

☐ ㊳品質監査とは、顧客・社会のニーズを満たすために、組織が行う体系的活動を確認する活動であり、製品監査、[**プロセス**]監査、システム監査などがある。

☐ ㊴ISO 9000の品質マネジメントの原則には、顧客重視、リーダーシップ、人々の積極的参加、[**プロセスアプローチ**]、改善、客観的事実に基づく意思決定、及び関係性管理がある。

☐ ㊵ ISO 9001 は[**品質保証**]に関する国際規格であり、組織の品質マネジメントシステムに関する要求事項を記述している。

☐ ㊶第三者認証制度とは、組織以外の第三者が公になっている[**要求事項**]を基準として、組織の[**マネジメントシステム**]の実施状況を評価し、これが要求事項に[**適合**]しているということを認証する制度である。

☐ ㊷品質管理に関する諸活動に携わる人々は、[**法令・規制要求事項**]を順守することはもちろんのこと顧客と交わした機密保持に関することを順守する必要がある。

☐ ㊸製品・サービスを顧客に提供するためには、顧客のニーズ及び期待を適切に把握するために[**市場調査**]などを行い、これらの情報をもとに商品企画を行う。

☐ ㊹製品やサービスの「価値」を、それが果たすべき「機能」とそのためにかける「コスト」との関係で把握し、システム化された手順によって「価値」の向上をはかる手法を[**VE**]という。

☐ ㊺母集団中のサンプリング単位が、生産順のような何らかの順序で並んでいるとき、一定の間隔でサンプリング単位を取るサンプリングを[**系統**]サンプリングという。

☐ ㊻母集団からサンプルを[**ランダム**]に抜き取って測定し、そこから得られた情報から[**母集団**]を推定することで、ロットの合否を判定できる。

☐ ㊼混沌とした問題について、事実、意見、発想を[**言語**]データで捉え、それらの相互の親和性によって統合して解決すべき問題を明確に表した図を[**親和図**]という。

☐ ㊽新 QC 七つ道具のうち、「原因－結果」や「目的－手段」などが複雑に絡み合っている場合に用いる手法を[**連関図法**]という。

☐ ㊾正規分布は[**母平均** μ]を中心に左右対称の釣鐘状の形をした分布である。

□ (50)正規分布の性質は、その分布の平均 μ と標準偏差 σ で決まるため、[N（μ、σ^2）]で表せる。

□ (51)正規分布では、μ を中心に $\pm 1\sigma$ の範囲内に 68.3%、$\pm 2\sigma$ の範囲内に 95.4%、$\pm 3\sigma$ の範囲内に[**99.7%**]が入る。

□ (52)不適合品を全体の P だけ含む母集団から大きさ n のサンプルを抜き取ったときのサンプル中に含まれる不適合品の分布は[**二項分布**]B（n、P）に従う。

□ (53)母集団における確率変数（x）の平均がどの程度になるのかを、x の平均の[**期待値**]といい、E（x）で表す。

□ (54)部品同士が独立の場合には期待値の式は、$E(x-y)=$[$E(x)-E(y)$]になる。

□ (55)製品中に発見される不適合数（ガラス瓶の気泡の数、機械の故障回数、工場の毎月の事故件数など）は[**ポアソン**]分布に従う。

□ (56)二項分布で $P \leqq$[**0.10**]ならば、x の分布は近似的に $m=nP$ となるポアソン分布として取り扱える。

□ (57)正規分布 N（μ、σ^2）から n 個のデータをサンプリングして求めた平均 $\bar{x}$ の分布は、N（μ、[σ^2 / n]）になる。

□ (58)平方和 S を母分散 σ^2 で割ったもの S / σ^2 は自由度 $n-1$ の[χ^2]分布に従う。

□ (59) t 分布は、0 を中心とした左右対称の分布で[**自由度**]によって形が変わり、自由度 ϕ（$n-1$）が[∞]のときは正規分布に一致する。

□ (60) F 分布は 2 つの[χ^2]分布に従う[**確率変数**]をそれぞれの自由度で割ったものの比を示すので、2 つの自由度がある。

□ (61) x、y を確率変数、a、b を定数とするとき次式が成り立つ。

$E(ax+b)=$[$aE(x)+b$]

⏹ ㉒ [**大数の法則**] とは、サンプルの大きさが [**大きく**] なればなるほど推定の精度が良くなることを示す定理である。

⏹ ㉓ 中心極限定理は、母集団の分布が正規分布でなくてもサンプルの大きさが [**大きい**] ければ標本平均は正規分布に近似的に従うことを示す。

⏹ ㉔ 検定では、[**対立**] 仮説が正しいときにそれを検出することができることが重要であり、この確率は $1 - \beta$ となり、これを [**検出力**] という。

⏹ ㉕ 1つの母分散に関する検定・推定を行う際の仮説の設定で左片側検定の場合は、$H_0 : \sigma^2 = \sigma_0^2$、$H_1 : [\sigma^2 < \sigma_0^2]$ となる。

⏹ ㉖ 正規分布の母平均の検定（σ 未知の場合）において、$H_1 : \mu > \mu_0$ の場合、$t_0 \geq t(\phi、[2\alpha])$ ならば有意で H_0 は棄却される。

⏹ ㉗ 2つの母分散に関する検定において、検定推定量 F_0 の計算では、$V_1 < V_2$ ならば、$F_0 = [V_2 / V_1]$ となる。

⏹ ㉘ $\bar{x}_1$、$\bar{x}_2$ が互いに独立であるとすると、$\bar{x}_1 - \bar{x}_2$ の分布は、分散の加法性の考え方を用いると、正規分布 $N(\mu_1 - \mu_2、[\sigma_1^2 / n_1 + \sigma_2^2 / n_2])$ に従う。

⏹ ㉙ 2つの集団の母平均の差を調べるためのデータが同一対象物に関して組になっており、互いに関係している場合のデータは [**対応**] のあるデータという。

⏹ ㉚ 不適合品率 P なる母集団から n 個のサンプルをとったとき、その中に x 個の不適合品が含まれる確率は二項分布に従い、その標準偏差は $\sigma = [\sqrt{nP(1 - P)}]$ となる。

⏹ ㉛ 不適合品率 P なる母集団から n 個のサンプルをとったとき、不適合品及び適合品の期待個数がいずれも [**5**] 以上であれば、二項分布は正規分布に近似して確率を求めても実用上問題はない。

⏹ ㉜ 2つの母不適合品率に関する検定における検定統計量 u_0 の計算は、次のようになる。　$u_0 = (p_1 - p_2) / [\sqrt{\bar{p}(1 - \bar{p})\left(\dfrac{1}{n_1} + \dfrac{1}{n_2}\right)}]$

13

⑬製品の傷や事故数などの不適合品数 x は、母不適合品数 m とするポアソン分布に従うので、$m \geqq$ [5]ならば、ポアソン分布は正規分布に近似できる。

⑭2つの母不適合品数の比較は、2つの不適合品率の差の検定と同じように行えるので、検定推定量 u_0 の計算結果が $|u_0| \geqq$ [1.960]ならば有意となり、帰無仮説 H_0 を[棄却]する。

⑮製品を適合品と不適合品の2つのクラスに分類して、いくつかの母集団での不適合品率を比較したり、各クラスの出現割合についていくつかの母集団で比較したい場合には、[分割表]を用いて検定できる。

⑯母集団によって出現確率が等しければ、実際に得られた度数 x_{ij} と[期待度数] t_{ij} はそれほど変わらない。

⑰分割表における帰無仮説は、H_0：ある属性によって分類した各クラスの出現確率は母集団によって差が[ない]（行と列は独立で[ある]）になる。

⑱ $l \times m$ 分割表における自由度は、[$(l-1)(m-1)$]である。

⑲ $\bar{X} - s$ 管理図は、特に群の大きさが[10]以上の大きさのときに用いると効果的である。

⑳ $\bar{X} - s$ 管理図の管理線である UCL は $\bar{\bar{X}} +$ [A_3]$\bar{s}$ になる。

㉑技術的に考えて群を構成しない方がよい（バッチ生産であり、各バッチで1個のデータが得られる場合など）場合には、[X]管理図を使用する。

㉒ p 管理図は、不良率に対して用いることができ、[群の大きさ]が一定でなくてもよい。

㉓ np 管理図は、[不良個数]について用いることができる。

㉔ u 管理図では、群ごとの[欠点数]が1〜5程度含まれるようにする。

㉕ c 管理図の UCL は $\bar{c} +$ [$3\sqrt{\bar{c}}$]で計算できる。

☐ ⑧⑥計数抜取検査とは、ロットから n 個のサンプルを抜き取って、不適合品の個数が r 個以下ならば合格、[$r + 1$]個以上ならば不合格とする検査方式である。

☐ ⑧⑦ OC 曲線は、[横]軸に生産工程の品質水準を示しており、ロットの[平均値]又は不適合品パーセントを取り、[縦]軸は、この工程からそのロットが合格する[確率]を取っている。

☐ ⑧⑧一元配置法では、特性値の平均値に影響を与える可能性のある因子 A を [1] つ選び、l 通りの水準を設定し、それぞれの水準において r 回の繰り返し実験を行う。

☐ ⑧⑨一元配置法では、A_i 水準の母集団分布の母平均を μ_i、誤差を ε_{ij} と表すと、x_{ij} のデータの構造式は、$x_{ij} = [\mu_i + \varepsilon_{ij}]$ となる。

☐ ⑨⓪二元配置法では、因子が A と B の 2 つになるため、A と B の[主効果]のほかに、A、B の組合せによる[交互作用]と呼ばれる効果を考慮する必要がある。

☐ ⑨①二元配置のデータの構造式は、因子 A と B の主効果を a_i と b_j、A × B の効果を $(ab)_{ij}$ とすると、$x_{ijk} = \mu + [a_i + b_j + (ab)_{ij}] + \varepsilon_{ijk}$ となる。

☐ ⑨②二元配置因子 A の水準を l、因子 B の水準を m とすると、A × B の自由度は、[$(l - 1)(m - 1)$]となる。

☐ ⑨③二元配置法の分散分析表で A × B について $F_0 ≦ [2]$ 又は有意水準 20% 程度で有意ならば、技術的な側面を考慮して A × B を誤差へプールする。

☐ ⑨④相関分析とは、対になってランダムかつ連続的に変化する 2 つの測定値区間の強さを評価するための[相関係数]を求めて、有意性を検討することである。

☐ ⑨⑤大波の相関の検定は、2 変量データを同列の折れ線グラフとそれぞれの[メジアン線]を引くことにより、符号検定と同じような考え方で行う。

☐ ⑨⑥単回帰式のモデルは、$y_i = a + bx_i + \varepsilon_i$ であり、誤差 ε_i に関しては、普遍性、等分散性、[独立性]、正規性の仮定が満たされる必要がある。

☐ ㊿単回帰モデルにおける目的変数 (y_i) の総平方和 $S(y、y)$ は S_e（誤差平方和）＋ S_R（回帰による平方和）で求められ、この2つの平方和の比（$F= S_R / S(y、y)$）は総平方和 $S(y、y)$ のうち、[**回帰直線**]によって説明される変動の割合を示しており、[**寄与率**]r^2（r は相関係数）と呼ばれる。

☐ ㊿単回帰で推定された回帰式が適正なものであるかどうかを確認するものとして、係数の有意性の確認だけでなく[**残差**]も確認する必要がある。残差 ε_i とは、実測値 y_i と[**予測**]$(\hat{y}_i)$ 値との差である。

☐ ㊿ B_{10} ライフとは、全体の 10% が故障するまでの[**時間**]を示しており、信頼度[**90**]% となる時間のことである。

☐ ⑩非修理系の場合、故障率の時間的変化は、DFR 型、CFR 型、IFR 型の3つの基本パターンに分類でき、機械部品の磨耗や劣化による故障の場合は[**IFR**]型になる。

標準正規分布表

符号検定表

有意水準 α			有意水準 α			有意水準 α			有意水準 α		
データ数 N	0.01	0.05	データ数 N	0.01	0.05	データ数 N	0.01	0.05	データ数 N	0.01	0.05
9	0	1	32	8	9	55	17	19	78	27	29
10	0	1	33	8	10	56	17	20	79	27	30
11	0	1	34	9	10	57	18	20	80	28	30
12	1	2	35	9	11	58	18	21	81	28	31
13	1	2	36	9	11	59	19	21	82	28	31
14	1	2	37	10	12	60	19	21	83	29	32
15	2	3	38	10	12	61	20	22	84	29	32
16	2	3	39	11	12	62	20	22	85	30	32
17	2	4	40	11	13	63	20	23	86	30	33
18	3	4	41	11	13	64	21	23	87	31	33
19	3	4	42	12	14	65	21	24	88	31	34
20	3	5	43	12	14	66	22	24	89	31	34
21	4	5	44	13	15	67	22	25	90	32	35
22	4	5	45	13	15	68	22	25	91	32	35
23	4	6	46	13	15	69	23	25	92	33	36
24	5	6	47	14	16	70	23	26	93	33	36
25	5	7	48	14	16	71	24	26	94	34	37
26	6	7	49	15	17	72	24	27	95	34	37
27	6	7	50	15	17	73	25	27	96	34	37
28	6	8	51	15	18	74	25	28	97	35	38
29	7	8	52	16	18	75	25	28	98	35	38
30	7	9	53	16	18	76	26	28	99	36	39
31	7	9	54	17	19	77	26	29	100	36	39

注　符号の数 n_+、n_- のうち、小さいほうの数と表中の数字を比較し、この数より小さいか、または等しければ、有意と判定する。

(3 シグマ法による $\overline{X}-R$ 管理図の管理線を計算するための係数を求める表)

サンプルの 大きさ n	$\overline{X}$ の管理図			R の管理図						
	$\sqrt{n}$	A	A_2	d_2	$1/d_2$	d_3	D_1	D_2	D_3	D_4
2	1·414	2·121	1·880	1·128	·8862	0·853	—	3·686	—	3·267
3	1·732	1·732	1·023	1·693	·5908	0·888	—	4·358	—	2·575
4	2·000	1·500	0·729	2·059	·4857	0·880	—	4·698	—	2·282
5	2·236	1·342	0·577	2·326	·4299	0·864	—	4·918	—	2·114
6	2·449	1·225	0·483	2·534	·3946	0·848	—	5·079	—	2·004
7	2·646	1·134	0·419	2·704	·3698	0·833	0·205	5·204	0·076	1·924
8	2·828	1·061	0·373	2·847	·3512	0·820	0·388	5·307	0·136	1·864
9	3·000	1·000	0·337	2·970	·3367	0·808	0·547	5·394	0·184	1·816
10	3·162	0·949	0·308	3·078	·3249	0·797	0·686	5·469	0·223	1·777

注　D_1、D_3 の欄の──は、R の下方管理限界を考えないことを示す。

$\overline{X}-s$ 管理図用係数表

（3 シグマ法による $\overline{X}-s$ 管理図の管理線を計算するための係数を求める表）

サンプルの大きさ n	$\overline{X}$の管理図			s の管理図						
	$\sqrt{n}$	A	A_3	c_4	$1/c_4$	c_5	B_5	B_6	B_3	B_4
2	1·414	2·121	2·659	·7979	1·253	·6028	—	2·606	—	3·267
3	1·732	1·732	1·954	·8862	1·128	·4633	—	2·276	—	2·568
4	2·000	1·500	1·628	·9213	1·085	·3888	—	2·088	—	2·266
5	2·236	1·342	1·427	·9400	1·064	·3412	—	1·964	—	2·089
6	2·449	1·225	1·287	·9515	1·051	·3075	0·029	1·874	0·030	1·970
7	2·646	1·134	1·182	·9594	1·042	·2822	0·113	1·806	0·118	1·882
8	2·828	1·061	1·099	·9650	1·036	·2621	0·179	1·751	0·185	1·815
9	3·000	1·000	1·032	·9693	1·032	·2458	0·232	1·707	0·239	1·761
10	3·162	0·949	0·975	·9727	1·028	·2322	0·276	1·669	0·284	1·716
11	3·317	0·905	0·927	·9754	1·025	·2207	0·313	1·637	0·321	1·679
12	3·464	0·866	0·886	·9776	1·023	·2107	0·346	1·610	0·354	1·646
13	3·606	0·832	0·850	·9794	1·021	·2019	0·374	1·585	0·382	1·618
14	3·742	0·802	0·817	·9810	1·019	·1942	0·399	1·563	0·406	1·594
15	3·873	0·775	0·789	·9823	1·018	·1872	0·421	1·544	0·428	1·572
16	4·000	0·750	0·763	·9835	1·017	·1810	0·440	1·526	0·448	1·552
17	4·123	0·728	0·739	·9845	1·016	·1753	0·458	1·511	0·466	1·534
18	4·243	0·707	0·718	·9854	1·015	·1702	0·475	1·496	0·482	1·518
19	4·359	0·688	0·698	·9862	1·014	·1655	0·490	1·483	0·497	1·503
20	4·472	0·671	0·680	·9869	1·013	·1611	0·504	1·470	0·510	1·490
25	5·000	0·600	0·606	·9896	1·010	·1436	0·559	1·420	0·565	1·435
30	5·477	0·548	0·552	·9914	1·009	·1307	0·599	1·384	0·604	1·396
40	6·325	0·474	0·477	·9936	1·006	·1129	0·655	1·332	0·659	1·341
50	7·071	0·424	0·426	·9949	1·005	·1008	0·693	1·297	0·696	1·304
100	10·000	0·300	0·301	·9975	1·003	·0710	0·785	1·210	0·787	1·213
20 以上	$\dfrac{3}{\sqrt{n}}$	$\dfrac{3}{\sqrt{n}}\left(1+\dfrac{1}{4n}\right)$	$1-\dfrac{1}{4n}$	$1+\dfrac{1}{4n}$	$\dfrac{1}{\sqrt{2n}}$	$1-\dfrac{3}{\sqrt{2n}}$	$1+\dfrac{3}{\sqrt{2n}}$	$1-\dfrac{3}{\sqrt{2n}}$	$1+\dfrac{3}{\sqrt{2n}}$	

注　B_5、B_3 の欄の――は、s の下方管理限界を考えないことを示す。

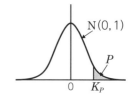

K_P から P を求める表

K_P	*= 0	1	2	3	4	5	6	7	8	9
0・0*	・5000	・4960	・4920	・4880	・4840	・4801	・4761	・4721	・4681	・4641
0・1*	・4602	・4562	・4522	・4483	・4443	・4404	・4364	・4325	・4286	・4247
0・2*	・4207	・4168	・4129	・4090	・4052	・4013	・3974	・3936	・3897	・3859
0・3*	・3821	・3783	・3745	・3707	・3669	・3632	・3594	・3557	・3520	・3483
0・4*	・3446	・3409	・3372	・3336	・3300	・3264	・3228	・3192	・3156	・3121
0・5*	・3085	・3050	・3015	・2981	・2946	・2912	・2877	・2843	・2810	・2776
0・6*	・2743	・2709	・2676	・2643	・2611	・2578	・2546	・2514	・2483	・2451
0・7*	・2420	・2389	・2358	・2327	・2296	・2266	・2236	・2206	・2177	・2148
0・8*	・2119	・2090	・2061	・2033	・2005	・1977	・1949	・1922	・1894	・1867
0・9*	・1841	・1814	・1788	・1762	・1736	・1711	・1685	・1660	・1635	・1611
1・0*	・1587	・1562	・1539	・1515	・1492	・1469	・1446	・1423	・1401	・1379
1・1*	・1357	・1335	・1314	・1292	・1271	・1251	・1230	・1210	・1190	・1170
1・2*	・1151	・1131	・1112	・1093	・1075	・1056	・1038	・1020	・1003	・0985
1・3*	・0968	・0951	・0934	・0918	・0901	・0885	・0869	・0853	・0838	・0823
1・4*	・0808	・0793	・0778	・0764	・0749	・0735	・0721	・0708	・0694	・0681
1・5*	・0668	・0655	・0643	・0630	・0618	・0606	・0594	・0582	・0571	・0559
1・6*	・0548	・0537	・0526	・0516	・0505	・0495	・0485	・0475	・0465	・0455
1・7*	・0446	・0436	・0427	・0418	・0409	・0401	・0392	・0384	・0375	・0367
1・8*	・0359	・0351	・0344	・0336	・0329	・0322	・0314	・0307	・0301	・0294
1・9*	・0287	・0281	・0274	・0268	・0262	・0256	・0250	・0244	・0239	・0233
2・0*	・0228	・0222	・0217	・0212	・0207	・0202	・0197	・0192	・0188	・0183
2・1*	・0179	・0174	・0170	・0166	・0162	・0158	・0154	・0150	・0146	・0143
2・2*	・0139	・0136	・0132	・0129	・0125	・0122	・0119	・0116	・0113	・0110
2・3*	・0107	・0104	・0102	・0099	・0096	・0094	・0091	・0089	・0087	・0084
2・4*	・0082	・0080	・0078	・0075	・0073	・0071	・0069	・0068	・0066	・0064
2・5*	・0062	・0060	・0059	・0057	・0055	・0054	・0052	・0051	・0049	・0048
2・6*	・0047	・0045	・0044	・0043	・0041	・0040	・0039	・0038	・0037	・0036
2・7*	・0035	・0034	・0033	・0032	・0031	・0030	・0029	・0028	・0027	・0026
2・8*	・0026	・0025	・0024	・0023	・0023	・0022	・0021	・0021	・0020	・0019
2・9*	・0019	・0018	・0018	・0017	・0016	・0016	・0015	・0015	・0014	・0014
3・0*	・0013	・0013	・0013	・0012	・0012	・0011	・0011	・0011	・0010	・0010

3・5	・2326E-3
4・0	・3167E-4
4・5	・3398E-5
5・0	・2867E-6
5・5	・1899E-7
6・0	・9866E-9

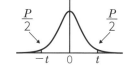

正規分布表 Ⅱ

$t\ (\phi、P)$

自由度 ϕ と両側確率 P とから t を求める表

$\begin{matrix}P\\\phi\end{matrix}$	0・50	0・40	0・30	0・20	0・10	**0・05**	0・02	**0・01**	0・001	$\begin{matrix}P\\\phi\end{matrix}$
1	1・000	1・376	1・963	3・078	6・314	**12・706**	31・821	**63・657**	636・619	1
2	0・816	1・061	1・386	1・886	2・920	**4・303**	6・965	**9・925**	31・599	2
3	0・765	0・978	1・250	1・638	2・353	**3・182**	4・541	**5・841**	12・924	3
4	0・741	0・941	1・190	1・533	2・132	**2・776**	3・747	**4・604**	8・610	4
5	0・727	0・920	1・156	1・476	2・015	**2・571**	3・365	**4・032**	6・869	5
6	0・718	0・906	1・134	1・440	1・943	**2・447**	3・143	**3・707**	5・959	6
7	0・711	0・896	1・119	1・415	1・895	**2・365**	2・998	**3・499**	5・408	7
8	0・706	0・889	1・108	1・397	1・860	**2・306**	2・896	**3・355**	5・041	8
9	0・703	0・883	1・100	1・383	1・833	**2・262**	2・821	**3・250**	4・781	9
10	0・700	0・879	1・093	1・372	1・812	**2・228**	2・764	**3・169**	4・587	10
11	0・697	0・876	1・088	1・363	1・796	**2・201**	2・718	**3・106**	4・437	11
12	0・695	0・873	1・083	1・356	1・782	**2・179**	2・681	**3・055**	4・318	12
13	0・694	0・870	1・079	1・350	1・771	**2・160**	2・650	**3・012**	4・221	13
14	0・692	0・868	1・076	1・345	1・761	**2・145**	2・624	**2・977**	4・140	14
15	0・691	0・866	1・074	1・341	1・753	**2・131**	2・602	**2・947**	4・073	15
16	0・690	0・865	1・071	1・337	1・746	**2・120**	2・583	**2・921**	4・015	16
17	0・689	0・863	1・069	1・333	1・740	**2・110**	2・567	**2・898**	3・965	17
18	0・688	0・862	1・067	1・330	1・734	**2・101**	2・552	**2・878**	3・922	18
19	0・688	0・861	1・066	1・328	1・729	**2・093**	2・539	**2・861**	3・883	19
20	0・687	0・860	1・064	1・325	1・725	**2・086**	2・528	**2・845**	3・850	20
21	0・686	0・859	1・063	1・323	1・721	**2・080**	2・518	**2・831**	3・819	21
22	0・686	0・858	1・061	1・321	1・717	**2・074**	2・508	**2・819**	3・792	22
23	0・685	0・858	1・060	1・319	1・714	**2・069**	2・500	**2・807**	3・768	23
24	0・685	0・857	1・059	1・318	1・711	**2・064**	2・492	**2・797**	3・745	24
25	0・684	0・856	1・058	1・316	1・708	**2・060**	2・485	**2・787**	3・725	25
26	0・684	0・856	1・058	1・315	1・706	**2・056**	2・479	**2・779**	3・707	26
27	0・684	0・855	1・057	1・314	1・703	**2・052**	2・473	**2・771**	3・690	27
28	0・683	0・855	1・056	1・313	1・701	**2・048**	2・467	**2・763**	3・674	28
29	0・683	0・854	1・055	1・311	1・699	**2・045**	2・462	**2・756**	3・659	29
30	0・683	0・854	1・055	1・310	1・697	**2・042**	2・457	**2・750**	3・646	30
40	0・681	0・851	1・050	1・303	1・684	**2・021**	2・423	**2・704**	3・551	40
60	0・679	0・848	1・046	1・296	1・671	**2・000**	2・390	**2・660**	3・460	60
120	0・677	0・845	1・041	1・289	1・658	**1・980**	2・358	**2・617**	3・373	120
∞	0・674	0・842	1・036	1・282	1・645	**1・960**	2・326	**2・576**	3・291	∞

χ² 表

$\chi^2\ (\phi 、 P)$

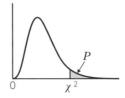

自由度 ϕ と上側確率 P とから χ^2 を求める表

P / ϕ	·995	·99	·975	·95	·90	·75	·50	·25	·10	**·05**	·025	**·01**	·005	P / ϕ
1	0·0⁴393	0·0³157	0·0³982	0·0²393	0·0158	0·102	0·455	1·323	2·71	**3·84**	5·02	**6·63**	7·88	1
2	0·0100	0·0201	0·0506	0·103	0·211	0·575	1·386	2·77	4·61	**5·99**	7·38	**9·21**	10·60	2
3	0·0717	0·115	0·216	0·352	0·584	1·213	2·37	4·11	6·25	**7·81**	9·35	**11·34**	12·84	3
4	0·207	0·297	0·484	0·711	1·064	1·923	3·36	5·39	7·78	**9·49**	11·14	**13·28**	14·86	4
5	0·412	0·554	0·831	1·145	1·610	2·67	4·35	6·63	9·24	**11·07**	12·83	**15·09**	16·75	5
6	0·676	0·872	1·237	1·635	2·20	3·45	5·35	7·84	10·64	**12·59**	14·45	**16·81**	18·55	6
7	0·989	1·239	1·690	2·17	2·83	4·25	6·35	9·04	12·02	**14·07**	16·01	**18·48**	20·3	7
8	1·344	1·646	2·18	2·73	3·49	5·07	7·34	10·22	13·36	**15·51**	17·53	**20·1**	22·0	8
9	1·735	2·09	2·70	3·33	4·17	5·90	8·34	11·39	14·68	**16·92**	19·02	**21·7**	23·6	9
10	2·16	2·56	3·25	3·94	4·87	6·74	9·34	12·55	15·99	**18·31**	20·5	**23·2**	25·2	10
11	2·60	3·05	3·82	4·57	5·58	7·58	10·34	13·70	17·28	**19·68**	21·9	**24·7**	26·8	11
12	3·07	3·57	4·40	5·23	6·30	8·44	11·34	14·85	18·55	**21·0**	23·3	**26·2**	28·3	12
13	3·57	4·11	5·01	5·89	7·04	9·30	12·34	15·98	19·81	**22·4**	24·7	**27·7**	29·8	13
14	4·07	4·66	5·63	6·57	7·79	10·17	13·34	17·12	21·1	**23·7**	26·1	**29·1**	31·3	14
15	4·60	5·23	6·26	7·26	8·55	11·04	14·34	18·25	22·3	**25·0**	27·5	**30·6**	32·8	15
16	5·14	5·81	6·91	7·96	9·31	11·91	15·34	19·37	23·5	**26·3**	28·8	**32·0**	34·3	16
17	5·70	6·41	7·56	8·67	10·09	12·79	16·34	20·5	24·8	**27·6**	30·2	**33·4**	35·7	17
18	6·26	7·01	8·23	9·39	10·86	13·68	17·34	21·6	26·0	**28·9**	31·5	**34·8**	37·2	18
19	6·84	7·63	8·91	10·12	11·65	14·56	18·34	22·7	27·2	**30·1**	32·9	**36·2**	38·6	19
20	7·43	8·26	9·59	10·85	12·44	15·45	19·34	23·8	28·4	**31·4**	34·2	**37·6**	40·0	20
21	8·03	8·90	10·28	11·59	13·24	16·34	20·3	24·9	29·6	**32·7**	35·5	**38·9**	41·4	21
22	8·64	9·54	10·98	12·34	14·04	17·24	21·3	26·0	30·8	**33·9**	36·8	**40·3**	42·8	22
23	9·26	10·20	11·69	13·09	14·85	18·14	22·3	27·1	32·0	**35·2**	38·1	**41·6**	44·2	23
24	9·89	10·86	12·40	13·85	15·66	19·04	23·3	28·2	33·2	**36·4**	39·4	**43·0**	45·6	24
25	10·52	11·52	13·12	14·61	16·47	19·94	24·3	29·3	34·4	**37·7**	40·6	**44·3**	46·9	25
26	11·16	12·20	13·84	15·38	17·29	20·8	25·3	30·4	35·6	**38·9**	41·9	**45·6**	48·3	26
27	11·81	12·88	14·57	16·15	18·11	21·7	26·3	31·5	36·7	**40·1**	43·2	**47·0**	49·6	27
28	12·46	13·56	15·31	16·93	18·94	22·7	27·3	32·6	37·9	**41·3**	44·5	**48·3**	51·0	28
29	13·12	14·26	16·05	17·71	19·77	23·6	28·3	33·7	39·1	**42·6**	45·7	**49·6**	52·3	29
30	13·79	14·95	16·79	18·49	20·6	24·5	29·3	34·8	40·3	**43·8**	47·0	**50·9**	53·7	30
40	20·7	22·2	24·4	26·5	29·1	33·7	39·3	45·6	51·8	**55·8**	59·3	**63·7**	66·8	40
50	28·0	29·7	32·4	34·8	37·7	42·9	49·3	56·3	63·2	**67·5**	71·4	**76·2**	79·5	50
60	35·5	37·5	40·5	43·2	46·5	52·3	59·3	67·0	74·4	**79·1**	83·3	**88·4**	92·0	60
70	43·3	45·4	48·8	51·7	55·3	61·7	69·3	77·6	85·5	**90·5**	95·0	**100·4**	104·2	70
80	51·2	53·5	57·2	60·4	64·3	71·1	79·3	88·1	96·6	**101·9**	106·6	**112·3**	116·3	80
90	59·2	61·8	65·6	69·1	73·3	80·6	89·3	98·6	107·6	**113·1**	118·1	**124·1**	128·3	90
100	67·3	70·1	74·2	77·9	82·4	90·1	99·3	109·1	118·5	**124·3**	129·6	**135·8**	140·2	100
y_P	−2·58	−2·33	−1·96	−1·64	−1·28	−0·674	0·000	0·674	1·282	**1·645**	1·960	**2·33**	2·58	y_P

F表 (5%, 1%)

$F(\phi_1, \phi_2; P)$ $P = \begin{cases} 0 \cdot 05 \cdots 細字 \\ 0 \cdot 01 \cdots 太字 \end{cases}$

分子の自由度 ϕ_1、分母の自由度 ϕ_2 から、上側確率 5% 及び 1% に対する F の値を求める表

ϕ_1 / ϕ_2	1	2	3	4	5	6	7	8	9	10	12	15	20	24	30	40	60	120	∞
1	161· / 4052·	200· / 5000·	216· / 5403·	225· / 5625·	230· / 5764·	234· / 5859·	237· / 5928·	239· / 5981·	241· / 6022·	242· / 6056·	244· / 6106·	246· / 6157·	248· / 6209·	249· / 6235·	250· / 6261·	251· / 6287·	252· / 6313·	253· / 6339·	254· / 6366·
2	18.5 / 98.5	19.0 / 99.0	19.2 / 99.2	19.2 / 99.2	19.3 / 99.3	19.3 / 99.3	19.4 / 99.4	19.4 / 99.4	19.4 / 99.4	19.4 / 99.4	19.4 / 99.4	19.4 / 99.4	19.4 / 99.4	19.5 / 99.5	19.5 / 99.5	19.5 / 99.5	19.5 / 99.5	19.5 / 99.5	19.5 / 99.5
3	10.1 / 34.1	9.55 / 30.8	9.28 / 29.5	9.12 / 28.7	9.01 / 28.2	8.94 / 27.9	8.89 / 27.7	8.85 / 27.5	8.81 / 27.3	8.79 / 27.2	8.74 / 27.1	8.70 / 26.9	8.66 / 26.7	8.64 / 26.6	8.62 / 26.5	8.59 / 26.4	8.57 / 26.3	8.55 / 26.2	8.53 / 26.1
4	7.71 / 21.2	6.94 / 18.0	6.59 / 16.7	6.39 / 16.0	6.26 / 15.5	6.16 / 15.2	6.09 / 15.0	6.04 / 14.8	6.00 / 14.7	5.96 / 14.5	5.91 / 14.4	5.86 / 14.2	5.80 / 14.0	5.77 / 13.9	5.75 / 13.8	5.72 / 13.7	5.69 / 13.7	5.66 / 13.6	5.63 / 13.5
5	6.61 / 16.3	5.79 / 13.3	5.41 / 12.1	5.19 / 11.4	5.05 / 11.0	4.95 / 10.7	4.88 / 10.5	4.82 / 10.3	4.77 / 10.2	4.74 / 10.1	4.68 / 9.89	4.62 / 9.72	4.56 / 9.55	4.53 / 9.47	4.50 / 9.38	4.46 / 9.29	4.43 / 9.20	4.40 / 9.11	4.36 / 9.02
6	5.99 / 13.7	5.14 / 10.9	4.76 / 9.78	4.53 / 9.15	4.39 / 8.75	4.28 / 8.47	4.21 / 8.26	4.15 / 8.10	4.10 / 7.98	4.06 / 7.87	4.00 / 7.72	3.94 / 7.56	3.87 / 7.40	3.84 / 7.31	3.81 / 7.23	3.77 / 7.14	3.74 / 7.06	3.70 / 6.97	3.67 / 6.88
7	5.59 / 12.2	4.74 / 9.55	4.35 / 8.45	4.12 / 7.85	3.97 / 7.46	3.87 / 7.19	3.79 / 6.99	3.73 / 6.84	3.68 / 6.72	3.64 / 6.62	3.57 / 6.47	3.51 / 6.31	3.44 / 6.16	3.41 / 6.07	3.38 / 5.99	3.34 / 5.91	3.30 / 5.82	3.27 / 5.74	3.23 / 5.65
8	5.32 / 11.3	4.46 / 8.65	4.07 / 7.59	3.84 / 7.01	3.69 / 6.63	3.58 / 6.37	3.50 / 6.18	3.44 / 6.03	3.39 / 5.91	3.35 / 5.81	3.28 / 5.67	3.22 / 5.52	3.15 / 5.36	3.12 / 5.28	3.08 / 5.20	3.04 / 5.12	3.01 / 5.03	2.97 / 4.95	2.93 / 4.86
9	5.12 / 10.6	4.26 / 8.02	3.86 / 6.99	3.63 / 6.42	3.48 / 6.06	3.37 / 5.80	3.29 / 5.61	3.23 / 5.47	3.18 / 5.35	3.14 / 5.26	3.07 / 5.11	3.01 / 4.96	2.94 / 4.81	2.90 / 4.73	2.86 / 4.65	2.83 / 4.57	2.79 / 4.48	2.75 / 4.40	2.71 / 4.31
10	4.96 / 10.0	4.10 / 7.56	3.71 / 6.55	3.48 / 5.99	3.33 / 5.64	3.22 / 5.39	3.14 / 5.20	3.07 / 5.06	3.02 / 4.94	2.98 / 4.85	2.91 / 4.71	2.85 / 4.56	2.77 / 4.41	2.74 / 4.33	2.70 / 4.25	2.66 / 4.17	2.62 / 4.08	2.58 / 4.00	2.54 / 3.91
11	4.84 / 9.65	3.98 / 7.21	3.59 / 6.22	3.36 / 5.67	3.20 / 5.32	3.09 / 5.07	3.01 / 4.89	2.95 / 4.74	2.90 / 4.63	2.85 / 4.54	2.79 / 4.40	2.72 / 4.25	2.65 / 4.10	2.61 / 4.02	2.57 / 3.94	2.53 / 3.86	2.49 / 3.78	2.45 / 3.69	2.40 / 3.60
12	4.75 / 9.33	3.89 / 6.93	3.49 / 5.95	3.26 / 5.41	3.11 / 5.06	3.00 / 4.82	2.91 / 4.64	2.85 / 4.50	2.80 / 4.39	2.75 / 4.30	2.69 / 4.16	2.62 / 4.01	2.54 / 3.86	2.51 / 3.78	2.47 / 3.70	2.43 / 3.62	2.38 / 3.54	2.34 / 3.45	2.30 / 3.36
13	4.67 / 9.07	3.81 / 6.70	3.41 / 5.74	3.18 / 5.21	3.03 / 4.86	2.92 / 4.62	2.83 / 4.44	2.77 / 4.30	2.71 / 4.19	2.67 / 4.10	2.60 / 3.96	2.53 / 3.82	2.46 / 3.66	2.42 / 3.59	2.38 / 3.51	2.34 / 3.43	2.30 / 3.34	2.25 / 3.25	2.21 / 3.17
14	4.60 / 8.86	3.74 / 6.51	3.34 / 5.56	3.11 / 5.04	2.96 / 4.69	2.85 / 4.46	2.76 / 4.28	2.70 / 4.14	2.65 / 4.03	2.60 / 3.94	2.53 / 3.80	2.46 / 3.66	2.39 / 3.51	2.35 / 3.43	2.31 / 3.35	2.27 / 3.27	2.22 / 3.18	2.18 / 3.09	2.13 / 3.00
15	4.54 / 8.68	3.68 / 6.36	3.29 / 5.42	3.06 / 4.89	2.90 / 4.56	2.79 / 4.32	2.71 / 4.14	2.64 / 4.00	2.59 / 3.89	2.54 / 3.80	2.48 / 3.67	2.40 / 3.52	2.33 / 3.37	2.29 / 3.29	2.25 / 3.21	2.20 / 3.13	2.16 / 3.05	2.11 / 2.96	2.07 / 2.87

※ P.24 に続く

This table gives the 5% (upper, roman) and 1% (lower, bold) points of the F distribution, with ϕ_1 (numerator degrees of freedom) across and ϕ_2 (denominator degrees of freedom) down.

$\phi_2 \backslash \phi_1$	1	2	3	4	5	6	7	8	9	10	12	15	20	24	30	40	60	120	∞
16	4·49 / **8·53**	3·63 / **6·23**	3·24 / **5·29**	3·01 / **4·77**	2·85 / **4·44**	2·74 / **4·20**	2·66 / **4·03**	2·59 / **3·89**	2·54 / **3·78**	2·49 / **3·69**	2·42 / **3·55**	2·35 / **3·41**	2·28 / **3·26**	2·24 / **3·18**	2·19 / **3·10**	2·15 / **3·02**	2·11 / **2·93**	2·06 / **2·84**	2·01 / **2·75**
17	4·45 / **8·40**	3·59 / **6·11**	3·20 / **5·18**	2·96 / **4·67**	2·81 / **4·34**	2·70 / **4·10**	2·61 / **3·93**	2·55 / **3·79**	2·49 / **3·68**	2·45 / **3·59**	2·38 / **3·46**	2·31 / **3·31**	2·23 / **3·16**	2·19 / **3·08**	2·15 / **3·00**	2·10 / **2·92**	2·06 / **2·83**	2·01 / **2·75**	1·96 / **2·65**
18	4·41 / **8·29**	3·55 / **6·01**	3·16 / **5·09**	2·93 / **4·58**	2·77 / **4·25**	2·66 / **4·01**	2·58 / **3·84**	2·51 / **3·71**	2·46 / **3·60**	2·41 / **3·51**	2·34 / **3·37**	2·27 / **3·23**	2·19 / **3·08**	2·15 / **3·00**	2·11 / **2·92**	2·06 / **2·84**	2·02 / **2·75**	1·97 / **2·66**	1·92 / **2·57**
19	4·38 / **8·18**	3·52 / **5·93**	3·13 / **5·01**	2·90 / **4·50**	2·74 / **4·17**	2·63 / **3·94**	2·54 / **3·77**	2·48 / **3·63**	2·42 / **3·52**	2·38 / **3·43**	2·31 / **3·30**	2·23 / **3·15**	2·16 / **3·00**	2·11 / **2·92**	2·07 / **2·84**	2·03 / **2·76**	1·98 / **2·67**	1·93 / **2·58**	1·88 / **2·49**
20	4·35 / **8·10**	3·49 / **5·85**	3·10 / **4·94**	2·87 / **4·43**	2·71 / **4·10**	2·60 / **3·87**	2·51 / **3·70**	2·45 / **3·56**	2·39 / **3·46**	2·35 / **3·37**	2·28 / **3·23**	2·20 / **3·09**	2·12 / **2·94**	2·08 / **2·86**	2·04 / **2·78**	1·99 / **2·69**	1·95 / **2·61**	1·90 / **2·52**	1·84 / **2·42**
21	4·32 / **8·02**	3·47 / **5·78**	3·07 / **4·87**	2·84 / **4·37**	2·68 / **4·04**	2·57 / **3·81**	2·49 / **3·64**	2·42 / **3·51**	2·37 / **3·40**	2·32 / **3·31**	2·25 / **3·17**	2·18 / **3·03**	2·10 / **2·88**	2·05 / **2·80**	2·01 / **2·72**	1·96 / **2·64**	1·92 / **2·55**	1·87 / **2·46**	1·81 / **2·36**
22	4·30 / **7·95**	3·44 / **5·72**	3·05 / **4·82**	2·82 / **4·31**	2·66 / **3·99**	2·55 / **3·76**	2·46 / **3·59**	2·40 / **3·45**	2·34 / **3·35**	2·30 / **3·26**	2·23 / **3·12**	2·15 / **2·98**	2·07 / **2·83**	2·03 / **2·75**	1·98 / **2·67**	1·94 / **2·58**	1·89 / **2·50**	1·84 / **2·40**	1·78 / **2·31**
23	4·28 / **7·88**	3·42 / **5·66**	3·03 / **4·76**	2·80 / **4·26**	2·64 / **3·94**	2·53 / **3·71**	2·44 / **3·54**	2·37 / **3·41**	2·32 / **3·30**	2·27 / **3·21**	2·20 / **3·07**	2·13 / **2·93**	2·05 / **2·78**	2·01 / **2·70**	1·96 / **2·62**	1·91 / **2·54**	1·86 / **2·45**	1·81 / **2·35**	1·76 / **2·26**
24	4·26 / **7·82**	3·40 / **5·61**	3·01 / **4·72**	2·78 / **4·22**	2·62 / **3·90**	2·51 / **3·67**	2·42 / **3·50**	2·36 / **3·36**	2·30 / **3·26**	2·25 / **3·17**	2·18 / **3·03**	2·11 / **2·89**	2·03 / **2·74**	1·98 / **2·66**	1·94 / **2·58**	1·89 / **2·49**	1·84 / **2·40**	1·79 / **2·31**	1·73 / **2·21**
25	4·24 / **7·77**	3·39 / **5·57**	2·99 / **4·68**	2·76 / **4·18**	2·60 / **3·85**	2·49 / **3·63**	2·40 / **3·46**	2·34 / **3·32**	2·28 / **3·22**	2·24 / **3·13**	2·16 / **2·99**	2·09 / **2·85**	2·01 / **2·70**	1·96 / **2·62**	1·92 / **2·54**	1·87 / **2·45**	1·82 / **2·36**	1·77 / **2·27**	1·71 / **2·17**
26	4·23 / **7·72**	3·37 / **5·53**	2·98 / **4·64**	2·74 / **4·14**	2·59 / **3·82**	2·47 / **3·59**	2·39 / **3·42**	2·32 / **3·29**	2·27 / **3·18**	2·22 / **3·09**	2·15 / **2·96**	2·07 / **2·81**	1·99 / **2·66**	1·95 / **2·58**	1·90 / **2·50**	1·85 / **2·42**	1·80 / **2·33**	1·75 / **2·23**	1·69 / **2·13**
27	4·21 / **7·68**	3·35 / **5·49**	2·96 / **4·60**	2·73 / **4·11**	2·57 / **3·78**	2·46 / **3·56**	2·37 / **3·39**	2·31 / **3·26**	2·25 / **3·15**	2·20 / **3·06**	2·13 / **2·93**	2·06 / **2·78**	1·97 / **2·63**	1·93 / **2·55**	1·88 / **2·47**	1·84 / **2·38**	1·79 / **2·29**	1·73 / **2·20**	1·67 / **2·10**
28	4·20 / **7·64**	3·34 / **5·45**	2·95 / **4·57**	2·71 / **4·07**	2·56 / **3·75**	2·45 / **3·53**	2·36 / **3·36**	2·29 / **3·23**	2·24 / **3·12**	2·19 / **3·03**	2·12 / **2·90**	2·04 / **2·75**	1·96 / **2·60**	1·91 / **2·52**	1·87 / **2·44**	1·82 / **2·35**	1·77 / **2·26**	1·71 / **2·17**	1·65 / **2·06**
29	4·18 / **7·60**	3·33 / **5·42**	2·93 / **4·54**	2·70 / **4·04**	2·55 / **3·73**	2·43 / **3·50**	2·35 / **3·33**	2·28 / **3·20**	2·22 / **3·09**	2·18 / **3·00**	2·10 / **2·87**	2·03 / **2·73**	1·94 / **2·57**	1·90 / **2·49**	1·85 / **2·41**	1·81 / **2·33**	1·75 / **2·23**	1·70 / **2·14**	1·64 / **2·03**
30	4·17 / **7·56**	3·32 / **5·39**	2·92 / **4·51**	2·69 / **4·02**	2·53 / **3·70**	2·42 / **3·47**	2·33 / **3·30**	2·27 / **3·17**	2·21 / **3·07**	2·16 / **2·98**	2·09 / **2·84**	2·01 / **2·70**	1·93 / **2·55**	1·89 / **2·47**	1·84 / **2·39**	1·79 / **2·30**	1·74 / **2·21**	1·68 / **2·11**	1·62 / **2·01**
40	4·08 / **7·31**	3·23 / **5·18**	2·84 / **4·31**	2·61 / **3·83**	2·45 / **3·51**	2·34 / **3·29**	2·25 / **3·12**	2·18 / **2·99**	2·12 / **2·89**	2·08 / **2·80**	2·00 / **2·66**	1·92 / **2·52**	1·84 / **2·37**	1·79 / **2·29**	1·74 / **2·20**	1·69 / **2·11**	1·64 / **2·02**	1·58 / **1·92**	1·51 / **1·80**
60	4·00 / **7·08**	3·15 / **4·98**	2·76 / **4·13**	2·53 / **3·65**	2·37 / **3·34**	2·25 / **3·12**	2·17 / **2·95**	2·10 / **2·82**	2·04 / **2·72**	1·99 / **2·63**	1·92 / **2·50**	1·84 / **2·35**	1·75 / **2·20**	1·70 / **2·12**	1·65 / **2·03**	1·59 / **1·94**	1·53 / **1·84**	1·47 / **1·73**	1·39 / **1·60**
120	3·92 / **6·85**	3·07 / **4·79**	2·68 / **3·95**	2·45 / **3·48**	2·29 / **3·17**	2·18 / **2·96**	2·09 / **2·79**	2·02 / **2·66**	1·96 / **2·56**	1·91 / **2·47**	1·83 / **2·34**	1·75 / **2·19**	1·66 / **2·03**	1·61 / **1·95**	1·55 / **1·86**	1·50 / **1·76**	1·43 / **1·66**	1·35 / **1·53**	1·25 / **1·38**
∞	3·84 / **6·63**	3·00 / **4·61**	2·60 / **3·78**	2·37 / **3·32**	2·21 / **3·02**	2·10 / **2·80**	2·01 / **2·64**	1·94 / **2·51**	1·88 / **2·41**	1·83 / **2·32**	1·75 / **2·18**	1·67 / **2·04**	1·57 / **1·88**	1·52 / **1·79**	1·46 / **1·70**	1·39 / **1·59**	1·32 / **1·47**	1·22 / **1·32**	1·00 / **1·00**

F 表 (0.5%)

$F (\phi_1, \phi_2 ; 0\cdot005)$

0・5%

F

0

分子の自由度 ϕ_1、分母の自由度 ϕ_2 の F 分布の上側 0.5%の点を求める表

ϕ_2 \ ϕ_1	1	2	3	4	5	6	7	8	9	10	12	15	20	24	30	40	60	120	∞
1	162·	200·	216·	225·	231·	234·	237·	239·	241·	242·	244·	246·	248·	249·	250·	251·	253·	254·	255·
2	199·	199·	199·	199·	199·	199·	199·	199·	199·	199·	199·	199·	199·	199·	199·	199·	199·	199·	200·
3	55·6	49·8	47·5	46·2	45·4	44·8	44·4	44·1	43·9	43·7	43·4	43·1	42·8	42·6	42·5	42·3	42·1	42·0	41·8
4	31·3	26·3	24·3	23·2	22·5	22·0	21·6	21·4	21·1	21·0	20·7	20·4	20·2	20·0	19·9	19·8	19·6	19·5	19·3
5	22·8	18·3	16·5	15·6	14·9	14·5	14·2	14·0	13·8	13·6	13·4	13·1	12·9	12·8	12·7	12·5	12·4	12·3	12·1
6	18·6	14·5	12·9	12·0	11·5	11·1	10·8	10·6	10·4	10·2	10·0	9·81	9·59	9·47	9·36	9·24	9·12	9·00	8·88
7	16·2	12·4	10·9	10·1	9·52	9·16	8·89	8·68	8·51	8·38	8·18	7·97	7·75	7·64	7·53	7·42	7·31	7·19	7·08
8	14·7	11·0	9·60	8·81	8·30	7·95	7·69	7·50	7·34	7·21	7·01	6·81	6·61	6·50	6·40	6·29	6·18	6·06	5·95
9	13·6	10·1	8·72	7·96	7·47	7·13	6·88	6·69	6·54	6·42	6·23	6·03	5·83	5·73	5·62	5·52	5·41	5·30	5·19
10	12·8	9·43	8·08	7·34	6·87	6·54	6·30	6·12	5·97	5·85	5·66	5·47	5·27	5·17	5·07	4·97	4·86	4·75	4·64
11	12·2	8·91	7·60	6·88	6·42	6·10	5·86	5·68	5·54	5·42	5·24	5·05	4·86	4·76	4·65	4·55	4·44	4·34	4·23
12	11·8	8·51	7·23	6·52	6·07	5·76	5·52	5·35	5·20	5·09	4·91	4·72	4·53	4·43	4·33	4·23	4·12	4·01	3·90
13	11·4	8·19	6·93	6·23	5·79	5·48	5·25	5·08	4·94	4·82	4·64	4·46	4·27	4·17	4·07	3·97	3·87	3·76	3·65
14	11·1	7·92	6·68	6·00	5·56	5·26	5·03	4·86	4·72	4·60	4·43	4·25	4·06	3·96	3·86	3·76	3·66	3·55	3·44
15	10·8	7·70	6·48	5·80	5·37	5·07	4·85	4·67	4·54	4·42	4·25	4·07	3·88	3·79	3·69	3·58	3·48	3·37	3·26
16	10·6	7·51	6·30	5·64	5·21	4·91	4·69	4·52	4·38	4·27	4·10	3·92	3·73	3·64	3·54	3·44	3·33	3·22	3·11
17	10·4	7·35	6·16	5·50	5·07	4·78	4·56	4·39	4·25	4·14	3·97	3·79	3·61	3·51	3·41	3·31	3·21	3·10	2·98
18	10·2	7·21	6·03	5·37	4·96	4·66	4·44	4·28	4·14	4·03	3·86	3·68	3·50	3·40	3·30	3·20	3·10	2·99	2·87
19	10·1	7·09	5·92	5·27	4·85	4·56	4·34	4·18	4·04	3·93	3·76	3·59	3·40	3·31	3·21	3·11	3·00	2·89	2·78
20	9·94	6·99	5·82	5·17	4·76	4·47	4·26	4·09	3·96	3·85	3·68	3·50	3·32	3·22	3·12	3·02	2·92	2·81	2·69
21	9·83	6·89	5·73	5·09	4·68	4·39	4·18	4·01	3·88	3·77	3·60	3·43	3·24	3·15	3·05	2·95	2·84	2·73	2·61
22	9·73	6·81	5·65	5·02	4·61	4·32	4·11	3·94	3·81	3·70	3·54	3·36	3·18	3·08	2·98	2·88	2·77	2·66	2·55
23	9·63	6·73	5·58	4·95	4·54	4·26	4·05	3·88	3·75	3·64	3·47	3·30	3·12	3·02	2·92	2·82	2·71	2·60	2·48
24	9·55	6·66	5·52	4·89	4·49	4·20	3·99	3·83	3·69	3·59	3·42	3·25	3·06	2·97	2·87	2·77	2·66	2·55	2·43
25	9·48	6·60	5·46	4·84	4·43	4·15	3·94	3·78	3·64	3·54	3·37	3·20	3·01	2·92	2·82	2·72	2·61	2·50	2·38
26	9·41	6·54	5·41	4·79	4·38	4·10	3·89	3·73	3·60	3·49	3·33	3·15	2·97	2·87	2·77	2·67	2·56	2·45	2·33
27	9·34	6·49	5·36	4·74	4·34	4·06	3·85	3·69	3·56	3·45	3·28	3·11	2·93	2·83	2·73	2·63	2·52	2·41	2·29
28	9·28	6·44	5·32	4·70	4·30	4·02	3·81	3·65	3·52	3·41	3·25	3·07	2·89	2·79	2·69	2·59	2·48	2·37	2·25
29	9·23	6·40	5·28	4·66	4·26	3·98	3·77	3·61	3·48	3·38	3·21	3·04	2·86	2·76	2·66	2·56	2·45	2·33	2·21
30	9·18	6·35	5·24	4·62	4·23	3·95	3·74	3·58	3·45	3·34	3·18	3·01	2·82	2·73	2·63	2·52	2·42	2·30	2·18
40	8·83	6·07	4·98	4·37	3·99	3·71	3·51	3·35	3·22	3·12	2·95	2·78	2·60	2·50	2·40	2·30	2·18	2·06	1·93
60	8·49	5·79	4·73	4·14	3·76	3·49	3·29	3·13	3·01	2·90	2·74	2·57	2·39	2·29	2·19	2·08	1·96	1·83	1·69
120	8·18	5·54	4·50	3·92	3·55	3·28	3·09	2·93	2·81	2·71	2·54	2·37	2·19	2·09	1·98	1·87	1·75	1·61	1·43
∞	7·88	5·30	4·28	3·72	3·35	3·09	2·90	2·74	2·62	2·52	2·36	2·19	2·00	1·90	1·79	1·67	1·53	1·36	1·00
ϕ_2 \ ϕ_1	1	2	3	4	5	6	7	8	9	10	12	15	20	24	30	40	60	120	∞

F表（2.5%）

$F(\phi_1,\ \phi_2 : 0.025)$

2.5%

分子の自由度 ϕ_1、分母の自由度 ϕ_2 の F分布の上側 2.5%の点を求める表

ϕ_1 ϕ_2	1	2	3	4	5	6	7	8	9	10	12	15	20	24	30	40	60	120	∞
1	648·	800·	864·	900·	922·	937·	948·	957·	963·	969·	977·	985·	993·	997·	1001·	1006·	1010·	1014·	1018·
2	38.5	39.0	39.2	39.2	39.3	39.3	39.4	39.4	39.4	39.4	39.4	39.4	39.4	39.5	39.5	39.5	39.5	39.5	39.5
3	17.4	16.0	15.4	15.1	14.9	14.7	14.6	14.5	14.5	14.4	14.3	14.3	14.2	14.1	14.1	14.0	14.0	13.9	13.9
4	12.2	10.6	9.98	9.60	9.36	9.20	9.07	8.98	8.90	8.84	8.75	8.66	8.56	8.51	8.46	8.41	8.36	8.31	8.26
5	10.0	8.43	7.76	7.39	7.15	6.98	6.85	6.76	6.68	6.62	6.52	6.43	6.33	6.28	6.23	6.18	6.12	6.07	6.02
6	8.81	7.26	6.60	6.23	5.99	5.82	5.70	5.60	5.52	5.46	5.37	5.27	5.17	5.12	5.07	5.01	4.96	4.90	4.85
7	8.07	6.54	5.89	5.52	5.29	5.12	4.99	4.90	4.82	4.76	4.67	4.57	4.47	4.42	4.36	4.31	4.25	4.20	4.14
8	7.57	6.06	5.42	5.05	4.82	4.65	4.53	4.43	4.36	4.30	4.20	4.10	4.00	3.95	3.89	3.84	3.78	3.73	3.67
9	7.21	5.71	5.08	4.72	4.48	4.32	4.20	4.10	4.03	3.96	3.87	3.77	3.67	3.61	3.56	3.51	3.45	3.39	3.33
10	6.94	5.46	4.83	4.47	4.24	4.07	3.95	3.85	3.78	3.72	3.62	3.52	3.42	3.37	3.31	3.26	3.20	3.14	3.08
11	6.72	5.26	4.63	4.28	4.04	3.88	3.76	3.66	3.59	3.53	3.43	3.33	3.23	3.17	3.12	3.06	3.00	2.94	2.88
12	6.55	5.10	4.47	4.12	3.89	3.73	3.61	3.51	3.44	3.37	3.28	3.18	3.07	3.02	2.96	2.91	2.85	2.79	2.72
13	6.41	4.97	4.35	4.00	3.77	3.60	3.48	3.39	3.31	3.25	3.15	3.05	2.95	2.89	2.84	2.78	2.72	2.66	2.60
14	6.30	4.86	4.24	3.89	3.66	3.50	3.38	3.29	3.21	3.15	3.05	2.95	2.84	2.79	2.73	2.67	2.61	2.55	2.49
15	6.20	4.77	4.15	3.80	3.58	3.41	3.29	3.20	3.12	3.06	2.96	2.86	2.76	2.70	2.64	2.59	2.52	2.46	2.40
16	6.12	4.69	4.08	3.73	3.50	3.34	3.22	3.12	3.05	2.99	2.89	2.79	2.68	2.63	2.57	2.51	2.45	2.38	2.32
17	6.04	4.62	4.01	3.66	3.44	3.28	3.16	3.06	2.98	2.92	2.82	2.72	2.62	2.56	2.50	2.44	2.38	2.32	2.25
18	5.98	4.56	3.95	3.61	3.38	3.22	3.10	3.01	2.93	2.87	2.77	2.67	2.56	2.50	2.44	2.38	2.32	2.26	2.19
19	5.92	4.51	3.90	3.56	3.33	3.17	3.05	2.96	2.88	2.82	2.72	2.62	2.51	2.45	2.39	2.33	2.27	2.20	2.13
20	5.87	4.46	3.86	3.51	3.29	3.13	3.01	2.91	2.84	2.77	2.68	2.57	2.46	2.41	2.35	2.29	2.22	2.16	2.09
21	5.83	4.42	3.82	3.48	3.25	3.09	2.97	2.87	2.80	2.73	2.64	2.53	2.42	2.37	2.31	2.25	2.18	2.11	2.04
22	5.79	4.38	3.78	3.44	3.22	3.05	2.93	2.84	2.76	2.70	2.60	2.50	2.39	2.33	2.27	2.21	2.14	2.08	2.00
23	5.75	4.35	3.75	3.41	3.18	3.02	2.90	2.81	2.73	2.67	2.57	2.47	2.36	2.30	2.24	2.18	2.11	2.04	1.97
24	5.72	4.32	3.72	3.38	3.15	2.99	2.87	2.78	2.70	2.64	2.54	2.44	2.33	2.27	2.21	2.15	2.08	2.01	1.94
25	5.69	4.29	3.69	3.35	3.13	2.97	2.85	2.75	2.68	2.61	2.51	2.41	2.30	2.24	2.18	2.12	2.05	1.98	1.91
26	5.66	4.27	3.67	3.33	3.10	2.94	2.82	2.73	2.65	2.59	2.49	2.39	2.28	2.22	2.16	2.09	2.03	1.95	1.88
27	5.63	4.24	3.65	3.31	3.08	2.92	2.80	2.71	2.63	2.57	2.47	2.36	2.25	2.19	2.13	2.07	2.00	1.93	1.85
28	5.61	4.22	3.63	3.29	3.06	2.90	2.78	2.69	2.61	2.55	2.45	2.34	2.23	2.17	2.11	2.05	1.98	1.91	1.83
29	5.59	4.20	3.61	3.27	3.04	2.88	2.76	2.67	2.59	2.53	2.43	2.32	2.21	2.15	2.09	2.03	1.96	1.89	1.81
30	5.57	4.18	3.59	3.25	3.03	2.87	2.75	2.65	2.57	2.51	2.41	2.31	2.20	2.14	2.07	2.01	1.94	1.87	1.79
40	5.42	4.05	3.46	3.13	2.90	2.74	2.62	2.53	2.45	2.39	2.29	2.18	2.07	2.01	1.94	1.88	1.80	1.72	1.64
60	5.29	3.93	3.34	3.01	2.79	2.63	2.51	2.41	2.33	2.27	2.17	2.06	1.94	1.88	1.82	1.74	1.67	1.58	1.48
120	5.15	3.80	3.23	2.89	2.67	2.52	2.39	2.30	2.22	2.16	2.05	1.94	1.82	1.76	1.69	1.61	1.53	1.43	1.31
∞	5.02	3.69	3.12	2.79	2.57	2.41	2.29	2.19	2.11	2.05	1.94	1.83	1.71	1.64	1.57	1.48	1.39	1.27	1.00
ϕ_1 ϕ_2	1	2	3	4	5	6	7	8	9	10	12	15	20	24	30	40	60	120	∞

F 表（10%）

$F\ (\phi_1,\ \phi_2\ ;\ 0.10)$

10%

分子の自由度 ϕ_1、分母の自由度 ϕ_2 の F 分布の上側 10%の点を求める表

ϕ_2 \ ϕ_1	1	2	3	4	5	6	7	8	9	10	12	15	20	24	30	40	60	120	∞
1	39.9	49.5	53.6	55.8	57.2	58.2	58.9	59.4	59.9	60.2	60.7	61.2	61.7	62.0	62.3	62.5	62.8	63.1	63.3
2	8.53	9.00	9.16	9.24	9.29	9.33	9.35	9.37	9.38	9.39	9.41	9.42	9.44	9.45	9.46	9.47	9.47	9.48	9.49
3	5.54	5.46	5.39	5.34	5.31	5.28	5.27	5.25	5.24	5.23	5.22	5.20	5.18	5.18	5.17	5.16	5.15	5.14	5.13
4	4.54	4.32	4.19	4.11	4.05	4.01	3.98	3.95	3.94	3.92	3.90	3.87	3.84	3.83	3.82	3.80	3.79	3.78	3.76
5	4.06	3.78	3.62	3.52	3.45	3.40	3.37	3.34	3.32	3.30	3.27	3.24	3.21	3.19	3.17	3.16	3.14	3.12	3.10
6	3.78	3.46	3.29	3.18	3.11	3.05	3.01	2.98	2.96	2.94	2.90	2.87	2.84	2.82	2.80	2.78	2.76	2.74	2.72
7	3.59	3.26	3.07	2.96	2.88	2.83	2.78	2.75	2.72	2.70	2.67	2.63	2.59	2.58	2.56	2.54	2.51	2.49	2.47
8	3.46	3.11	2.92	2.81	2.73	2.67	2.62	2.59	2.56	2.54	2.50	2.46	2.42	2.40	2.38	2.36	2.34	2.32	2.29
9	3.36	3.01	2.81	2.69	2.61	2.55	2.51	2.47	2.44	2.42	2.38	2.34	2.30	2.28	2.25	2.23	2.21	2.18	2.16
10	3.29	2.92	2.73	2.61	2.52	2.46	2.41	2.38	2.35	2.32	2.28	2.24	2.20	2.18	2.16	2.13	2.11	2.08	2.06
11	3.23	2.86	2.66	2.54	2.45	2.39	2.34	2.30	2.27	2.25	2.21	2.17	2.12	2.10	2.08	2.05	2.03	2.00	1.97
12	3.18	2.81	2.61	2.48	2.39	2.33	2.28	2.24	2.21	2.19	2.15	2.10	2.06	2.04	2.01	1.99	1.96	1.93	1.90
13	3.14	2.76	2.56	2.43	2.35	2.28	2.23	2.20	2.16	2.14	2.10	2.05	2.01	1.98	1.96	1.93	1.90	1.88	1.85
14	3.10	2.73	2.52	2.39	2.31	2.24	2.19	2.15	2.12	2.10	2.05	2.01	1.96	1.94	1.91	1.89	1.86	1.83	1.80
15	3.07	2.70	2.49	2.36	2.27	2.21	2.16	2.12	2.09	2.06	2.02	1.97	1.92	1.90	1.87	1.85	1.82	1.79	1.76
16	3.05	2.67	2.46	2.33	2.24	2.18	2.13	2.09	2.06	2.03	1.99	1.94	1.89	1.87	1.84	1.81	1.78	1.75	1.72
17	3.03	2.64	2.44	2.31	2.22	2.15	2.10	2.06	2.03	2.00	1.96	1.91	1.86	1.84	1.81	1.78	1.75	1.72	1.69
18	3.01	2.62	2.42	2.29	2.20	2.13	2.08	2.04	2.00	1.98	1.93	1.89	1.84	1.81	1.78	1.75	1.72	1.69	1.66
19	2.99	2.61	2.40	2.27	2.18	2.11	2.06	2.02	1.98	1.96	1.91	1.86	1.81	1.79	1.76	1.73	1.70	1.67	1.63
20	2.97	2.59	2.38	2.25	2.16	2.09	2.04	2.00	1.96	1.94	1.89	1.84	1.79	1.77	1.74	1.71	1.68	1.64	1.61
21	2.96	2.57	2.36	2.23	2.14	2.08	2.02	1.98	1.95	1.92	1.87	1.83	1.78	1.75	1.72	1.69	1.66	1.62	1.59
22	2.95	2.56	2.35	2.22	2.13	2.06	2.01	1.97	1.93	1.90	1.86	1.81	1.76	1.73	1.70	1.67	1.64	1.60	1.57
23	2.94	2.55	2.34	2.21	2.11	2.05	1.99	1.95	1.92	1.89	1.84	1.80	1.74	1.72	1.69	1.66	1.62	1.59	1.55
24	2.93	2.54	2.33	2.19	2.10	2.04	1.98	1.94	1.91	1.88	1.83	1.78	1.73	1.70	1.67	1.64	1.61	1.57	1.53
25	2.92	2.53	2.32	2.18	2.09	2.02	1.97	1.93	1.89	1.87	1.82	1.77	1.72	1.69	1.66	1.63	1.59	1.56	1.52
26	2.91	2.52	2.31	2.17	2.08	2.01	1.96	1.92	1.88	1.86	1.81	1.76	1.71	1.68	1.65	1.61	1.58	1.54	1.50
27	2.90	2.51	2.30	2.17	2.07	2.00	1.95	1.91	1.87	1.85	1.80	1.75	1.70	1.67	1.64	1.60	1.57	1.53	1.49
28	2.89	2.50	2.29	2.16	2.06	2.00	1.94	1.90	1.87	1.84	1.79	1.74	1.69	1.66	1.63	1.59	1.56	1.52	1.48
29	2.89	2.50	2.28	2.15	2.06	1.99	1.93	1.89	1.86	1.83	1.78	1.73	1.68	1.65	1.62	1.58	1.55	1.51	1.47
30	2.88	2.49	2.28	2.14	2.05	1.98	1.93	1.88	1.85	1.82	1.77	1.72	1.67	1.64	1.61	1.57	1.54	1.50	1.46
40	2.84	2.44	2.23	2.09	2.00	1.93	1.87	1.83	1.79	1.76	1.71	1.66	1.61	1.57	1.54	1.51	1.47	1.42	1.38
60	2.79	2.39	2.18	2.04	1.95	1.87	1.82	1.77	1.74	1.71	1.66	1.60	1.54	1.51	1.48	1.44	1.40	1.35	1.29
120	2.75	2.35	2.13	1.99	1.90	1.82	1.77	1.72	1.68	1.65	1.60	1.55	1.48	1.45	1.41	1.37	1.32	1.26	1.19
∞	2.71	2.30	2.08	1.94	1.85	1.77	1.72	1.67	1.63	1.60	1.55	1.49	1.42	1.38	1.34	1.30	1.24	1.17	1.00
ϕ_2 \ ϕ_1	1	2	3	4	5	6	7	8	9	10	12	15	20	24	30	40	60	120	∞

$F\ (\phi_1,\ \phi_2 ; 0 \cdot 25)$

分子の自由度 ϕ_1、分母の自由度 ϕ_2 の F 分布の上側 25%の点を求める表

25%

ϕ_2 \ ϕ_1	1	2	3	4	5	6	7	8	9	10	12	15	20	24	30	40	60	120	∞
1	5·83	7·50	8·20	8·58	8·82	8·98	9·10	9·19	9·26	9·32	9·41	9·49	9·58	9·63	9·67	9·71	9·76	9·80	9·85
2	2·57	3·00	3·15	3·23	3·28	3·31	3·34	3·35	3·37	3·38	3·39	3·41	3·43	3·43	3·44	3·45	3·46	3·47	3·48
3	2·02	2·28	2·36	2·39	2·41	2·42	2·43	2·44	2·44	2·44	2·45	2·46	2·46	2·46	2·47	2·47	2·47	2·47	2·47
4	1·81	2·00	2·05	2·06	2·07	2·08	2·08	2·08	2·08	2·08	2·08	2·08	2·08	2·08	2·08	2·08	2·08	2·08	2·08
5	1·69	1·85	1·88	1·89	1·89	1·89	1·89	1·89	1·89	1·89	1·89	1·89	1·88	1·88	1·88	1·88	1·87	1·87	1·87
6	1·62	1·76	1·78	1·79	1·79	1·78	1·78	1·78	1·77	1·77	1·77	1·76	1·76	1·75	1·75	1·75	1·74	1·74	1·74
7	1·57	1·70	1·72	1·72	1·71	1·71	1·70	1·70	1·69	1·69	1·68	1·68	1·67	1·67	1·66	1·66	1·65	1·65	1·65
8	1·54	1·66	1·67	1·66	1·66	1·65	1·64	1·64	1·63	1·63	1·62	1·62	1·61	1·60	1·60	1·59	1·59	1·58	1·58
9	1·51	1·62	1·63	1·63	1·62	1·61	1·60	1·60	1·59	1·59	1·58	1·57	1·56	1·56	1·55	1·54	1·54	1·53	1·53
10	1·49	1·60	1·60	1·59	1·59	1·58	1·57	1·56	1·56	1·55	1·54	1·53	1·52	1·52	1·51	1·51	1·50	1·49	1·48
11	1·47	1·58	1·58	1·57	1·56	1·55	1·54	1·53	1·53	1·52	1·51	1·50	1·49	1·49	1·48	1·47	1·47	1·46	1·45
12	1·46	1·56	1·56	1·55	1·54	1·53	1·52	1·51	1·51	1·50	1·49	1·48	1·47	1·46	1·45	1·45	1·44	1·43	1·42
13	1·45	1·55	1·55	1·53	1·52	1·51	1·50	1·49	1·49	1·48	1·47	1·46	1·45	1·44	1·43	1·42	1·42	1·41	1·40
14	1·44	1·53	1·53	1·52	1·51	1·50	1·49	1·48	1·47	1·46	1·45	1·44	1·43	1·42	1·41	1·41	1·40	1·39	1·38
15	1·43	1·52	1·52	1·51	1·49	1·48	1·47	1·46	1·46	1·45	1·44	1·43	1·41	1·41	1·40	1·39	1·38	1·37	1·36
16	1·42	1·51	1·51	1·50	1·48	1·47	1·46	1·45	1·44	1·44	1·43	1·41	1·40	1·39	1·38	1·37	1·36	1·35	1·34
17	1·42	1·51	1·50	1·49	1·47	1·46	1·45	1·44	1·43	1·43	1·41	1·40	1·39	1·38	1·37	1·36	1·35	1·34	1·33
18	1·41	1·50	1·49	1·48	1·46	1·45	1·44	1·43	1·42	1·42	1·40	1·39	1·38	1·37	1·36	1·35	1·34	1·33	1·32
19	1·41	1·49	1·49	1·47	1·46	1·44	1·43	1·42	1·41	1·41	1·40	1·38	1·37	1·36	1·35	1·34	1·33	1·32	1·30
20	1·40	1·49	1·48	1·47	1·45	1·44	1·43	1·42	1·41	1·40	1·39	1·37	1·36	1·35	1·34	1·33	1·32	1·31	1·29
21	1·40	1·48	1·48	1·46	1·44	1·43	1·42	1·41	1·40	1·39	1·38	1·37	1·35	1·34	1·33	1·32	1·31	1·30	1·28
22	1·40	1·48	1·47	1·45	1·44	1·42	1·41	1·40	1·39	1·39	1·37	1·36	1·34	1·33	1·32	1·31	1·30	1·29	1·28
23	1·39	1·47	1·47	1·45	1·43	1·41	1·41	1·40	1·39	1·38	1·37	1·35	1·34	1·33	1·32	1·31	1·30	1·28	1·27
24	1·39	1·47	1·46	1·44	1·43	1·41	1·40	1·39	1·38	1·38	1·36	1·35	1·33	1·32	1·31	1·30	1·29	1·28	1·26
25	1·39	1·47	1·46	1·44	1·42	1·41	1·40	1·39	1·38	1·37	1·36	1·34	1·33	1·32	1·31	1·29	1·28	1·27	1·25
26	1·38	1·46	1·45	1·44	1·42	1·41	1·39	1·38	1·37	1·37	1·35	1·34	1·32	1·31	1·30	1·29	1·28	1·26	1·25
27	1·38	1·46	1·45	1·43	1·42	1·40	1·39	1·38	1·37	1·36	1·35	1·33	1·32	1·31	1·30	1·28	1·27	1·26	1·24
28	1·38	1·46	1·45	1·43	1·41	1·40	1·39	1·38	1·37	1·36	1·34	1·33	1·31	1·30	1·29	1·28	1·27	1·25	1·24
29	1·38	1·45	1·45	1·43	1·41	1·40	1·38	1·37	1·36	1·35	1·34	1·32	1·31	1·30	1·29	1·27	1·26	1·25	1·23
30	1·38	1·45	1·44	1·42	1·41	1·39	1·38	1·37	1·36	1·35	1·34	1·32	1·30	1·29	1·28	1·27	1·26	1·24	1·23
40	1·36	1·44	1·42	1·40	1·39	1·37	1·36	1·35	1·34	1·33	1·31	1·30	1·28	1·26	1·25	1·24	1·22	1·21	1·19
60	1·35	1·42	1·41	1·38	1·37	1·35	1·33	1·32	1·31	1·30	1·29	1·27	1·25	1·24	1·22	1·21	1·19	1·17	1·15
120	1·34	1·40	1·39	1·37	1·35	1·33	1·31	1·30	1·29	1·28	1·26	1·24	1·22	1·21	1·19	1·18	1·16	1·13	1·10
∞	1·32	1·39	1·37	1·35	1·33	1·31	1·29	1·28	1·27	1·25	1·24	1·22	1·19	1·18	1·16	1·14	1·12	1·08	1·00

p.18 ～ p.28 の数値表は、『新編 日科技連 数値表—第 2 版—』森口繁一、日科技連数値表委員会編著 日科技連出版社 2014 年（p.3, p.4, p.6, p.8, p.10, p.11, p.12, p.13, p.14, p.15）から転載しています。